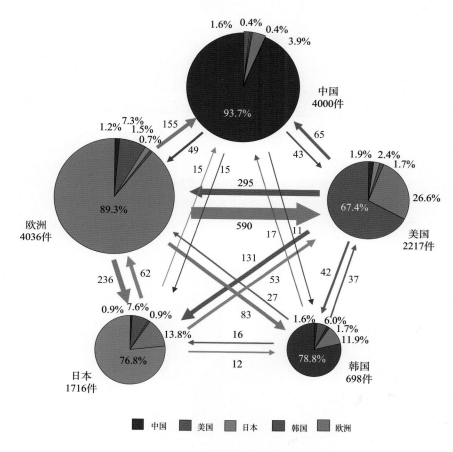

图2-1-8　波浪发电技术领域主要国家/地区专利流向图

（正文说明见第31~33页）

注：图中箭头周边数字代表专利申请量，单位为件。

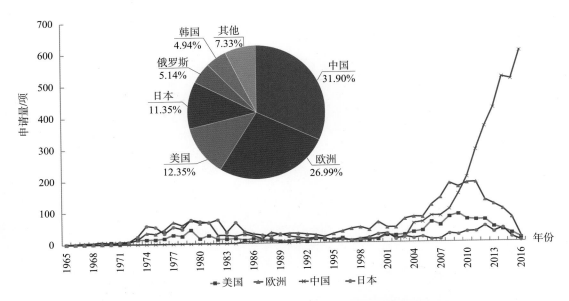

图2-1-3 波浪发电技术领域原创国家/地区分布及申请趋势

（正文说明见第25~26页）

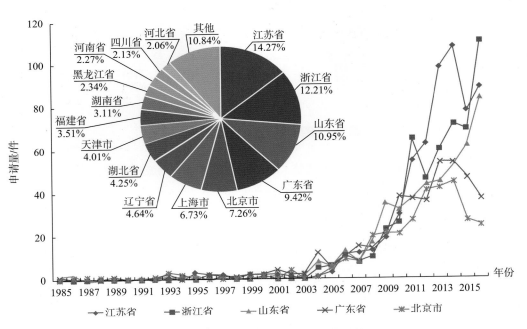

图2-2-6 国内申请人省域分布及趋势

（正文说明见第46页）

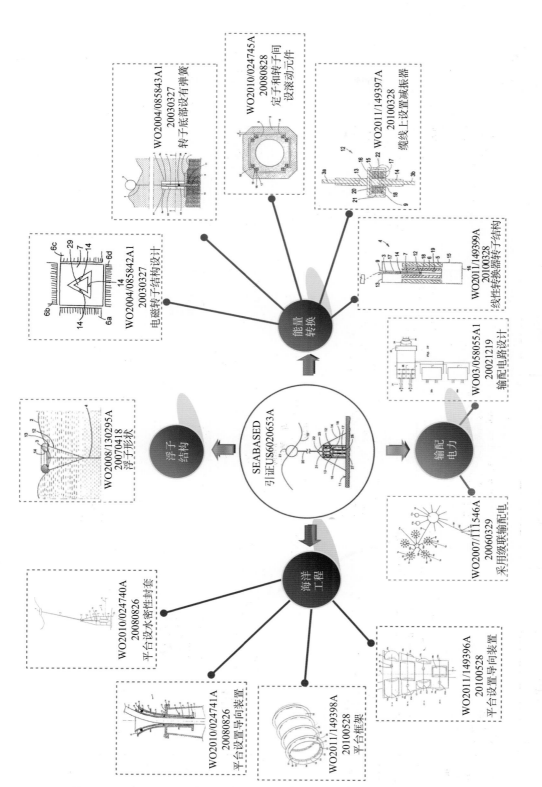

图3-4-3　SEABASED 专利引证情况

（正文说明见第103~104页）

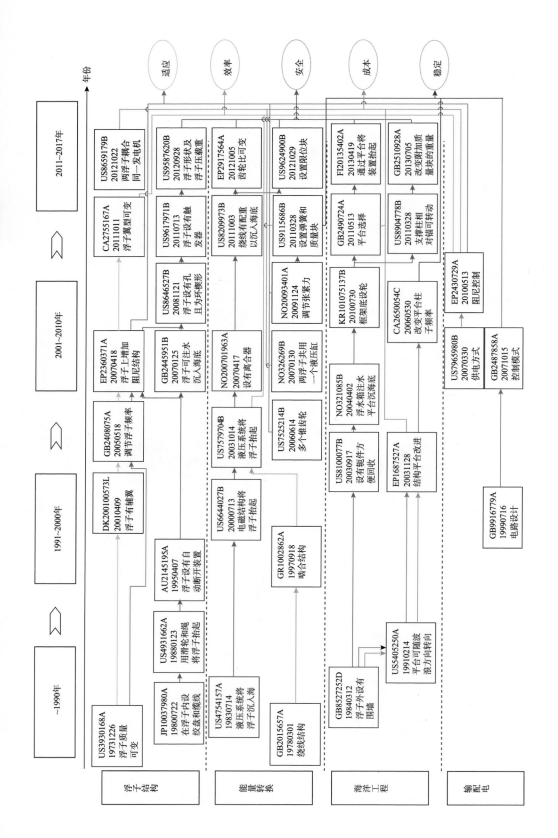

图3-5-1　振荡浮子式波浪发电的整体技术发展路线图

（正文说明见第104~105页）

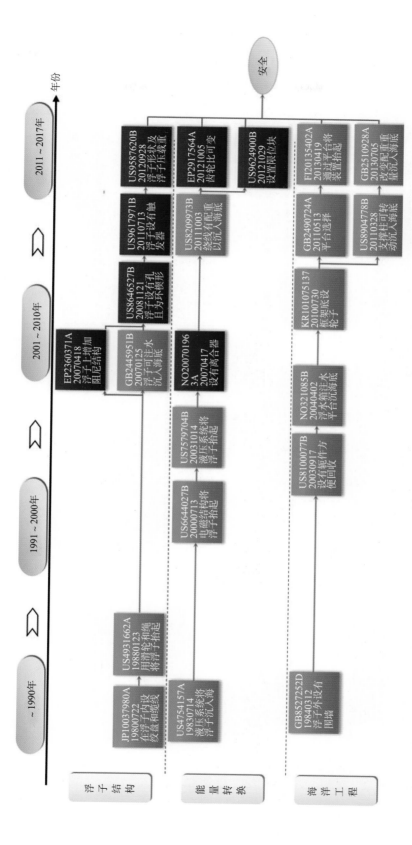

图3-5-2 解决安全性的技术发展路线图

（正文说明见第106页）

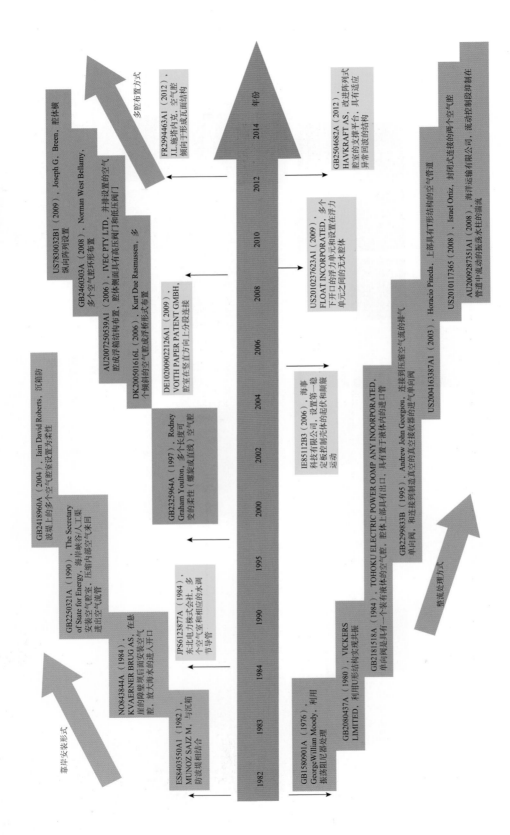

图4-4-1 全球腔室结构专利技术发展路线
（正文说明见第158-159页）

编 委 会

总　序

在习近平总书记新时代中国特色社会主义思想的领导下，按照十九大报告提出的倡导创新文化，强化知识产权创造、保护、运用的要求，国家知识产权局"十三五"期间继续组织开展专利分析普及推广项目，做好产业专利分析工作。

自专利分析普及推广项目启动以来，历年专利分析成果集结成册，对外出版发行。《产业专利分析报告》系列丛书出版以来，受到各行业广大读者的广泛欢迎，有力推动了各产业的技术创新和转型升级。

2017年专利分析普及推广项目继续秉承"源于产业、依靠产业、推动产业"的工作原则，在综合考虑来自行业主管部门、行业协会、创新主体的众多需求后，最终选定了6个产业开展专利分析研究工作。这6个产业包括食品安全检测、关节机器人、先进储能材料、全息技术、智能制造和波浪发电，均属于我国科技创新和经济转型的核心产业。2017年项目首次试点由社会研究力量承担的形式开展，在安徽省知识产权局、陕西省知识产权局和湖南省知识产权局的支持下，探索专利分析普及推广项目落地的路径。在多方努力下，形成了内容实、质量高、特色多、紧扣行业需求的6份专利分析报告。

2017年度的产业专利分析报告在加强方法创新的基础上，进一步深化了专利申请人、产品与专利、市场与专利、标准与专利、专利诉讼等多个方面的研究，并在课题研究中得到了充分的应用和验证。例如全息技术课题对国内外重点专利申请人进行深入研究，关节机器人课题对产品和专利的关系进行了深入分析，食品安全检测课题尝试进行对检测标准相关的专利分析。

2017年度专利分析普及推广项目的研究得到了社会各界的广泛关

注和大力支持。来自社会各界的近百名行业和技术专家多次指导课题工作，为课题顺利开展作出了贡献。行业协会和产业联盟在课题开展过程中提供了极大的助力，安徽省知识产权局、陕西省知识产权局和湖南省知识产权局给予了大力支持，在此一并表示感谢。《产业专利分析报告》（第59～64册）凝聚社会各界智慧，旨在服务产业发展。希望各地方政府、各相关行业、相关企业以及科研院所能够充分发掘专利分析报告的应用价值，为专利信息利用提供工作指引，为行业政策研究提供有益参考，为行业技术创新提供有效支撑。

由于报告中专利文献的数据采集范围和专利分析工具的限制，加之研究人员水平有限，报告的数据、结论和建议仅供社会各界借鉴研究。

《产业专利分析报告》丛书编委会

2018 年 5 月

项目联系人

褚战星：62086064/18612188384/chuzhanxing@ sipo. gov. cn

波浪发电行业专利分析课题研究团队

一、项目指导

国家知识产权局：张茂于　郑慧芬　白光清　韩秀成

二、项目管理

国家知识产权局专利局：雷春海　张小凤　褚战星　孙　琨

三、课题组

承担部门：国家知识产权局专利局专利审查协作广东中心

课题负责人：邱绛雯

课题组组长：郭　帅

课题组成员：任倩倩　王庆红　郑　金　朱钰荣　黄晶华　胡春平
　　　　　　　龚　洋　刘仁华　杨喜飞　陈家明　段飞虎　唐　超
　　　　　　　张　琼

四、研究分工

数据检索：胡春平　刘仁华　朱钰荣　龚　洋　黄晶华

数据清理：刘仁华　胡春平　朱钰荣　杨喜飞

数据标引：朱钰荣　黄晶华　胡春平　龚　洋　刘仁华　杨喜飞
　　　　　　陈家明　段飞虎　唐　超　张　琼

图表制作：胡春平　刘仁华　龚　洋　黄晶华　段飞虎　陈家明
　　　　　　唐　超　杨喜飞　张　琼

报告执笔：郭　帅　任倩倩　朱钰荣　黄晶华　胡春平　龚　洋
　　　　　　刘仁华　杨喜飞　陈家明　段飞虎　唐　超　张　琼

报告统稿：郭　帅　任倩倩　郑　金

报告编辑：朱钰荣　刘仁华　黄晶华　胡春平　龚　洋　杨喜飞
　　　　　　陈家明

报告审校：邱绛雯　房华龙　王庆红

五、报告撰稿

任倩倩：主要执笔第1章第1.1节，第7章第7.2节

黄晶华：主要执笔第1章第1.2节，第3章第3.3节、第3.5节

龚　洋：主要执笔第1章第1.3节、第1.5节、第1.6节，第4章第4.3~4.5节

郭　帅：主要执笔第1章第1.4节，第7章第7.1节

胡春平：主要执笔第2章第2.1节、第2.3节

刘仁华：主要执笔第2章第2.2节，第4章第4.1节、第4.2节

段飞虎：主要执笔第3章3.1节、第3.2节

朱钰荣：主要执笔第3章第3.4节、第3.6节

陈家明：主要执笔第5章第5.1节、第5.2节、第5.5节

唐　超：主要执笔第5章第5.3节、第5.4节

杨喜飞：主要执笔第6章第6.1节、第6.2节、第6.4节

张　琼：主要执笔第6章第6.3节

六、指导专家

行业专家（按姓氏字母排序）

盛松伟　中国科学院广州能源研究所

游亚戈　中国科学院广州能源研究所

技术专家（按姓氏字母排序）

傅　闯　南方电网科学研究院有限责任公司

龚　婷　南方电网科学研究院有限责任公司

李广凯　南方电网科学研究院有限责任公司

刘　伟　南方电网科学研究院有限责任公司

王　琦　南方电网科学研究院有限责任公司

专利分析专家

褚战星　国家知识产权局专利局审查业务管理部

房华龙　国家知识产权局专利局专利审查协作广东中心机械发明审查部

七、合作单位

南方电网科学研究院有限责任公司

目　　录

第1章 概　述

本章主要从立项意义、技术现状、产业现状、研究目的、研究对象和方法、相关事项和约定六个方面对波浪发电行业进行阐述。

1.1 立项意义

1.1.1 能源优势

什么是波浪能？波浪是指液体表面的局部质点在气压、重力等的作用下形成起伏运动，并沿液体表面传播的现象。波浪的起伏运动与传播过程具有一定的动能和势能，称为波浪能。

作为一种新能源，波浪能具有以下优势：

波浪能储量丰富，且能量密度大。地球表面积超过 70% 为海洋，海洋表面蕴藏丰富的波浪能。据统计，地球上海洋所具有波浪能的理论值约为 100 亿 kW 量级，是目前世界总发电量的数百倍。❶ 能量密度体现单位体积内所包含能量的多少。如果能量密度较小，则会增加开发成本，不利于能源的开发；反之，如果能量密度较大，则有利于能源的开发。相比于风能、太阳能等可再生能源，波浪能的能量密度最高。

波浪能是可再生能源，且清洁无污染。波浪能蕴藏于海洋之中，取之不尽，用之不竭，是一种可再生能源。波浪能在开发利用中对环境产生的负面影响小，是一种清洁无污染的环境友好型能源。

波浪能年均可利用时间长。受到太阳朝升夕落、天气变化等因素影响，太阳能利用设备和风能利用设备只能在 20% ~ 30% 的时间内可以运行，而波浪能可以在约 90% 的时间内运行。❷ 波浪能的年均可利用时间至少为太阳能、风能的 3 倍。

中国波浪能开发前景广阔。中国是一个海洋大国，拥有超过 3.2 万公里的海岸线，其中大陆海岸线超过 1.8 万公里，岛屿海岸线达 1.4 万公里。❸ 每年平均浪高 2m、波长 1m 的时间可达 6000h 左右。❹

根据《中国沿海农村海洋能资源区划调查》《全国海洋功能区划（2011—2020

❶ 姚琦，王世明，胡海鹏. 波浪能发电装置的发展与展望 [J]. 海洋开发与管理，2016（2）：86 - 92.
❷ 刘延俊，贾瑞，张健. 波浪能发电技术的研究现状与发展前景 [J]. 海洋技术学报，2016，35（5）：100 - 104.
❸ 程娜. 可持续发展视阈下中国海洋经济发展研究 [D]. 长春：吉林大学，2013.
❹ 黄晶华. 振荡浮子液压式波浪能利用装置的研究 [D]. 北京：华北电力大学，2012.

年)》等统计，中国排名靠前的部分省份波浪能资源分布如表1-1-1所示。结合该表得知，台湾、浙江、广东和福建等沿海地区波浪能丰富，具有巨大的开发潜力。

表1-1-1　沿海省份波浪能资源分布●

省份	理论平均功率/万 kW	波浪能资源评价
台湾	429.13	由于特殊的地理位置，周围全年波浪较大，各地年平均波高1.4~1.7m，波浪能能流密度较高，为4.02~6.36kW/m，其中西岸（富贵角至枋寮）近岸水较浅，海岸多为沙质和砾质岸；而南北两端和东岸海岸多为断层岩岸。后者波浪流密度比前者高，约5.38~6.36kW/m，也是中国沿岸开发利用波浪能的理想地区之一
浙江	205.3	波浪能资源丰富，沿岸平均波高为1.3m，理论波浪能密度为5.3kW/m，在全国沿岸各省份中，仅次于台湾，位居第二。沿岸波浪能能流密度较高，资源蕴藏量丰富，众多近海岛屿迎风面均为基岩海岸，具有开发利用波浪能的优势条件，应作为全国波浪能开发利用的重点地区。缺点是中、南部沿岸潮差较大，均在3m以上，对沿岸式开发利用不利
广东	173.95	沿岸波浪能资源的55.9%分布在珠江口东岸段，这部分岸段能流密度稍高，为1.96~3.63kW/m，并且季节变化小，潮差也小，平均潮差小于1m，海岸多为基岩港湾岸。因此，该省东部岸段是中国波浪能资源富集、开发条件较好的地区之一
福建	166	海岸线曲折，突出的半岛、岬角众多，沿岸岛屿连绵不断。这些半岛、岬角、海岛多为基岩海岸，波浪较大，因此福建省沿岸也是波浪能资源蕴藏丰富、波浪能密度高、开发利用优越的地区之一。对于沿岸式开发方式而言，该省沿岸潮差较大是个不利因素
山东	160.9	波浪能资源丰富，波浪能理论平均功率为160.9万 kW。沿岸波浪能资源主要分布于山东半岛北岸的龙口和渤海海峡的北隍城两区段。北部的龙口至威海南部的千里岩再至石臼所一带沿岸，波浪适中，海岸为基岩港湾型，环境条件较好，有一定开发利用价值。渤海海峡庙岛群岛北部的岛屿沿岸，由于其有利的地理条件，全年除5~8月波浪相对较小，月平均波高0.5~0.7m，平均周期小于3s外，其他月份波浪均较大，月平均波高1.0~1.7m，平均周期4~5s，是我国沿岸著名的大浪区之一。这里的波浪能资源有较高的开发利用价值
辽宁	152	波浪较小，波浪能能量密度较低，资源蕴藏量较小。沿岸大部分岸段冬季有3~4个月的结冰期，所以波浪能资源开发价值较低
海南	56.28	海南岛沿岸波浪能密度一般较低，东北部（铜鼓角）区段和西南部（莺歌海）区段略高，为1.31kW/m和1.49kW/m。而西沙等南海诸岛附近波浪较大，能流密度较高。如西沙永兴岛年平均波高1.4m左右，波能流密度为105kW/m，波浪能资源蕴藏量丰富具有较高的开发利用价值

● 管轶. 我国波浪能开发利用可行性研究 ［D］. 青岛：中国海洋大学，2011.

2016 年，中国城乡居民生活年用电量为 8054 亿 kW·h。❶ 根据（原）国家海洋局、财政部、国家发展和改革委员会共同领导和组织实施的"中国近海海洋综合调查与评价"专项（简称"908 专项"）资料表明，除台湾地区外，大陆离岸 20 公里一带的近海波浪能资源理论潜在的量为 1599.52 万 kW，理论年发电量 1401.17 亿 kW·h❷，约占中国城乡居民生活年用电量的 1/6。波浪能可作为中国电力供应的重要补充，具有广阔的开展前景。

1.1.2　开发需求

从技术储备和能源需求角度出发，中国有必要积极研究并开发波浪能。众所周知，能源是国民经济发展的重要保障。随着汽油、煤炭等传统能源日趋紧张，为了避免能源成为阻碍国民经济发展的障碍，世界各国寻求研究开发新能源作为传统能源的补充能源或替代能源。作为一种储量丰富、无污染、可再生的新能源，波浪能自然受到了包括英国、美国、瑞典、日本、澳大利亚、挪威等世界各国的重视。❸ 中国是一个能源消费大国，近年来能源依赖进口的程度持续上升，而对波浪能的研究、利用起步却较晚。中国有必要积极开展波浪能研究，迎头赶上，方能在能源技术储备方面立于不败之地，助力国民经济发展，不断满足人民日益增长对美好生活的需要。

中国岛屿众多，居民及驻军的供电问题亟待改善。中国沿海 $500m^2$ 以上的岛屿有6500 多个，其中有人居住的岛屿就有 400 多个。❹ 由于海洋输电成本高，岛屿用电量少，单位电量的用电成本极高，目前难以采用陆地供电的方式为岛屿供电。岛屿供电主要依靠柴油发电，供电成本仍然很高，而供电稳定性却很差，岛屿居民与驻军的生活质量受到直接的影响，岛屿的供电问题亟待改善。波浪能的开发利用能有效改善岛屿居民与驻军的生活条件。

中国沿海城市用电紧缺，需要新能源提供有效补充。中国华中、华东地区人口密集，经济发展迅速，用电需求量大，而煤炭、水力资源较为欠缺，电力供应面临极大的挑战；中国西部城市人口稀少，经济发展相对落后，用电需求较小，而煤炭、水力资源相对丰富。虽然"西电东输"工程有效缓解了华中、华东地区的用电紧缺局面，但是中国沿海城市的用电依然较为紧张。波浪能的开发利用能为中国沿海城市供电提供有效补充，缓解用电紧缺局面。

---

❶ 数据来源于互联网（网址：https://xw.qq.com/finance/20170117012249/FIN2017011701224900，查询时间：2017 年 11 月）
❷ 刘富铀，王传崑，杨学联，等. 我国海洋可再生能源资源状况［C］. 第二届中国海洋可再生能源发展年会暨论坛，2013.
❸ 李成魁. 世界海洋波浪能发电技术研究进展［J］. 装备机械，2010（2）：68-73.
❹ 王坤林，游亚戈，张亚群. 海岛可再生独立能源电站能量管理系统［J］. 电力系统自动化，2010，34（14）：13-17.

1.1.3 政策支持❶❷❸

（1）立法支持

2005年2月28日，第十届全国人民代表大会常务委员会第十四次会议通过《中华人民共和国可再生能源法》，将海洋能（含波浪能）纳入可再生能源的范畴。该法律的颁布是为了促进可再生能源的开发利用、增加能源供应、改善能源结构、保障能源安全、保护环境、实现经济社会的可持续发展而制定的。该法律在可再生能源资源调查及发展规划、产业指导与技术支持、可再生能源发电的推广与应用、可再生能源发电项目的上网电价及费用分摊、经济激励与监督措施等各方面都作了规范。

（2）资金支持

2010年6月，（原）国家海洋局与财政部联合发布《海洋可再生能源专项资金管理暂行办法》，规定每年投入2亿元专项基金用于海洋能技术的应用和研究。

（3）发展规划

2008年，（原）国家海洋局印发《全国科技兴海规划纲要（2008—2015年）》，提到开展波浪能等区划及发电技术集成创新和转化应用，重点发展百千瓦级的波浪能、海流能机组及其相关设备的产业化。

2009年，中国科学院海洋领域战略研究组编制了《中国至2050年海洋科技发展路线图》，提出中国海洋科学技术在2020年、2030年和2050年的战略目标和发展路线。

2011年，（原）国家海洋局、（原）科学技术部、（原）教育部和国家自然科学基金委等部门联合印发《国家"十二五"海洋科学和技术发展规划纲要》；同年，颁布的《全国海洋功能区划（2011—2020年）》划分了福建、广东、海南、山东等波浪能开发区。

2012年，党的十八大报告首次提出了"建设海洋强国"的战略目标。

2013年，（原）国家海洋局印发的《海洋可再生能源发展纲要（2013—2016年）》中制定了到2016年分别建成具有公共试验测试泊位的波浪能、潮流能示范电站以及国家级海上试验场。

2017年1月，根据《中华人民共和国国民经济和社会发展第十三个五年规划纲要》《"十三五"国家战略性新兴产业发展规划》《可再生能源发展"十三五"规划》和涉海有关规划，（原）国家海洋局印发了《海洋可再生能源发展"十三五"规划》（以下简称《规划》）。

《规划》提到要加强兆瓦级装置研发及要加强海洋能开放合作发展，开展新一代波浪能发电技术研究，研制单机100kW波浪能发电装置，掌握高效能量俘获系统及能量

---

❶ 管轶. 我国波浪能开发利用可行性研究［D］. 青岛：中国海洋大学，2011.

❷ 王坤林. 基于海岛直流纳电网波浪能发电场关键技术研究［D］. 广州：华南理工大学，2015.

❸ 王燕，农云霞，刘邦凡. 发达国家海洋波浪能发展政策及其对我国的启示［J］. 科技管理研究，2017（10）：50 – 54.

转换系统、恶劣海况下生产保障、锚泊等关键技术，提高系统的冗余度与安全性，为波浪能发电场建设提供有效支撑；并制定了"到 2020 年，海洋能开发利用水平显著提升，科技创新能力大幅提高，核心技术装备实现稳定发电，形成一批高效、稳定、可靠的技术装备产品，工程化应用初具规模，一批骨干企业逐步壮大，产业链条基本形成，标准体系初步建立，适时建设国家海洋能试验场，建设兆瓦级潮流能并网示范基地及 500kW 级波浪能示范基地"的目标，为了达到这一目标，《规划》中提到关于波浪能开发的重点任务，详见表 1－1－2。

表 1－1－2 《海洋可再生能源发展"十三五"规划》关于波浪能开发重点任务

项 目	具体内容
"十三五"海洋能发展重点示范工程	广东万山波浪能示范基地建设。在广东地区，以波浪示范工程为核心，开展波浪示范基地建设，具备总装机 500kW 波浪能装备示范运行能力，年发电量不少于 50 万 kW·h
"十三五"海岛可再生能源多能互补示范工程	海岛多能互补示范工程建设。在山东、浙江、福建、广东、海南等地区，优选已有一定前期工作基础的海岛，建设 5 个以上海岛可再生能源多能互补独立微网系统示范工程，具备为海岛提供持续、稳定电力的能力
"十三五"海洋能技术发展重点	波浪能技术。单机 100kW 波浪能发电装置，总体转换效率不低于 25%，整机无故障运行时间不低于 2000h

1.2 技术现状

波浪发电技术是指如何将海洋中的波浪能转化为电能的技术。早在 1799 年法国人吉拉德（Girard）就发明了振荡水柱装置[1]，随后开展了各种关于波浪能的研讨会和专利申请、论文的发表等活动。例如：1974 年，来自爱丁堡大学（University of Edinburgh）的斯蒂芬·索尔特（Stephen Salter）在著名的《Nature》杂志上发表了一篇关于海洋能的论文[2]，引起了国际学术界对海洋能（含波浪能）的兴趣。之后随着经济社会的发展，化石燃料资源的日益紧张，对清洁无污染环境的需求，激发了各国研究者对波浪发电技术的热情。

图 1－2－1 为波浪发电技术原理图。波浪能通过安装在海洋工程上的波浪装置转化为电能，再通过输配电供给用户使用。其中，波浪发电装置形式有多种多样，总体来说包括三级转换：第一级吸收波能、第二级能量转换以及第三级电能转换。

---

[1] 王坤林. 基于海岛直流纳电网波浪能发电场关键技术研究 [D]. 广州：华南理工大学，2015.
[2] SALTER S H. Wave power [J]. Nature，1974，249（5459）：720－724.

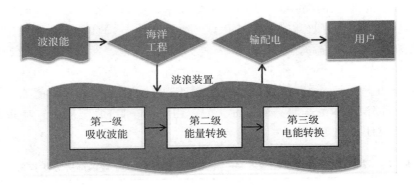

图 1 - 2 - 1   波浪发电技术原理图

其中，第一级吸收波能是利用波浪发电，将波浪能"搜集"起来加以利用。现有的主要波能采集部件有振荡水柱（OWC）、振荡浮子（Buoy）、摆（Pendulum）、筏（Raft）、堤（Tapchan）等。在波浪能经过第一级吸收波能之后，往往不能取得实质性的进展，还达不到最终转换动力机械的要求，因此，需要第二级能量转换来承担起定向、增速和稳速的作用。第二级能量转换按照传动实体的不同可以分为四种类型：液压转换、机械转换、电磁转换及其他转换形式。第三级电能转换一般是作机械能到电能的转换，通常情况是采用常规技术中有适当调节机构的发电机。

基于上述波浪发电技术原理，目前已形成了许多较成熟的波浪发电装置形式。同时，各国研究者也在积极研发更加其他高效、稳定的波浪发电形式的装置。

1.2.1 典型技术

目前，多种形式的波浪发电装置已经研发成功，下面对几类典型装置的原理、适用场合及其优缺点进行阐述。

（1）振荡浮子式❶

振荡浮子式波浪发电装置工作原理是通过浮子的上下浮动从而捕获波浪能量，借助能量传递系统的液压转换、机械转换、电磁转换或其他转换形式将波浪能转换成液压能或旋转的机械能，再通过相连的发电机转换成电能或用于通过其他设备制造淡水等，其具体装置示意图见图 1 - 2 - 2。

振荡浮子式波浪发电装置作为点吸收式波浪能技术的一种成功应用，近年来得到了较快的发展，并成功在商业上应用。

振荡浮子式波浪发电装置的优点是：该装置几乎没有水下混凝土，易于建造，可大大降低建造的难度及成本；转化效率高，能达到50%左右；抗浪性能好，可靠性高；容易通过适当的分布形成波浪场，增大发电容量。正是基于以上优点，振荡浮子式波浪发电装置具有良好的发展前景，有望发展成为实用化的波浪发电装置，是目前发展

---

❶ 黄晶华. 振荡浮子液压式波浪能利用装置的研究［D］. 北京：华北电力大学，2012.

势头最猛的波浪发电装置。英国、丹麦、瑞典、荷兰、美国、中国均已对振荡浮子式波浪能装置展开研究。

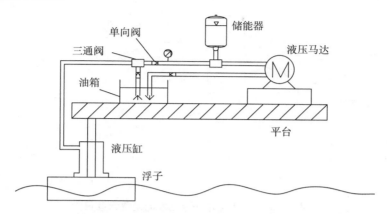

图1－2－2　振荡浮子式波浪发电装置示意图

（2）振荡水柱式

振荡水柱式波浪发电装置是以空气为能量转换介质，以腔室作为一级能量转换装置的装置。腔室的下部在水下开口，腔室内的海水与周边海水连通，腔室上部的开口与外部大气连通，其装置见图1－2－3。

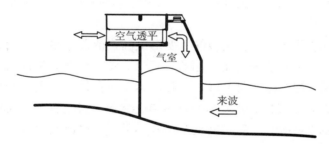

图1－2－3　振荡水柱式波浪发电装置示意图

在波浪的作用下，封闭于振荡水柱式波浪发电装置腔室内的水柱发生上下振荡，压缩腔室内的空气，使空气往复进出喷嘴，将波浪能转换成空气携带能量。该装置以空气透平作为二级能量转换机构，空气透平安装喷嘴的上方，空气往复进出能够使空气透平发生转动，进一步驱动发电机发电。振荡水柱式波浪发电装置的优点是二级转换机构不接触海水、安全可靠、防腐性好、维护方便；缺点是二级能量转换机构的效率较低，使其总体效率较低。国内外诸多国家对振荡水柱式波浪发电装置的研发一直未间断过。

（3）越浪式

越浪式技术是利用特殊的水道将波浪引入高位水库形成水位差（水头），利用水头直接驱动水轮发电机组发电。越浪式技术包括收缩波道技术（Tapered Channel）、波龙（Wave Dragon）和槽式技术（Sea Slot－con Generator）。在此以收缩波道技术为例着重介绍。收缩波道式波浪发电装置是由一个比海平面高的高位水库和一个渐收的波道（收缩波道）组成的，如图 1 - 2 - 4 所示。

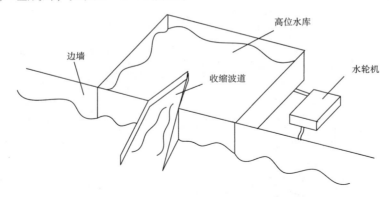

图 1 - 2 - 4　收缩波道波浪发电装置示意图

该装置中呈喇叭形的收缩波道为一级能量转换装置。海浪通过一个专门的收缩波道后涌至高水位，其波高在渐缓变窄的喇叭型波道中逐渐被放大。当波浪越过边墙储存在一个高位水库时，利用这高位能（3～8m）冲击水轮发电机组，就可以进行发电。由于该装置没有活动部件参与，系统输出比较稳定且一级能量转换效率高；然而对地形要求极高，小浪下的系统转换效率低，在现实中不易推广。

（4）筏式

筏式波浪能发电装置是一种典型的可变形式波浪能发电装置。筏式波浪能发电装置是通过铰链将几个波面筏铰接在一起的。其中，波面筏为该装置的一级能量转换机构，在波浪的作用下筏与筏之间可以自由相对运动。在每一个筏间铰接处设置有二级能量转换机构，通常选用液压机构作为能量转换装置。当波浪上下起伏运动时将会引起波面筏与筏间的相对运动，从而反复挤压液压活塞，输出机械能。图 1 - 2 - 5 为最常见的三联筏式波浪发电装置示意图。

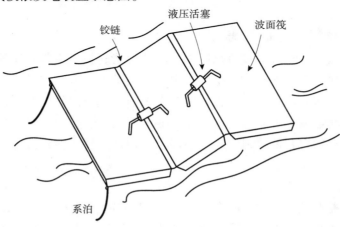

图 1 - 2 - 5　三联筏式波浪发电装置示意图

　　由于波面筏的实体面积较大，接触波浪的面积也较大，可以从海洋中吸收更多的波浪能，因此筏式波浪发电装置有较高的能量转换效率。然而波面筏是自由漂浮在海面上，需要有系泊机构来约束以防止波面筏意漂流。面对面积比较庞大的筏系统，解决系泊问题非常困难，且制造费用过高，导致筏式波浪发电装置的实用性受到限制。

　　（5）摆式❶

　　摆式波浪发电技术的概念最早是由日本的度部富治教授提出的，其原理是利用根据波况设计的水槽人为造成立波。

　　由波浪理论可知，水质点在立波驻点处会作往复运动，宏观上表现为人们常见的波浪团簇往复运动。摆式波浪发电装置就是利用这种现象，在波浪力的作用下，借助摆板的往复摆动从而捕获波浪能量，通过与摆板摆轴相连的液压传动系统转换为液压能，进而转换为电能，图 1-2-6 为摆式波浪发电装置示意图。

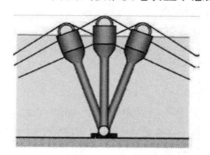

图 1-2-6　摆式波浪发电装置示意图

　　摆式波浪发电装置可分为悬挂摆式和浮力摆式两种。摆体的运动很适合波浪大推力和低频的特性，因此，摆式波浪发电装置的转换效率较高，但机械和液压机构的维护较为困难。虽然悬挂摆式波浪发电装置具有较高的能量捕获效率，但是受限于适用波况，对设计要求较高。在设计波况下悬挂摆式波浪发电装置具有较高的一次能量捕获效率；而在非设计波况下，一次能量捕获效率较低。浮力摆式波浪发电装置由于结构本身造成整体可靠性较差，一旦遭遇诸如台风等恶劣的海洋状况，就易造成损坏，影响系统稳定运行。

1.2.2　其他技术

　　除了上述几种已有的典型的发电装置类型外，国内外的学者还提出了各种各样的其他新型装置的设想。

　　国家"顶尖千人计划"入选者、中国科学院外籍院士王中林正在致力研究一种基于摩擦纳米发电技术的稳定实用的波浪发电网络装置。如图 1-2-7 所示，其采集波浪能的纳米发电球可以高效、灵敏地回收海洋中的动能资源，包括水的上下浮动、波浪、海流、海水的拍打。这种发电网可以分布在远离海岸和航道的深水区，不会影响

---

❶ 李成魁. 世界海洋波浪能发电技术研究进展［J］. 装备机械，2010（2）：68-73.

近海的人类活动。2017年2月8日，《Nature》杂志以述评文章形式介绍了这一技术。

图1-2-7　基于摩擦纳米发电技术的稳定实用的波浪能发电网络装置❶

清华大学提出了压电式发电装置❷，华南理工大学提出了一种功率可调节的浮子式波能发电装置❸。

另外，国外也有各种各样的新型结构提出，如双悬浮结构、浮体呈二维阵列偶尔连接的结构、陀螺仪发电装置等。

1.3　产业现状

全球已经开发了不同类型的波浪发电产品，如"海蛇"（750kW，Pelamis）波浪发电装置、"牡蛎"（800kW，Oyster 800）波浪发电装置和100kW鹰式波浪发电装置等，部分装置已经成功并网发电。世界各国现阶段都在积极推进产品的商业化，各类发电站已经在积极筹备建设中，如瑞典的西贝斯特公司（SEABASED）利用其开发25kW到50kW的振荡浮子式线性发电机来准备建设10MW（百万瓦）波浪能发电厂。

根据国际能源总署海洋能源系统（IEA-OES）评估，波浪发电的发展于2019年前属于商业化前期，2019～2025年将进入小型商业化电厂开发期，2025～2030年后迈向大型化电厂开发期。

1.3.1　国外产业现状

国外波浪发电装置开发较为成熟，包括：英国的"海蛇"波浪发电装置进入商业运行模式，总装机容量为750kW；丹麦的"波龙"（Wave Dragon）；英国的"牡蛎"，单机容量为175kW；爱尔兰的"威波波"（Wavebob）波浪发电装置，单机容量为175kW；美国的电力浮标技术（Power Buoy）波浪发电装置，单机容量达到150kW；星浪能源公司（以下简称"星浪能源"，WAVE STAR ENERGY）研发了一种多浮子波能装置"星浪"（Wave Star），总装机容量为110kW；日本的"巨鲸"（Mighty Whale），装机容量达到120kW；以及挪威的收缩波道波浪发电装置等。其中，英国建造的"帽贝"（Limpet）波浪发电站，是目前世界上运行最久的波浪发电站。

---

❶　[EB/OL]．（2017-06-30）[2017-11-12]．http：//www.cailiaoniu.com/89314.html.
❷　清华大学．一种波力压电发电装置：101814859A[P]．2010.
❸　华南理工大学．功率可调的点吸收式波浪能转换装置：102192076A[P]．2011.

（1）英国

英国是世界上具有最好波浪能源的国家之一，也是研究投入力量最大的国家。英国的波浪发电装置每年可以从英国的周边海域收集高达50TW·h的能源。出众的地理资源优势，再加上政府对海洋能源前瞻性认识而加大了研究力度，使英国在20世纪80年代时就已成为世界波浪能及其发电装置研究制造领域的领头羊。❶ 英国于1990年和1994年分别在苏格兰伊斯莱岛和奥斯普雷建成了75kW和2万kW振荡水柱式和固定式岸基波浪发电站。❷ 1995年，英国维根公司（WAVEGEN）在苏格兰附近海域建造2000kW容量的"鱼鹰"号波浪发电装置，但是还没等正式发电，就被强风暴摧毁；2000年11月维根公司建造的500kW的"帽贝"波浪发电站开始向电网供电。这是当时世界上最成功的波浪发电站，直到今天仍然正常工作。❸

2004年，当时最具有行业领导地位的是英国海洋电力传输公司（OCEAN POWER DELIVERY LTD.）研制出最先进的离岸式"海蛇"波浪发电机组，为筏式波浪发电装置，见图1-3-1。在苏格兰运行中，每年可产生2.2MW的电能，而这个波浪发电机组最终目标是产生21MW电能。另外，2008年9月这家公司在葡萄牙北部大西洋沿岸靠近波瓦-迪瓦尔津（Povoa de Varzim）城镇离岸3海里的阿古萨多拉（Agucadoura）海湾处，完成了世界第一座商用型波浪发电站，总装置容量是2.25MW。然而，该公司因未能获得足够的资金于2014年被迫破产。

图1-3-1　"海蛇"波浪发电装置❹

2008年，由英国蓝宝石公司（AQUAMARINE POWER）和贝尔法斯女王大学（BELFAST QUEEN. S UNIVERSITY）合作在英国贝尔法斯特研发的一种浮力摆波浪发电装置"牡蛎"，并于2009年开始向苏格兰国家电网供电。"牡蛎"的摆宽为18m，置于水深10～12m，平均淡水生产能力为$10^2 m^3/h$，相当于每小时可输出功率175kW。2012年2月，苏格兰批准了在奥克尼郡（Orkney）建立首个近岸商业化波浪能发电阵列，将为1000个家庭供电。两个"牡蛎"波浪发电装置增设奥克尼郡的欧洲海洋能源

❶ 姚琦. 波浪能发电装置的发展与展望［J］. 海洋开发与管理，2016（1）：86-92.
❷ 任建莉. 海洋波能发电的现状与前景［J］. 浙江工业大学学报，2006，34（1）：69-73.
❸ ［EB/OL］.（2016-07-04）［2007-11-13］. http：//www.docin.com/p-1665870238.html.
❹ ［EB/OL］.（2016-10-12）［2007-11-13］. http：//diyitui.com/content-1476205934.58294333.html.

中心（EMEC）中，每台功率为 800kW，阵列总功率 2.4MW，该近岸商业化波浪能发电阵列将实施与电网并网。

2016 年 11 月 7 日，英国《每日邮报》❶ 报道，英国开展了首座命名为"CETO 6"的并网式波浪能发电厂的建造计划，预计于 2020 年完成 15 个 1MW 波浪发电装置的安装，由澳大利亚卡内基波浪能公司（CARNEGIE WAVE ENERGY）负责。项目设计和开发于 2016 年开始，分为两个阶段：第一阶段是设计、建造、安装并运营单个装机容量为 1MW 的并网"CETO"装置，预计投资 1470 万欧元（约合 1.1 亿元人民币），将于 2018 年底开始发电，并进行长达 1 年的运营测试；第二阶段则是 2020 年额外建造 14 个"CETO"装置，将装机规模扩大至 15MW。目前，卡内基波浪能公司已被欧洲区域发展基金授予了 955.2 万欧元（约合 7144.8 万元人民币）的资金，用于支持"CETO 6"项目的第一阶段。

（2）日本

日本是最先开发出航标用 10W 波浪发电装置的国家，开创了人类利用波浪能发电的新纪元。日本海洋科学技术中心（JAMSTEC）在 1987 年启动了"巨鲸"波浪发电装置开发研究项目。"巨鲸"波浪发电装置是基于振荡水柱式波浪发电原理的漂浮式波浪发电装置，利用波浪进入气室产生的振荡水柱，推动透平发电机组发电。该装置于 1997 年在日本三重县海域下水，于 1998 年 9 月开始持续两年的运行，最大总发电效率为 12%。其优势在于既能进行波浪发电，又可以作为独立平台使用，装置如图 1 – 3 – 2 所示。

图 1 – 3 – 2　"巨鲸"波浪发电装置❷

2015 年 12 月，日本大岛造船、三井造船、三菱重工等多家日本船企开展波浪发电项目，得到新能源与工业技术开发组织（NEDO）支持，预计 2020 年后可实现商业化。❸

❶　[EB/OL]．（2016 – 11 – 10）[2017 – 11 – 15]．http：//news. bjx. com. cn/html/20161110/787948. shtml.

❷　[EB/OL]．（2014 – 01 – 07）[2017 – 11 – 16]．http：//www. 360doc. com/content/14/0107/19/12109864_343394687. shtml.

❸　日本多家船企开展海洋能发电技术研发 [J]．军民两用技术与产品，2016（02）：29.

（3）美国

美国波浪能开发也处于领先水平。2010 年 9 月 28 日，美国海洋动力技术公司（OCEAN POWER TECH.，OPT 以下简称"海洋动力技术"）宣布，在美国海军陆战队的夏威夷基地首次完成波浪能源电网连结，图 1－3－3 为该单机装置海试图。

图 1－3－3　电力浮标技术单机装置❶

这种连结展示公司的电力浮标技术系统，其装置为振荡浮子式波浪发电装置，可生产公用电力等级的再生能源，并透过连结的电网传输给家庭或企业。2014 年 2 月，作为全球十强军工企业，洛克希德－马丁公司（LOCKHEED MARTIN SPACE SYSTEMS COMPANY）就与澳大利亚的维多利亚伙伴有限公司（VICTORIAN WAVE PARTNERS）签署合作协议，将在澳大利亚的维多利亚南部海岸 3 英里处，打造全球最大的波浪能项目。该项目采用电力浮标技术，项目装机量为 62.5MW，分三个阶段完成，初始阶段产生 2.5MW 峰值。

（4）丹麦

丹麦的波龙公司于 1994 年开始研究的波龙波浪发电装置，是目前世界上最大的离岸漂浮式波浪发电装置，并于 2003 年 3 月开始第一次海试。该装置的聚波臂张开宽度达 300m，重 300t，越浪斜坡宽 140m，可根据波高调解装置的吃水高度，具有较好的水动力学性能。

2006 年 6 月 24 日开始，丹麦星浪能源研发了一种多浮子波能装置"星浪"，稳定运行超过 15000h，成功克服了 15 个风暴冲击。2009 年后又研制了 1∶2 模型样机，2 个浮子，浮子直径为 5m，总装机容量为 110kW，并于 2010 年 2 月成功并网输电。截至 2012 年 12 月累计发电量达到 46014kW·h。

（5）爱尔兰

爱尔兰于 2005 年研发的另一种双体升沉系统"威波波"，其单台设计平均发电功率 500kW。2011 年 3 月份，该生产"威波波"的公司还与西班牙阿本戈技术公司（ABENGOA SPANISH TECHNOLOGY COMPANY）合作研究兆瓦级波浪发电场，由 100 台单机组成。

---

❶　[EB/OL].［2017－11－16］. http：//www. pengky. cn/bolangneng/oscillating_buoy/oscillating_buoy. html.

（6）挪威

挪威于1986年建造了世界上第一座聚波围堰型波浪发电站。其围堰波道开口约60m宽，为呈喇叭形逐渐变窄的锲形导槽，并逐渐收缩通至高位水库。高位水库与外海间的水头落差达3.5m，其装机容量可达350kW。该电站自建成以来一直工作正常，不足之处是，电站对地形要求严格，不易推广。❶

表1-3-1列举了上述国家波浪发电装置的类型、规格和实施地点情况。

表1-3-1　国外先进波浪发电装置

装置名称	技术范畴	国家	规格	实施地点
海蛇	筏式	英国	750kW（单机）	北大西洋
波龙	越浪式	丹麦	MW级（整装）	丹麦西海岸
牡蛎	摆式	英国	175kW（单机）	北大西洋
威波波	振荡浮子式	爱尔兰	500kW（单机）	西北大西洋
电力浮标	振荡浮子式	美国	150kW（单机）	中太平洋
星浪	振荡浮子式	丹麦	110kW（单机）	丹麦西海岸
巨鲸	振荡水柱式	日本	120kW（单机）	日本海

1.3.2　国内产业现状

中国对波浪能的研究和利用虽然起步较晚，但发展很快。小型岸式波浪发电技术已较为成熟，航标灯所使用的微型波浪发电装置已经可以商品化，已成功建造多座波浪示范电站。

（1）中国科学院广州能源研究所❷

1984年中国科学院广州能源研究所成功研制了一台60W小型波浪发电装置，并用于航标灯，随后开发了多种型号产品，并出口到日本等国家；1997年，又在珠海大万山岛建成国内首座3kW的岸式波浪试验电站；"十五"期间在广东省汕尾蔗浪建立了100kW岸式振荡水柱波力电站，如图1-3-4所示，实现了波浪发电蓄能稳压输出。

图1-3-4　汕尾岸式振荡水柱波力电站❸

---

❶ 张大海. 浮力摆式波浪能发电装置关键技术研究［D］. 杭州：浙江大学，2011.

❷ ［EB/OL］.（2017-05-31）［2017-11-17］. http://www.sohu.com/a/144835947_782148.

❸ ［EB/OL］.（2005-01-24）［2017-11-17］. http://news.enorth.com.cn/system/2005/01/24/000950700.shtml.

在中国科学院广州能源研究所"鹰式一号"10kW 波浪能发电装置成功海试的基础上，2013 年海洋能专项资金支持中海工业有限公司和中国科学院广州能源研究所联合研制"100kW 鹰式波浪发电装置工程样机"；2015 年 11 月起，"万山号"100kW 鹰式波浪发电装置开始海试。该装置如图 1 - 3 - 5 所示，截至 2017 年 2 月，累计发电超过 3 万 kW·h，"万山号"在周期 4~6.5s，波高 0.6~2.5m 的波况下，整机转换效率在 20% 以上，能将高度不稳定的波浪能转换为相对稳定的电量，实现小波下蓄能发电、中等波况下稳定发电，初步具备了向海岛供电的技术条件。

图 1 - 3 - 5 "万山号"100kW 鹰式波浪发电装置❶

（2）中山大学

中山大学于 2010 年和 2011 年海洋能专项资金支持下，研制了"20kW 抗风浪高效波浪发电装置"。该系统转换效率 20%，抵御过超过 14 级台风，抗污防腐蚀能力较好。

（3）中国船舶重工集团公司第七一〇研究所

中国船舶重工集团公司第七一〇研究所于 2011 年，在海洋能专项资金支持下，研制了 10kW 筏式液压波浪发电装置，2014 年 7 月开始海试，连续运行超过 2 个月。在该技术基础上，2012 年海洋能专项资金支持中国船舶重工集团公司第七一〇研究所研建了"大万山岛波浪能独立电力系统示范工程"。改进后的 100kW"海龙 1 号"波浪发电装置于 2015 年 7 月开展了接近 3 个月海试。该装置如图 1 - 3 - 6 所述，在 1~2m 的波高下，发电效率在 15%~22%，累计发电量 2000kW·h，后受台风破坏系统损毁。

图 1 - 3 - 6 "海龙 1 号"波浪能发电装置❷

❶ [EB/OL]. (2015 - 11 - 23) [2017 - 11 - 18]. http：//www. cas. cn/syky/201511/t20151123_4471381. shtml.

❷ [EB/OL]. [2017 - 11 - 19]. http：//www. chinawindnews. com/bencandy. php? fid - 46 - id - 13309 - page - 1. htm.

（4）中国电子科技集团公司

中国电子科技集团公司的中国电科三十八所最新研制的波浪发电装置于2017年7月10日通过（原）国家海洋局验收。该装置成功突破波浪能液压转换与控制装置模块及千伏级动力逆变器关键技术，实现波浪稳定发电，历时3年，首创宽幅逆变稳定技术，实现了海洋能千伏级逆变系统的高效转换。该装置浮体摆动正常、吸波稳定，飞轮蓄能均匀而连续，发电性能稳定。

从中国的产业现状可以看出，中国与国外存在一定差距，发电装置规模整体偏小；国外波浪能发电装置装机规模方面最大的已经发展到 10^4kW 级，而中国目前仍停留在 10^2kW 级的水平。

1.4 研究目的

中国一直重视波浪能可再生资源的开发与利用，近年来为波浪能开发与利用提供了充分的资金支持和政策扶持，波浪发电技术研究成绩显著。然而，波浪发电技术还处在不成熟的状态，就技术层面来讲，还存在以下问题：

（1）安全性低。英国蓝宝石公司潮汐能源开发总裁马丁·麦克亚当（Martin Mcadam）说过："如果你想进入海洋，第一个挑战是生存，而机械工程的挑战是巨大的。"而波浪发电装置大多是直接放置在海水中的，海洋环境下台风天气时常发生，台风具有巨大的破坏能力，会损坏波浪能装置，造成装置失效。

（2）可靠性差。波浪能自身的破坏性、恶劣海洋环境造成的腐蚀以及海洋生物附着可能造成装置的某些环节失效，从而导致波浪发电装置可靠性较差。为了保证波浪发电装置的可靠运行，需要在工程材料、装置的简单可靠性方面作出突破。

（3）发电总效率低。波浪发电需要经过多级转换且波浪能具有不稳定的特点，导致波浪发电总效率低下。据统计，单机波浪能转换总效率只有10%～30%，因此波浪发电三级转化的每个环节的核心技术以及波浪适应性都有待突破。

（4）发电装置规模小。由于波浪能流密度较低（约为欧洲能流密度的1/10～1/5），且波浪发电技术起步较晚，因此中国波浪发电技术与技术发达国家之间存在一定差距。发电装置规模整体偏小：从全球来看，在波浪能发电装置装机规模方面，技术发达国家已从 10^2kW、10^3kW 级发展到 10^4kW 级；而中国目前仍停留在10kW、10^2kW 级的水平上，即使是2020年的远景规划目标也只是发展到 10^2～10^3kW 级的波浪发电站。

（5）发电成本高。波浪能发电社会效益好但经济效益差，成为普及和大规模开发的最大障碍。海洋中尤其水下的环境对波浪发电装置的各方面要求较高，运行和维护也比较困难，导致波浪发电成本较高。据统计，欧洲目前波浪能发电的电价约为20欧分/kW·h（约合1.5元人民币/kW·h），中国的发电成本约为3元人民币/kW·h，故而波浪发电的电力无法对其他传统能源形成有效的竞争，只有一些边远的岛屿、航标灯等才有市场。

从知识产权层面来讲，存在专利保护意识薄弱和专利布局投入不足、重视不够的问题。2016 年 10 月 11 日，英国《卫报》曾经在网站头版发表了题为"英国的波浪发电公司，中国代表团访问以及神秘的盗窃"的事件，指出"中国产品同苏格兰公司的产品惊人的相似，虽然细节上些许不同，但显然在验证苏格兰公司的概念。"尽管如此，英国政府和苏格兰政府都没有挑战和质疑中国对这项技术的权利，主要是由于苏格兰公司并未在中国取得专利权。故而，此事件给我们的经验和启示是，尽管波浪发电装置没有进入实质的商业化阶段，但是对知识产权保护的意识和专利布局等方面应该要提前予以认识和准备。

本报告深入挖掘分析波浪发电专利数据，从一定程度上解决上述技术层面和知识产权层面上存在的问题，达到发挥知识产权对波浪发电产业发展的导航作用的目的，具体包括以下几个方面：

（1）全面挖掘波浪发电的专利态势，包括专利申请趋势、原创国家/地区分布、重要申请人等，从而明确波浪发电行业的发展阶段、了解中国需要学习或注意的国家或区域、掌握重要的创新主体等，为政府相关部门相关政策的准确制定提供参考，为已进入或拟进入波浪发电行业的相关主体发展方向的准确制定提供借鉴。

（2）深入分析专利技术：一方面，梳理主要波浪发电装置的技术发展路线，帮助国内创新主体提高研发起点，制定研发思路，避免重复研究；另一方面，提供解决安全、发电总效率低、可靠性等关键技术问题的重点专利技术，为国内创新主体提高研发起点，为国内的波浪发电行业的技术突破提供技术支撑。

（3）剖析重要申请人：明确重要申请人研发重点、技术优势、研发思路等，为国内相关主体的学习、引进、合作或并购等提供依据。

（4）搜集国内外波浪发电的人才信息，为国内波浪发电行业或是相关主体的人才引进、技术交流或合作研发等提供人才支撑。

1.5 研究对象和方法

1.5.1 研究对象

本报告以波浪发电装置技术领域的国内外专利文献为研究对象进行研究。

1.5.2 研究方法

1.5.2.1 技术分解

根据 CPC 分类号以及发电原理的不同，本报告将波浪发电装置分为动态波浪发电装置、静态波浪发电装置两大类。其中，动态波浪发电装置包括振荡浮子式、摆式、叶轮式、可变形式、自由浮动式（也称"自由浮子式"）及其他类，静态波浪发电装置包括振荡水柱式与越浪式，同时对部分类型进行了细分，详见表 1 - 5 - 1。

表1-5-1　波浪发电装置分解表

一级分支	二级分支	三级分支	四级分支
动态	振荡浮子式	浮子结构	—
		能量转换	液压转换
			机械转换
			电磁转换
			其他
		输配电	—
		海洋工程	—
		其他	—
	摆式	—	
	叶轮式	—	
	可变形式	筏式	—
		软囊式	—
	自由浮动式	—	
	其他	—	
静态	振荡水柱式	腔室结构	—
		涡轮结构	—
		其他	—
	越浪式	—	

1.5.2.2　数据检索

本报告的专利文献数据主要来自国家知识产权局专利检索与服务系统（以下简称"S系统"），数据检索主要使用S系统的中国专利文摘数据库（以下简称"CNABS数据库"）和外文数据库（Virtual or logical Database，以下简称"VEN数据库"）。前者是对中国专利初加工文摘数据库、中国专利深加工文摘数据库、中国专利检索系统文摘数据库、中国专利英文文摘数据库、德温特世界专利索引数据库（以下简称"DWPI数据库"）中的中国数据以及世界专利文摘数据库（以下简称"SIPOABS数据库"）中的中国数据进行错误清理、格式规范、数据整合后形成的一套完整、标准的中国专利数据集合。数据覆盖全面，数据格式规范，数据质量高，数据涵盖自1985年至今所有中国专利文摘数据；后者是由SIPOABS数据库和DWPI数据库组成的虚拟数据库，涵盖1827年至今两个主要国外数据产品的全部数据。

此外，本报告基于较准确的关键词和各种IC、CPC分类号，从而确保检索快速、准确。具体的检索策略有：使用关键词统计分类号，避免遗漏分类号；使用分类号统计关键词，避免遗漏关键词；制定技术分支、分类号（可能使用的各种分类号）对应表，以便降低检索噪音；合理使用全文数据库。

本报告波浪发电装置领域二级分支的数据量以及检索截止日期如表1-5-2所示。

表1-5-2 波浪发电装置文献量汇总

领域	二级分支	文献量			检索截止日期
		中国/件	全球/项	全球/件	
波浪发电装置	振荡浮子式	1728	4858	7503	2017-08-21
	摆式	266	677	1062	
	叶轮式	701	1905	3313	
	可变形式	216	601	1076	
	自由浮动式	414	771	1119	
	振荡水柱式	116	843	1292	
	越浪式	152	595	996	
	其他	350	1368	1898	

1.5.2.3 检索评估

全面而准确的检索结果是后续专利分析的基础，检索结果的评估对于调整检索策略、获得符合预期要求的检索结果起着至关重要的作用。查全率和查准率是评估检索结果优劣的指标。其中，查全率用来评估检索结果的全面性，即评价检索结果涵盖检索主题下的所有专利文献的程度；查准率用来衡量检索结果的准确性，即评价检索结果是否与检索主题密切相关。本报告已对前述检索结果分别进行了查全和查准评估，采用的评估方法如下：

查全率评估：选择本领域重要申请人进行评估。一般为该技术领域申请量排名在前十位的申请人或者行业内普遍认可的重要申请人。对于所选择的该申请人，需要注意：（1）该申请人是否有多个名称；（2）该申请人是否兼并收购或者被兼并收购；（3）该申请人是否有子公司或者分公司。利用申请人作为检索入口进行检索，之后进行人工阅读、清理和标引，将阅读、清理和标引后的数据作为母样本。在检索结果数据库中以该申请人为入口检索其申请文献量形成子样本；以子样本/母样本×100% = 查全率。

查准率评估：按照年代、技术分支抽取一定比例的数据样本，通过人工阅读评估确定其与技术主题的相关性，和技术主题高度相关的专利文献形成子样本，以子样本/母样本×100% = 查准率。

课题组根据上述方法对检索结果的查全率和查准率进行了验证，查全率和查准率都为90%以上，满足研究需要。

1.5.2.4 数据处理

本报告对所有数据进行清理、标引和筛选，具体内容如下。

（1）清理分析字段

申请人、申请日、优先权日、申请人国籍、法律状态、发明人和多边专利申请、同族数、被引证数等。

（2）同族专利的处理

同一项发明创造在多个国家申请专利而产生的一组内容相同或基本相同的文件公开物，称为一个专利族。从技术研发角度来看，属于同一专利族的多个专利申请可视为同一项技术。在本报告中，在技术分析时对同族专利进行了合并统计，针对国家分布进行分析时各件专利进行了单独统计。

（3）数据标引

数据标引：就是给经过数据清理和去噪的每一项专利申请赋予属性标签，以便于统计学上的分析研究。所述的"属性"可以是技术分解表中的类别，也可以是技术功效的类别，或者其他需要研究的项目的类别。在给每一项专利申请进行数据标引后，就可以方便地统计相应类别的专利申请量或者其他需要统计的分析项目。因此，数据标引在专利分析工作中具有很重要的地位。根据技术标引表对所检索的数据进行标引，包括：

1）制定标引表

标引表包括二、三级技术分类，对每一技术分类和效果进行定义，分清界限，从而使标引效果达到预期目的。

2）标引

标引是课题组成员通过阅读专利文献来标注标引信息，本课题采用批量标引与人工标引相结合。而且人工标引是将中文文献和外文文献分开标引，先集中标引中文文献，提高课题组成员对技术的了解，之后再集中标引外文文献，最后进行同族数据进行拓展和汇总。

（4）数据筛选和处理

通过 EXCEL 对数据进行筛选。

1.6 相关事项和约定

（1）关于专利申请量统计中的"项"和"件"

项：在进行专利申请数量统计时，对于数据库中以一族（这里的"族"指的是同族专利中的"族"）数据的形式出现的一系列专利文献，计算为"1项"。以"项"为单位进行的专利文献量的统计主要出现在外文数据的统计中。

件：在进行专利申请数量统计时，为了分析申请人在不同国家、地区或组织所提出的专利申请的分布情况，将同族专利申请分开进行统计，所得到的结果对应于申请的件数。1项专利申请可能对应于1件或多件专利申请。

（2）近期部分数据不完整说明

检索截至 2017 年 8 月 21 日，由于部分数据在检索截止日之前尚未在相关数据库中公开，课题组检索到的 2015 年以后提出的专利申请数量比实际专利申请量要少。出现这种情况的原因主要有以下几点：通过《专利合作条约》提出的专利申请（通常称为"PCT 申请"）自申请日起 30 个月甚至更长时间之后才进入国家阶段，从而导致与之相对应的国家公布时间更晚；中国发明专利申请通常自申请日（有优先权的，自优先权日）起 18 个月（要求提前公布的申请除外）才能被公布；中国实用新型专利申请在授权后才能获得公布，其公布日的滞后程度取决于审查周期的长短等；还存在检索数据库中数据的更新速度问题。

（3）申请人名称约定

在本报告中对一部分重要申请人的表述进行约定：一是由于中文翻译的原因，同一申请人在不同的中国专利申请中表述不一致；二是力求申请人统计数据的完整性、准确性，将一些公司的子公司专利申请合并统计。

（4）有效

专利有效包括专利公开、授权和保护阶段。

（5）失效

专利无效包括专利无效、撤回、驳回和放弃。

第 2 章 　波浪发电专利申请态势分析

从产业现状来看，波浪发电目前主要处于研发试验阶段，同时具有商业化转变的趋势。为了帮助国内波浪发电产业有效推进，本章从专利申请的角度出发对波浪发电行业展开了全面摸底。主要从全球和中国的角度出发，具体从申请量趋势、技术生命周期、区域竞争力、技术构成、申请人排名、申请集中度、申请人类型、法律状态等方面着手，全面分析了波浪发电专利申请的态势，帮助政府或研发主体明确波浪发电行业的发展阶段、了解需要学习或注意的对象等。

本章的专利申请数据来源于 CNABS 数据库和 VEN 数据库，经过检索、标引、去噪、验证等过程后，得到分析的样本数全球专利申请量为 11752 项（18146 件），中国专利为 4116 件。其中，检索截止时间为 2017 年 8 月 21 日。该数据为本章及后面章节的数据基础。

2.1　全球专利申请趋势分析

本节主要从波浪发电技术的申请量趋势、技术生命周期、区域竞争力、技术构成、申请人排名和专利集中度等方面对全球专利申请状况进行分析。

2.1.1　申请量趋势

如图 2-1-1 所示，该图示出了从 1965～2016 年全球范围内公开的涉及波浪发电的专利申请趋势。从该图可以看出，专利申请量呈现增长趋势，波浪发电技术经历了萌芽期、平缓发展期和快速发展期。

（1）萌芽期（1965～1971 年）

其间，波浪发电技术全球专利申请量很少，几乎在 20 项以下，说明该时期为波浪发电技术导入期。这主要是因为随着经济的发展及能源需求的加大，人们开始关注多样化的能源，海洋波浪能开始进入人们的视野。

（2）平缓发展期（1972～2002 年）

在这期间，随着全球经济的快速发展以及科学技术的发展，波浪发电技术得到了较快的发展。此时波浪发电专利申请量得到一个提升，达到 100 项左右；特别是，20世纪 70 年代的石油危机促使了可再生能源的发展，激发了人们从海洋获取能源的兴趣，在 1979 年达到最高申请量 222 项。但由于此时的波浪发电技术更多是作为科研或技术想法，并没有得到产业化的应用或投入生产，因此，相关专利申请量变化甚微，几乎一直徘徊在 100 项。

（3）快速发展期（2003 年至今）

在此期间，随着世界经济的进一步发展，人们对能源需求更加强烈，波浪发电技术取得了进一步的发展，并出现了产业化的应用。例如，2004 年英国海洋电力传输公司研制出最先进的离岸式波浪发电机组"海蛇"，2008 年由英国蓝宝石公司和贝尔法斯女王大学合作在英国贝尔法斯特研发的一种浮力摆波浪能量转换装置"牡蛎"等，因此专利申请的年申请量快速增长。这时专利申请量从 2002 年的 136 项迅速增长到 2014 年的 810 项。当然从整体来说，波浪发电技术在产业化应用方面，由于一些关键技术目前仍未突破，成本昂贵，维护成本高，目前仍未大规模产业化，因此后续随着技术的发展，专利申请预计会有一个持续增长的过程。

图 2 - 1 - 1　波浪发电技术领域的全球专利申请趋势

因此，目前全球波浪发电技术仍然是在积极推进，申请量还在增长，从能源以及战略需求的角度上看，我国需要积极投身波浪发电行业中，努力开展研发和应用。

2.1.2　技术生命周期

技术生命周期反映了波浪发电技术领域申请人/专利权人和申请量随年限的变化趋势。通过对比申请人和申请量随年限变化的趋势，可以得出某一年限的参与研发人员的数量以及申请人是否放弃还是积极参与波浪发电技术研发。

图 2 - 1 - 2 给出了波浪发电专利申请的技术生命周期发展趋势，可以看出：

（1）专利申请总量和申请人/专利权人数量的关系

1965 ~ 1972 年，由于对波浪发电技术研究很少，相应的申请人和申请量都很少，维持几项左右。而随着 1973 年石油危机的出现，人们意识到能源危机的影响，因此开始选择替代石油的能源，从而作为清洁、丰富的波浪能进入人们视野，较多的申请人参与了波浪发电技术。专利申请量和专利申请人同步得到一个较好的发展，并于 1980

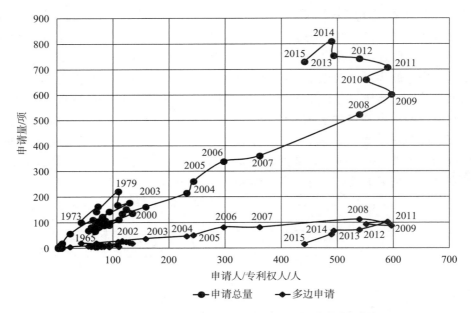

图2-1-2　波浪发电技术专利申请的技术生命周期发展趋势

年达到一个小高峰，而从1981年开始，欧美国家再次经历经济危机，导致世界经济的疲软，因此对能源的需求减小。同时，由于未能实现波浪发电技术的产业化，因此波浪发电技术的研发再次被暂缓并放下，因而专利申请总量出现了降低，而参与波浪发电技术研发的人员同步减少，申请人数量同步出现流失。而在1982～1993年，由于世界总体经济的起伏和石油危机影响，申请量和参与申请波浪发电技术的专利申请人时有起伏。从1993年以来，随着世界经济的全面复苏，能源重新成为各个国家或地区的争夺点，同时受此时的石油价格的波动影响，波浪能作为能源的一个补充，再次成为人们的一个研究热点。此时，进入波浪发电技术的研发人员重新开始增多，专利申请量和专利申请人都在同步快速增长，而波浪发电并网发电的产业化的应用，更是刺激了更多科研财力投入和科研人员进入波浪发电技术领域，申请人数量于2010年达到顶峰。从2010年之后，随着技术日益发展，该产业技术领域开始出现了技术集中化，以及部分研发公司及个人的优胜劣汰，但专利申请总量依然是在增长，并于2014年左右达到最高峰。说明申请人的人均申请件数在增加，而申请人数量出现了略微的降低，即波浪发电技术开始走向技术集中性发展阶段。由于波浪发电装备属于大型海洋装备，因此对该技术进行产业化应用时需要较大的初期投入，从而把很多小型企业和个人拦在产业之外。同时，由于波浪发电技术重要申请人的产业投入难题，以及现今经济的疲软，资金投入减少，并且专利申请量和专利申请人出现了一定程度的减小。

（2）多边申请量和申请人/专利权人数量的关系

1965～2000年，由于对波浪发电技术研究很少且各国都不重视在其他国家进行专利布局，相应的申请人和申请量都很少，且基本局限于本国申请，因此多边专利的申请量很少。2001～2007年，由于世界经济高速发展以及各国都开始重视在其他国家进行专利布局，进入波浪发电技术的研发人员急剧增加，多边专利申请量和专利申请人都在同步快速增长，波浪发电的重点专利技术开始大量出现。尽管2008年出现的世界经济危机导致世界经济疲软，但是波浪能作为能源的一个重要补充，仍然是人们的一个研究热点，更多的科研财力和科研人员被投入到波浪发电技术领域，专利申请人仍然在缓慢增长，多边专利申请量处于平稳状态。而从2010年之后，随着技术日益成熟，该产业技术领域开始出现了技术集中化，以及部分研发公司及个人的优胜劣汰，部分专利申请人开始撤出，申请人的数量和多边专利申请量都出现了降低。即波浪发电技术开始走向技术集中性发展阶段，多边专利的申请量相应减少，波浪发电技术产业在进一步向少数具备竞争力的申请人聚拢。

可见，在波浪发电技术领域，虽然总体申请量和参与研发的主体保持在较高水平，但是整体技术能力还有待提高。

2.1.3 区域竞争力

在本小节中，将从全球角度在区域竞争力上分析波浪发电技术的特点。

2.1.3.1 原创国家/地区分布及申请量趋势

图2-1-3（见文前彩色插图第2页）示出了全球波浪发电技术原创国家/地区的分布及申请趋势。可以看出，作为波浪发电技术的原创国家/地区，中国、欧洲的占比分别为31.90%、26.99%；其次是美国和日本，专利申请量占比也均超过了10%。中国、欧洲、美国、日本总占比超过了80%，说明技术主要是集中在上述四个国家/地区。除此之外，俄罗斯和韩国占比均在5%左右，剩余国家/地区首次申请波浪发电技术方面的专利所占的比例很小，皆不足5%。

从专利申请总量来说，中国作为首次申请国的专利申请所占比例最大，一方面由于中国近年来经济发展对能源的需求旺盛并且技术发展迅速，另一方面得益于中国在知识产权方面的保护激励措施，因此，专利申请量一直快速增长，而专利申请总量也不断攀升。其次为欧洲，专利申请量仅次于中国，占比为26.99%；美国和日本分别排名第三位和第四位，占比为12.35%和11.35%。由于波浪发电技术的发展程度涉及该国/地区所在的地理位置、经济实力和科技实力，全世界先进技术集中在欧美国家，且欧洲和美国具有广阔的海岸线，为波浪发电的实施提供了天然的场所。另外，日本排名为第四位，一方面由于日本有先进的科技实力作为支撑，另一方面，日本为岛国且其自然资源匮乏，对波浪发电具有较大需求，因此其大力发展波浪发电。俄罗斯很大程度上继承了苏联时期的研究成果，因此在波浪发电技术领域也占据一定地位，占比超过5%。作为专利技术重要国家的韩国存在能源供求的矛盾和很长的海岸线，拥有丰富的海洋波浪能资源，因此其对波浪发电技术研究也较多，同样在波浪发电技术领域占据相当地位，申请量占比接近5%。

从几个重要的专利申请国家或地区的申请趋势情况来看，美国作为老牌技术国家和沿海国家，其波浪发电专利技术很早出现，并在石油危机的过程中，专利申请量不断提升，1967~1979年从2项增长到41项。而1980~2001年，由于石油危机的影响导致20世纪70年以来一段时间西方经济全面衰退，作为经济发展晴雨表的能源需求不再是那么急迫，因此在波浪发电技术方面投入也不是很大，在这一段时间内专利申请量几乎没有变化，甚至出现了略微的下降。而从2001年开始，美国经济重新回归到快速发展时期，并且第二次海湾战争此时已打响，影响到石油能源的供应安全，加之美国作为拥有辽阔海域的国家，因此美国对海洋波浪能源关注加强，专利申请量快速发展，并在2009年达到最高峰，达83项。随后由于2008年金融危机的影响，波浪发电专利申请呈现一定的颓势，申请量出现略微下降，但随着经济全面的发展，波浪能作为新能源的补充，必将迎来新的春天。

欧洲作为同样具备辽阔海洋和老牌技术的海洋地区，很早就完成了产业革命，因此很早就开始波浪发电技术的研究，并申请了相关的专利。其波浪发电技术同样经历了1971～1979年石油危机时段的短暂快速发展，随后1980～2001年整个欧洲的经济危机又导致了专利申请量的略微衰退，基本维持在50项以下。而从2001年至今，随着全球经济的全面复苏以及波浪发电技术的高速发展，专利申请高速增长，而由于受到美国引发的次贷危机的影响，欧洲专利申请从2009年开始出现了小幅降低。

日本在"二战"后进入经济复苏期，并取得了较快的经济和技术的发展。同时，日本作为资源相对将匮乏的国家，由于拥有较长的海岸线，因此对波浪发电技术较为重视，并申请了不少专利。1971～1981年专利申请达到一个高峰，最高达72项；而后由于经济长期处于较慢的发展阶段，专利申请量也出现了下降；而从2007年开始，专利申请重新开始增长。

中国起步较晚，在1997年之前，专利申请维持在较低的水平，直到1998年，波浪发电技术得到了快速的发展，专利申请也同步开始了较快的增长。这一方面是因为中国技术落后，另一方面是因为中国1984年才开始建立专利制度。1985～2001年，专利申请很少，从2001年开始，波浪发电技术专利申请一直维持较快的发展态势，可以说是处于波浪发电技术的高速发展时期。一方面由于中国的沿海能源需求很高，同时中国沿海地区疆域广阔，研究波浪发电技术的申请人也很多，因而专利申请量维持高速的增长。而且由于政府对波浪发电技术的支持、雄厚的经济实力以及知识产权保护意识的增强，即便在2008年全球次贷危机的情况下，申请量依然在保持快增长的趋势。

2.1.3.2 原创国家/地区申请量占比趋势

图2-1-4示出了波浪发电技术领域各国家/地区的专利申请随年份的占比情况。总体来说，全球波浪发电技术呈现出欧洲、美国、日本和韩国专利申请占比在逐年减小，而中国占比逐年增多的趋势。具体地，1965～1971年，欧洲专利申请量占比最大，美国仅次于欧洲；而1971～1984年，由于日本经济的较快发展，以及美国的技术研发能力突出，美国和日本在波浪发电技术方面占据了更大的份额，并保持增长趋势，而欧洲占比份额同步有所降低；从1984年开始，中国开始实施专利制度，相应的专利占比在开始增长，而日本专利申请占比发生了一定幅度的减小。从总量来说，1971～1984年，占比最大的2个专利申请国家/地区为欧洲和日本，而日本的专利申请量在1985年后逐渐减小，与欧洲申请量差距逐渐加大。中国和美国在2002年前申请量都很

少，2002 年后，中国专利申请量开始大幅增长，到 2008 年达到顶峰，而美国申请量开始大幅度增长；韩国专利申请从 2007 年开始增长。2009 年前后，欧洲、美国申请量开始逐渐减小，而中国申请量从 2008 年后开始迅速增长，于 2011 年首次超过欧洲并继续保持高速增长。

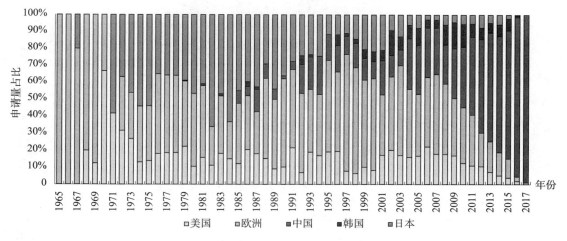

图 2-1-4　波浪发电技术领域各国家/地区专利申请占比

　　总体来说，波浪发电技术专利申请的原创国家/地区主要集中在中国、欧洲、美国、日本，整体呈现出欧洲、美国、日本和韩国专利申请量以及申请占比在逐年减小、中国逐年增多的趋势。目前，中国申请量和占比均最大。这一方面由于中国经济的发展导致的能源需求增大，另一方面，得益于我国的专利保护意识增强。但就产业化应用来说，我国相对于西方国家研发起步较晚，目前只有一个产业化成功的例子，很多部分专利产业化利用率很低。因此，随着总体专利量的增加，还需要加快从专利走向产业的过程。国内想要进一步突破，依然可以从欧洲、美国、日本学习或引进波浪发电技术。

2.1.3.3　多边申请占比分布

　　图 2-1-5 示出了主要国家/地区申请量占比和其多边申请占比，其中内圈示出各主要国家/地区专利申请总量占比。可以看出，在各主要国家/地区中，总专利申请最多的为欧洲，占比 36.44%，其次为中国，占比 30.83%，美国占比为 14.11%，日本和韩国占比分别为 12.97% 和 5.65%，因此，仅从在各国家/地区公开的专利申请总量来说，欧洲和中国专利申请量占比相差不大。从专利申请的目标市场国家/地区来说，欧洲和中国基本相当，属于第一梯队，而美国和日本基本处于第二梯队，而韩国占比略低，基本处于第三梯队。但是，专利申请量或占比并不能直接或真实地反映相应国家/地区在该领域内的技术实力，而多边申请由于是在多个国家/地区同时布局，所涉及的专利、技术是各国家/地区相对重要的专利申请，所以多边申请反而能够更加客观、真实地反映各国家/地区的技术实力。

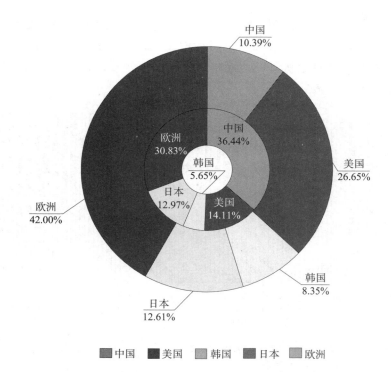

图2-1-5 波浪发电技术领域各国家/地区专利申请总量占比及其多边申请占比

图2-1-5外圈反映了中国、美国、日本、韩国和欧洲的专利技术实力，示出主要国家/地区的多边申请总量占比。可以看出，虽然中国的专利申请总量最多，为4055项，高于欧洲等国家/地区，但其多边专利仅有486项，和申请总量相比，略占10%以上。反观美国和欧洲，欧洲专利申请量占比虽然略低于中国（不到6个百分点），而美国的申请总量占比更是比中国低22%，其中美国的专利申请总量仅2389项。但欧洲和美国各自的多边申请量远超过其他国家，如欧洲的多边申请量占其总申请量的近一半，主要国家/地区总量的42%，而美国的多边专利申请量占该国总量的50%以上，占主要国家/地区总量的26.65%。该两国家/地区的多边专利申请量之和是五个主要国家/地区多边专利申请量之和的近70%，尤其是欧洲地区，多边专利申请多达1965项。而日本和韩国的多边申请量占比分别为12.61%和8.35%，在本国的专利申请总量占比都很高。因此，我国在多边专利申请方面，总量还与其他国家/地区相差较大。虽然我国的专利申请在数量上占有优势，但是总体专利申请质量还较低，还需要提升专利质量，尤其需要加强研发实力、提升发展空间，未来还需要通过进一步引进企业等渠道来提升我国波浪发电技术的水平，尤其是引进跨国、实力较强的企业。同时，鼓励我国技术实力较强的企业"走出去"。

通过比较各主要国家/地区多边申请量，可以得出欧洲和美国仍是海洋工程装备产业的领头羊，尤其是欧洲，掌握了上述领域内最多数量的重要技术，多边申请量进一步说明了欧洲和美国在海洋工程装备产业的技术实力和竞争力。另外，日本和韩国虽然专利申请量远低于中国、美国和欧洲，但其多边申请量分别为 590 项和 391 项。这说明日本和韩国虽然专利申请量远低于中国，但重点专利占比并不比中国少，对于中国来说仍然是不可小视的竞争对手。综上，我国虽然专利申请量大，但与其他主要国家/地区相比，专利质量或技术实力仍相对较弱，掌握的重要专利技术较少，重点专利技术占自身专利申请量的比例非常低，技术实力还有待提高。

2.1.3.4　技术优劣势

波浪发电技术领域主要的专利技术来源国家/地区为欧洲、美国、中国和日本，因此本小节中，将重点分析这几个国家/地区的专利申请的特点。

表 2-1-1 示出了四个主要国家/地区的专利申请量及多边专利申请量。可以看到，中国的专利量最高，其次为欧洲，第三位和第四分别为美国和日本；而在多边专利申请方面，欧洲多边专利申请量最多，为 577 项，远高于剩余的国家，其次为美国。可见，欧洲的专利布局最为完备，而中国虽然专利申请总量很大，但是还未出现大规模地向其他国家/地区布局的情况。

表 2-1-1　波浪发电技术领域各国家/地区专利申请量及多边专利申请量

国家/地区	专利申请量/项	多边专利申请量/项
欧洲	2853	577
美国	1174	181
日本	1334	123
中国	3749	102

从图 2-1-6 可看到，欧洲、美国、中国和日本在波浪发电领域各技术分支均有专利申请，但均在振荡浮子式专利申请量最大。其中，美国还在叶轮式申请了很多专

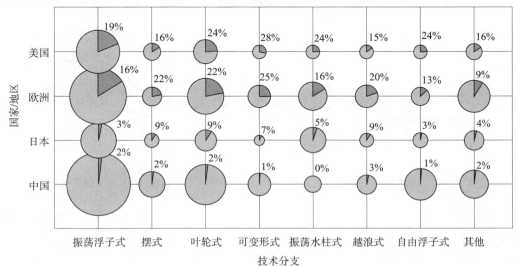

图 2-1-6　波浪发电领域各技术分支各国家/地区多边申请占比

利，欧洲则还在叶轮式和其他发电领域申请了很多专利，中国则还在叶轮式、自由浮动式和其他发电领域申请了不少专利。从多边申请方面来看，美国多边申请占比最高的技术分支为可变形式、振荡水柱式和叶轮式，而欧洲多边申请占比最高的技术分支为叶轮式和越浪式，日本和中国类似，在各技术分支的多边申请占比都不是很高。可见，欧洲和美国作为波浪发电技术研究很早的国家/地区，专利申请质量相对较高，同时，它们对振荡浮子式、叶轮式和振荡水柱式技术分支比较重视。

2.1.3.5　专利目标市场国/地区分布

图2-1-7给出了波浪发电技术领域专利主要进入的国家/地区分布，即目标市场国/地区分布，以及主要国家/地区申请量随时间的变化趋势。可见，在波浪发电技术领域，主要的目标国/地区主要为欧洲、中国、美国、日本，分布情况基本与波浪发电技术原创国/地区分布基本相同，其中，占比靠前的为欧洲和中国，均为25%，其次为美国和日本，分别为14%、11%；前述四个国家/地区的占比为总量的75%；紧随日本的为澳大利亚、韩国、俄罗斯和加拿大，占比分别为4%、4%、4%、3%。除上述8个国家/地区外，其他的国家/地区所在比例小于或略大于1%。这主要是与这些国家/地区所具有的市场价值、能源需求和波浪能资源有关，因此，国内研发主体在后期专利布局可以优先考虑在这些国家/地区布局。

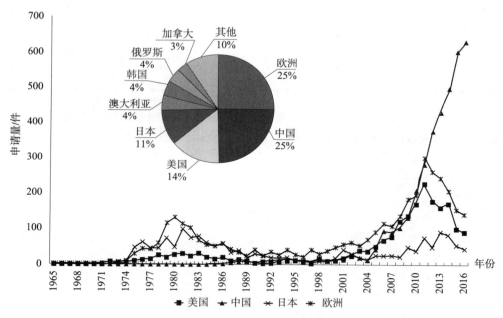

图2-1-7　波浪发电技术领域目标市场国/地区分布及主要国家/地区申请量变化情况

结合图2-1-3和图2-1-7可得出，上述排名靠前的目标市场国家/地区都是波浪发电技术的主要原创国/地区，本身在波浪发电技术方面具有较强的科技实力。欧美国家在波浪发电技术上研究很早，其产业化程度也相对较高。如美国新泽西州的上市公司海洋动力技术公司研制的发电浮标已经商业化应用，丹麦星浪能源的波浪发电技术同样实现了产业化的应用，这都助推了波浪发电专利技术在相应国家布局。在中国有不少科研院所及高校，如中国科学院广州能源研究所、中国海洋大学、浙江大学、浙江海洋大学等。这些沿海科研院所及高校都具备相当波浪发电研究能力，其中，中国科学院广州能源研究所于 1984 年就成功研制了一台 60W 小型波浪发电装置，并用于航标灯，并且 2015 年 11 月起"万山号"100kW 鹰式波浪能发电装置开始海试等，这些都为中国波浪发电技术商业化应用起到了示范作用，也促使我国波浪发电技术专利产业化应用快速发展。日本大岛造船、三井造船、三菱重工等多家船企也开展波浪发电项目，并有望实现商业化应用。另外，上述国家/地区具有广阔的海岸线，自身地理位置决定了波浪发电在该国/地区实施的可行性。而至于其他国家/地区，一般经济实力、科技水平相对较弱，或者为内陆国家/地区，对波浪发电技术需求也较弱，或者因为该国/地区本身并不重视波浪发电技术的应用，导致其市场占比过低。

另外，我国相对欧洲的首次专利申请量虽然占优，但是目标市场国专利申请量却略低于欧洲，没有引起外国波浪发电技术领域研发主体的足够重视。这主要是因为中国波浪能资源、技术以及市场应用均与欧洲存在一定差距：我国波浪能基本属于小波浪，而欧洲主要研发的波浪能装置一般规模较大，适用于大波浪；我国波浪发电技术装置主要是小型产品或试验电站，而欧洲已经存在一些成功的波浪并网电站。我国未来可以通过引进外国比较成功的商业化应用公司在我国进行布局或合作，促进我国波浪发电技术的发展。

从分析具体的主要目标市场国家/地区的发展趋势可以看出，1973 年以前各国家/地区刚开始进行波浪发电技术方面的研究，没有哪个国家/地区是主要的目标市场国/地区。1973～1989 年，欧洲是主要的目标市场国/地区，并在 1980 年的申请量最大，其次是日本和美国，而中国基本上并不作为目标市场国/地区。这是由于这一时间段内主要的申请人都在欧洲、日本或美国，且注重在本国/地区进行专利布局，而中国基本上还没有开始进行波浪发电技术方面的研究，其专利申请量维持在一个较低的水平。1989～2001 年，欧洲、日本、美国和中国作为目标市场国/地区的申请量基本处于平稳波动状态，欧洲仍是主要的目标市场国/地区，其次是日本和美国，开始有一些专利申请人将中国作为目标市场国/地区。2001～2010 年，中国的本国申请人开始有一些专利申请且发展迅速，同时外国申请人也开始注重在中国进行专利布局，作为目标市场国/地区的中国已经超过美国和日本，且每年作为目标市场国/地区的申请量与欧洲不相上下。在 2010 年以后作为目标市场国/地区的中国已经超过欧洲，成为第一目标市场国/地区，主要是因为中国本国申请人的申请量一直处于强势上升的状态。

2.1.3.6　主要国家/地区专利流向

在本小节中，将研究波浪发电专利技术在主要国家/地区之间的流向关系、申请的国别成分，以便了解当前各国家/地区的专利构成和专利技术的流向，具体如图 2-1-8（见文前彩色插图第 1 页）所示。

从图 2-1-8 可以看出，在波浪发电技术的专利占比中，各国家/地区的专利申请主要还是流入本国家/地区，皆超过了 60%，甚至 70%，最高达到 93.7%。可见针对目前波浪发电技术，各国家/地区之间的专利交流还不是很活跃，主要是因为波浪发电市场化程度依然比较低。

（1）欧洲

在专利构成方面，欧洲申请的专利占比89.3%；其他4个国家/地区流入的专利申请量分别为49件（中国）、295件（美国）、62件（日本）和27件（韩国）；而流出到其他国家/地区的专利中，美国最多，为590件，其次日本为236件，中国为155件，韩国最少为83件。可见，欧洲流向美国的专利最多，这一方面是因为欧洲和美国的专利制度成立很早，因此较早就具有专利的保护意识，两地之间的专利交流也比较广；其次为日本，同样很早就完善了专利制度，因此有不少专利进入日本。而同时，美国和日本也是在欧洲的专利申请大国，流入很多专利到欧洲，说明其他国家很重视欧洲的波浪发电市场。

（2）中国

在专利构成方面，可以看到，中国人绝大部分的专利都在中国申请，只有很少的一部分专利申请流入其他四个国家，如流入欧洲（49件），其次为美国（43件），而流入日本和韩国更少，分别为15件和11件。可见目前中国在波浪发电技术的研发以及专利技术方面相对比较欠缺，还不能充分走出国门，在其他国家/地区获取一席之地，需要加快与其他国家/地区的领先研发主体合作。

（3）美国

在专利构成方面，主要国家/地区在美国专利申请总量为2217件，其中流入欧洲的专利申请最多，为295件，其次为流入日本，共131件，而流入中国和韩国分别为65件和42件。可见，美国申请人更重视欧洲市场，其次为日本市场，而中国和韩国市场相对较小，因此进入这两国的专利申请也必将少。而在进入美国市场的专利申请国/地区中，欧洲申请最多，达590件，其次为日本，达53件，而中国和韩国分别仅有43件和42件。可见，作为很早就在波浪发电技术中研究并取得了较大进步的国家，美国科研实力也是最强；而作为一个重要的波浪发电市场国，欧洲在美国做了重要的布局；而日本也很重视美国市场，在美国做了充足的专利技术布局；而韩国和中国由于在波浪发电技术较落后，因此专利申请进入量也很少。

（4）日本

在专利构成方面，主要国家/地区在日本的专利申请总量为1716件。其中，在日本输出到其他国家/地区专利申请中，进入欧洲的专利申请最多，为62件，而第二大输出目的国家/地区为美国，53件，两者差别不是很大；而进入中国和韩国仅15件和12件，这几乎是前面两者的1/4~1/5。这一方面是日本重视欧美市场，另一方面对于波浪发电技术更完备的欧洲和美国，进入更容易。而由于中国和韩国目前波浪发电产业技术的应用相对落后，从而进入这两国的专利申请还很少。

（5）韩国

在专利构成方面，申请总量较低，流入其他国家/地区的专利总量也较少，但构成本国专利申请量占比和欧洲相比差别不大，有较大部分的专利申请为韩国本土申请。

其他国家或地区流入到韩国的专利申请虽然较少，但是由于韩国本土申请量并不是很多，因此，也占比达 21.2% 左右。可见，目前韩国的波浪发电市场还比较小，还未被其他国家/地区所重视并进行专利布局，总体市场也比较小。

　　总体来说，中国申请人在中国申请的专利申请量占总申请量的 93.7%，为主要国家或地区中占比最高的，说明在中国申请的专利中，绝大部分是中国申请人申请的，从中国流入外国的专利占比很少。而美国本土申请人申请专利占比为 67.4%，为主要国家或地区中最低，说明在美国申请涉及波浪发电技术的专利中，除了美国申请人外，还有不少国外申请人，说明国外申请人比较看好美国波浪发电的市场。向日本申请专利的国外申请主要集中在欧洲，达到了 236 件，日本向美国申请了 53 件，而美国则向日本申请了 131 件。

　　可以看出，在目前的专利流向中，主要流向为欧洲和美国，一方面，美国和欧洲在波浪发电技术方面具有领先优势，无论是专利申请的数量还是质量，都优于其他三国，互相申请专利的数量多，技术活跃度高。另一方面，美国和欧洲具有良好的知识产权保护体系，且都是发达国家/地区，经济实力强，市场竞争力大，因此其他国家都愿意去欧洲或美国申请专利。而我国申请的专利虽然数量多，超过了美国，但绝大部分为国内申请，说明具有真正市场应用价值的专利不多。而目前由于国内波浪发电尚未产业化，国外来华申请的专利比较少，因此国内申请人可以趁此机会多申请具有市场应用价值的专利以抢占国内市场，构成专利保护壁垒以保护本国波浪发电行业。作为在波浪发电技术方面具有更强技术的地区，欧洲专利输出量最大，和其他四国相比均为主要的净输出地区，因此，国内行业主体后续可以更重视和欧洲地区的企业合作，以便引进技术人才或技术。

2.1.4　技术构成

　　本小节将分析波浪发电技术领域各技术分支的构成及全球申请趋势，以便了解波浪发电技术的大体研发方向，为我国波浪发电技术的发展方向提供指引。

2.1.4.1　技术分支占比

　　图 2-1-9 示出了波浪发电技术领域各技术分支的构成。其中，主要技术分支为振荡浮子式，其占比为 44.27%，几乎占到了波浪发电总量的一半。其次为叶轮式，占比达到了 15.63%。而其他方式主要是指研发人员研发的不属于上述常规类型的波浪发电方式，如利用特殊材料、或不同于一般的特殊结构，占比也达到 11.23%，因此包括种类比较多，从而也占据了不少专利申请量。而振荡水柱式作为现今比较流行的波浪发电方式，占据了不少分量，达到 7.18%。由于叶轮式发电技术通常也大量应用在潮流、水坝等发电技术中，并不完全属于波浪发电技术，因此，作为主流的两种波浪发电方式，振荡浮子式和振荡水柱式发电占据了波浪发电技术的很大部分，而且技术成熟，因此，可以看出，目前波浪发电技术的专利申请，主要涉及振荡浮子式、叶轮式和振荡水柱式，为目前研发的技术重点和热点。

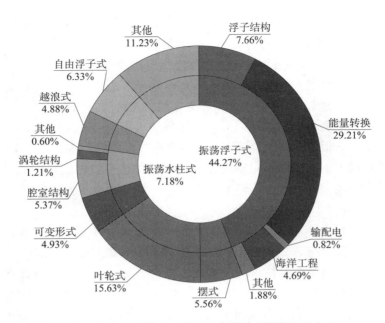

图 2－1－9　波浪发电技术领域全球的各技术分支占比

从图 2－1－9 还可以得出，剩余的波浪发电方式中，摆式自由浮子式、越浪式、可变形式等波浪发电方式占比较少，总量占比不足 22%，相对来说研发出的成果较少。可见，目前在波浪发电技术中，主要还是关注主流的波浪发电装置，其他方式相对被关注较小。

其中，在振荡浮子式波浪发电技术方面，涉及能量转换的专利占了 29.21%，超过了振荡浮子式总量的一半，其次为浮子结构，为 7.66%。虽然该三级分支在振荡浮子式中的比例排名第二，但远低于能量转换的 29.21%。另外，在振荡浮子式中还包括少量涉及输配电、海洋工程、其他等相关专利申请。可见，在振荡浮子式波浪发电技术中，研发人员更关注波浪发电技术中的能量转换环节，希望通过提高波浪能的能量转化效率来提高波浪发电的发电效率。其次为波浪发电技术的能源获取环节，即浮子结构，占比达 7.66%，通过改进浮子的结构以便捕获更多的波浪能资源，以便从根本上提高波浪能发电的转化效率。在振荡浮子发电技术方面，提供支持的海洋工程同样也得了一定的重视，占比达 4.69%，因为这涉及波浪发电技术的安全性，能否有效保护装置成为波浪能发电能否持续进行的重要因素。

而对于振荡水柱式波浪发电技术方面，涉及腔室结构的专利占比为 5.37%，占据了涉及振荡水柱式专利的绝大部分，另外涉及涡轮结构的为 1.21%。

总之，我国可以加大对能源转换机构和浮子等方面的研究，以便占据市场竞争地位，当然也可以针对研究的空白点，抢先进行专利布局，占据专利制高点。

2.1.4.2　技术分支专利申请量趋势

根据图 2－1－1 可知，全球波浪发电专利申请量在 1973 年前波浪发电专利申请量很少，1973 年后专利申请量开始增大，于 1979 年达到最高点后又开始下降，直到 2002

年，年申请量都很少。从 2002 年后，申请总量开始大幅度增长，并于 2014 年达到顶峰，其后现出了一定程度的下降。

由图 2 - 1 - 10 所示，其示出了全球波浪发电技术各分支的申请态势。

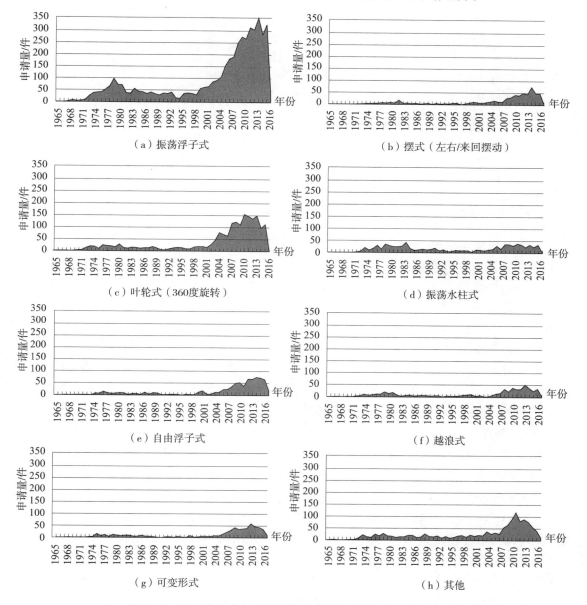

（a）振荡浮子式　　　　（b）摆式（左右/来回摆动）

（c）叶轮式（360度旋转）　　　（d）振荡水柱式

（e）自由浮子式　　　　（f）越浪式

（g）可变形式　　　　（h）其他

图 2 - 1 - 10　波浪发电技术领域全球各技术分支的申请量趋势

振荡浮子式专利申请量变化趋势与全球波浪发电专利申请量变化趋势基本一致。

越浪式从 1974 年开始具有小幅度增长，到 1980 年增长到最高点后申请量开始减小甚至接近 0，并在后续的一段时间维持少量的申请。

叶轮式方面，在 2001 年以前，维持一个较低的申请量，其从 2002 年开始快速增长，并于 2012 年逐渐达到顶峰。

总体来说，2014 年后，振荡浮子式、叶轮式等所有形式的波浪发电技术的专利申请量均有所下降，而从总专利申请量方面来比较，虽然其他类型的波浪发电技术比如摆式、可变形式、自由浮动式、其他等波浪发电技术的专利申请量总体保持一个增长态势，但其申请量仍少于叶轮式和振荡浮子式。

因此可以看出，振荡浮子形式是最早出现的也是最主要的波浪发电技术，且目前仍为主要的波浪发电形式。而叶轮式于 2002 年申请量快速增长，目前也是比较主要的波浪发电技术。另外，随着时间的推移和技术的发展，在以振荡浮子为主要形式的前提下，开始出现了新的波浪发电技术并于 2007 年呈现出多种形式波浪发电技术。因此，一方面，振荡浮子式为发展最早且目前仍为主要的技术分支，而叶轮式在近 10 年发展后地位也慢慢提高。另一方面，新的波浪发电技术开始不断涌现，但其申请量仍较少，目前并没有占据主要地位。

2.1.5 申请人排名

前面分析了全球波浪发电技术在各国的分布情况、各技术分支的研发进展，本小节将分析波浪发电技术的主要申请人和重要申请人，其中主要申请人按照申请人的申请量排名来分析，重要申请人按照被引用数和同族数分别来确定，其反映了该申请人的技术含量高低以及在该领域的重要程度。如图 2 – 1 – 11 和图 2 – 1 – 12 所示。

（1）主要申请人申请量排名

如图 2 – 1 – 11 所示，其示出了在波浪发电技术中全球专利申请量靠前的申请人，主要来自中国、美国、欧洲和日本。其中全球申请量排名前五位的申请人分别为浙江海洋大学（2016 年由原"浙江海洋学院"更名为"浙江海洋大学"，因此所有浙江海洋学院都称之为浙江海洋大学）、无锡津天阳激光电子公司（简称"无锡津天阳"）、浙江大学、河海大学和上海海洋大学。申请量排名前五位的申请人均为中国申请人，为四所高校和一家企业；外国申请人中，排名最靠前的申请人为罗伯特·博世（ROB-ERT·BOSCH），其次为三菱株式会社、海洋动力技术以及西贝斯特。

其中，排名第一的浙江海洋大学专利申请总量为 135 项，其中普通专利申请量 134 项，多边专利申请量 1 项，其作为一所海洋类研究院校，对专利申请较为重视，但多边专利申请量仅占其专利申请总量的 0.74%，可见其掌握的重要专利技术还较少。排名第二的无锡津天阳拥有一批尖端的技术人才，其中院士 1 位，长江学者 1 位，教授 4 位，博士 6 位，硕士 6 位，高工 9 位，技术工程师 12 位，销售工程师 5 位，专利申请总量占据高位，但是多边专利申请量为 0 项。作为专门从事波浪发电的科研机构中国科学院广州能源研究所（统一归纳到中国科学院），其在波浪发电技术研究也取得了不少成功，并申请了不少波浪发电技术方面的专利，其专利申请总量为 72 项，其中普通专利申请量 68 项，多边专利申请量 4 项，多边专利申请量占比为 5.55%。除了无锡津天阳为企业之外，排名靠前的中国申请人均为高校及科研院所。国外申请量排名第一

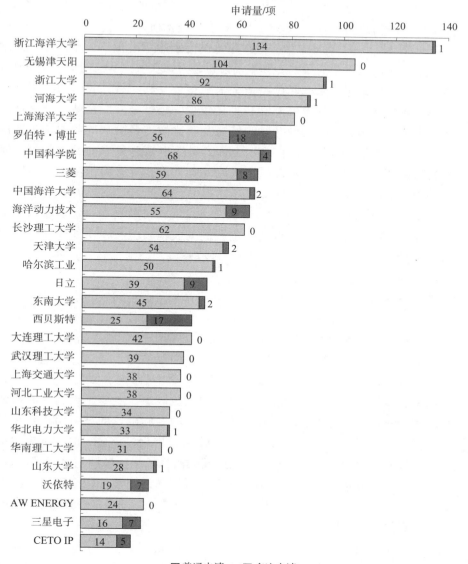

申请量/项

图 2 - 1 - 11　波浪发电技术领域全球主要申请人的申请量排名

的申请人为罗伯特·博世，其专利申请总量为 74 项，其中普通专利申请量 56 项，多边专利申请量 18 项，其多边专利申请量占比高达 24.32%，表现出了绝对的技术领先优势和竞争力。其次为三菱株式会社和海洋动力技术，三菱株式会社的专利申请总量为67 项，其中普通专利申请量 59 项，多边专利申请量 8 项，其多边专利申请量占比为 11.9%，海洋动力技术的专利申请总量为 64 项，其中普通专利申请量 55 项，多边专利申请量 9 项，其多边专利申请量占比为 14.0%，三菱株式会社和海洋动力技术专利申请总量和多边专利申请量相差不大。西贝斯特的专利申请总量为 42 项，其中普通专利申请量25项，多边专利申请量17项，其多边专利申请量占比高达40.47%，可见该公司虽然专利申请总量不多，但是仍具有较强的技术研发实力。

参见图2-1-11可知，大多数申请人的专利申请总量均处于比较低的地位，除了浙江海洋大学和无锡津天阳的专利申请总量超过100项，其他的均低于100项，但是浙江海洋大学和无锡津天阳一起仅申请了1项多边专利。可见我国的专利质量或技术实力仍然相对较低，掌握的重要专利技术比较少。整体来看，全球专利申请总量靠前的申请人主要为中国，而排名最靠前的外国企业比如排名第六的罗伯特·博世为德国企业，韩国和日本的企业很少。而中国方面，虽然申请总量靠前的比较多，但主要为高校和科研院所，公司很少。这说明在波浪发电方面，一方面，技术实力雄厚的公司主要为美国、欧洲企业，其更偏向实际应用；另一方面，我国申请总量靠前的申请人也不少，说明波浪发电技术在我国得到了快速发展，目前具有一定的实力和竞争力，但由于主要为高校和科研院所，说明目前我国的波浪发电技术主要为研发阶段，更多的是理论阶段的研究，离实际产业化还有一段距离。

（2）重要申请人被引用次数和同族数排名

图2-1-12反映了该申请人的技术含量高低，在该领域的重要程度。

在专利申请被引用次数方面，最高的为海洋动力技术，远远高于排名第二、第三的西贝斯特和海洋能量系统有限责任公司（HYDRO ENERGY），排名第四、第五和第六的是PHILIPS、麦卡利斯特（MCALISTER）和罗伯特·博世，其他公司的专利被引用次数均较少，海洋动力技术、西贝斯特、海洋能量系统有限责任公司、PHILIPS、麦卡利斯特和罗伯特·博世的专利申请被引用次数较多，主要是因为这些申请人的专利申请时间相对较早。可以看出，海洋动力技术的专利申请的被引用次数相对于其他公司而言，具有绝对的优势，而从图2-1-11可以看出，该公司的专利申请量排名也很靠前，这说明该公司申请的专利不仅数量较大而且较早，早期的专利都由该公司申请，后续的专利大部分是在该公司专利的基础上进行改进，该公司应该具有波浪发电方面大量的基础性专利。专利申请量排名更靠前外国公司罗伯特·博世的专利申请的被引用次数排名第六，说明该公司的专利也有一些值得其他公司进行借鉴和改进。尽管西贝斯特公司申请量相比罗伯特·博世和海洋动力技术靠后，但是在专利申请被引用次数方面排名第二，可见其大多数专利都被其他申请人所引用，研发实力非常强大。日本的三菱株式会社和日立公司，申请量虽然靠前，但在被引用次数同样很低，说明这两个公司的专利质量相对较低。而中国方面，虽然中国的高校和科研院所在专利申请量排名比较靠前，但是专利被引用次数都很低，可能是因为中国在波浪发电技术研究起步较晚，并未作为基础专利被引用，另一方面，也可能跟我国的专利撰写习惯和研发实力有关，导致被引用次数较少。在未来的波浪发电技术研究中，我国必须加紧波浪发电技术的基础专利研究，为我国在波浪发电技术产业提供后盾。

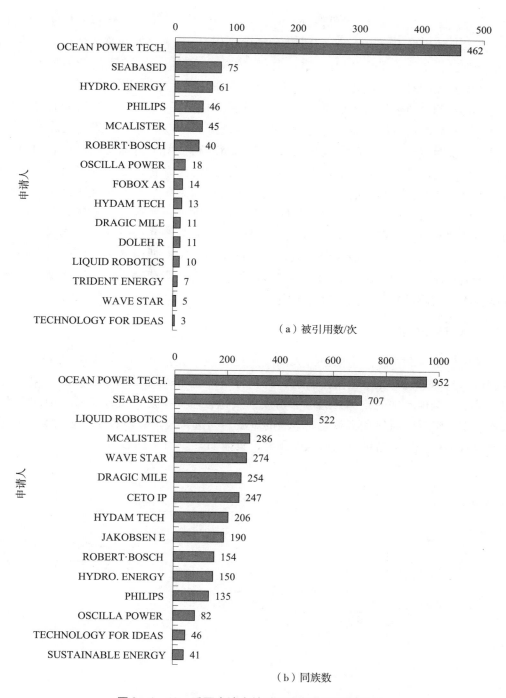

（a）被引用数/次

（b）同族数

图 2-1-12　重要申请人被引用次数和同族数排名

在专利申请同族数方面，最高的为海洋动力技术，排名第二的是西贝斯特，排名第三是里奎德机器人技术公司（LIQUID ROBOTICS），排名第四和第五的是麦卡利斯特和星浪能源，其他公司的专利申请的同族数均较少。可以看出，海洋动力技术的专利申请的同族数相对于其他公司而言，也具有绝对的优势，而从图2-1-11可以看出，该公司的专利申请量排名也很靠前，这说明该公司申请的专利不仅数量大而且专利质量很高。专利申请量排名很靠前的外国公司罗伯特·博世的专利申请的同族数排名并不靠前，说明该公司储备的专利质量并不高。而外国公司申请排名相对落后的西贝斯特的专利申请以及未出现在申请人申请量排名次中的里奎德机器人技术公司、麦卡利斯特和星浪能源，专利申请的同族数分别排名为第二到第五，说明这些公司虽然申请量少，但其质量都很高。日本的三菱株式会社和日立公司，申请量虽然靠前，但在专利申请的同族数同样很低。而中国方面，虽然中国的高校和科研院所在专利申请量排名比较靠前，但是专利申请的同族数很低，这说明中国在波浪发电方面虽然申请的数量不少但高质量的却不多。因此，在未来的波浪发电技术研究中，我国必须加紧波浪发电技术的高质量专利研究，以打破国外在波浪发电技术方面的专利壁垒。

2.1.6　申请集中度

波浪发电专利技术的主要申请人的集中度反映了波浪发电技术掌握在主要申请人的程度，具体来说，是申请量排名前5名、前10名等排名靠前的申请人的各类专利的总申请量占全球专利的比例，通过分析波浪发电技术集中度，可以了解目前波浪发电技术的聚拢情况、研发和打破商业垄断的难度，为进入波浪发电技术行业的研发公司、科研单位提供一定的帮助，以及风险预警，具体如图2-1-13所示。

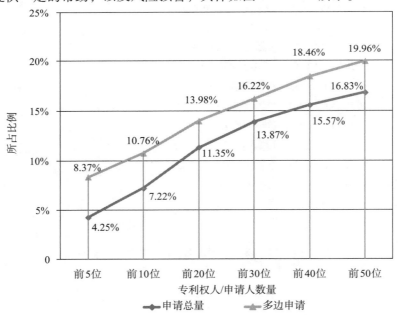

图2-1-13　波浪发电技术领域全球波浪发电专利集中度

　　图 2 - 1 - 13 示出了全球波浪发电技术中申请总量和多边申请的集中度分布情况。可以看出，在波浪发电技术领域专利集中度相对较低，前 5 位仅占专利申请总量的 4.25%，而前 10 位也只占专利申请总量的 7.22%，前 50 位申请人拥有全球专利申请总量的 16.83%，仍然少于 20%。技术垄断是指某经营者在某件产品或某类产品上拥有关键技术，其通过关键技术拥有权从而将其竞争对手排挤出局，达到生产此类产品的垄断权。这种垄断权受到国家法律的界定与保护，通常是以专利的形式得到各国专利法的保护。由图 2 - 1 - 13 可以获悉，在波浪发电技术领域，在专利申请总量方面集中度还很低，专利申请人还分布比较散，即专利并未被少数专利技术实力较强的申请人所掌控，从目前来看，还存在主要申请人进行专利布局构建专利壁垒、加快专利集中的可能。而对专利技术布局不是很完备的申请人来说，需要抓住专利还未高度集中的时机，尽早完成专利布局以保护自己。而在多国申请中，重要申请人所占比例相对专利总体分布比例显著增加，前 5 位申请人的多国申请占多国申请总量的 8.37%，前 10 位的申请人分别占比为 10.76%，而前 50 位的申请人占比分别为 19.96%。由此可见，虽然波浪发电技术领域的专利技术集中度较低，但在多国申请中表现出更高的专利技术集中度，这体现了重点专利更集中在更少数的申请人中。导致这一结果的主要原因是，在重点专利部分是一个技术、人力、资金较为密集且客户转换成本高的部分，他们的专利申请量未必很多，但是重要专利很多。而就波浪发电技术领域的总体而言，并未形成明显的技术垄断局势，技术准入门槛相对较低，个人可以比较容易创造发明，而制造商可以注重自主研发，而对于波浪发电技术重点专利部分的技术，制造商可以考虑技术引进或者与前 5 位申请人进行合资等方式进入这一部分市场，以减小技术风险和专利侵权风险。

2.2　中国专利申请趋势分析

　　本节将从申请量趋势、各国在华专利申请、国内省域竞争力、技术构成、法律状态、主要申请人排名、申请人类型、申请人活跃度、申请人集中度、专利运营等方面对波浪发电领域的中国专利申请进行分析，了解中国专利申请的基本情况，为后续波浪发电技术的研究及应用提供参考。

2.2.1　申请量趋势

　　根据图 2 - 2 - 1 所示的中国专利申请量趋势可知，中国波浪发电技术经历了萌芽期和快速增长期两个阶段。

　　（1）萌芽期（1985～2002 年）

　　1985～2002 年，波浪发电领域的中国专利申请量较少且增长缓慢，中国波浪发电技术处于萌芽期。

　　波浪发电领域的中国专利申请最早始于 1985 年，这与中国专利法开始实施的时间一致，也就是说，在中国开始接受专利申请的同一年波浪发电领域就出现了

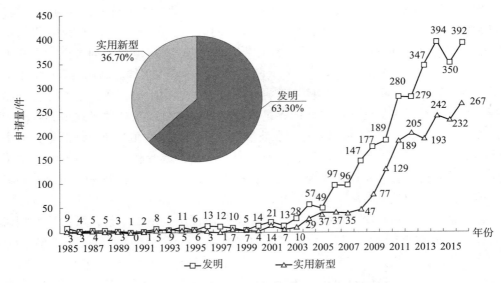

图 2 - 2 - 1　波浪发电技术领域中国专利申请量趋势

专利申请。然而在 1985 年后的十余年，波浪发电领域的专利申请量都很少且增长缓慢。1985 年专利申请量为 12 件，1986～1991 年每年的专利申请量均为个位数，其中 1990 年的专利申请量仅为 1 件，1992 年的专利申请量为 13 件，开始突破个位数，1992～2002 年期间，专利申请量缓慢增加，其中 2001 年申请量最多，仅为 35 件。

就专利申请类型而言，1985～2002 年，波浪发电领域的中国专利申请多为发明专利申请，而实用新型专利申请占比很小。

根据以上分析可知，波浪发电领域的中国专利申请出现较早，但 1985～2002 年中国专利申请量较少且增长缓慢，在此期间中国波浪发电技术处于萌芽期。

（2）快速增长期（2003 年至今）

2003 年至今，波浪发电领域的中国专利申请量快速增长，中国波浪发电技术处于快速增长期。

2003 年，波浪发电领域的中国专利申请量为 38 件，2004 年增长至 86 件，增长率为 126%，之后基本保持快速增长的趋势，2006 年达到 135 件，首次超过 100 件，2008 年达到 197 件，首次接近 200 件，2010 年达到 319 件，首次超过 300 件，2013 年达到 541 件，首次超过 500 件，2014 年首次超过 600 件。

就专利申请类型而言，2003～2015 年波浪发电领域的中国专利申请仍然以发明专利为主，这是由于发明专利需要经过实质审查授权后稳定性较好且保护时间长，申请人倾向于请求发明专利保护，然而实用新型专利申请占比明显增加，这是由于实用新型专利不需要经过实质审查审查周期短便于申请人快速得到专利保护，部分申请人根据实际需要选择请求实用新型专利保护。

总体而言，中国波浪发电技术目前仍处于快速增长期，相关创新主体应抓住时机，在加大技术研发力度的同时提高专利保护意识，加强专利布局。

2.2.2　各国在华专利申请

通过分析各个国家/地区在中国的专利申请分布及趋势，可以了解各个国家/地区在中国的专利布局策略，为国内波浪发电领域的技术研发与专利布局提供参考。

2.2.2.1　中国与外国在华申请量趋势对比

从图 2－2－2 可以看出，1985 年中国专利法刚开始实施，外国申请人就开始在中国开展专利布局，但在 1985～2002 年期间，外国申请人在中国的专利申请量一直维持在 0～6 件，在此期间中国波浪发电技术处于萌芽期，国内申请人的专利申请量处于较低水平。

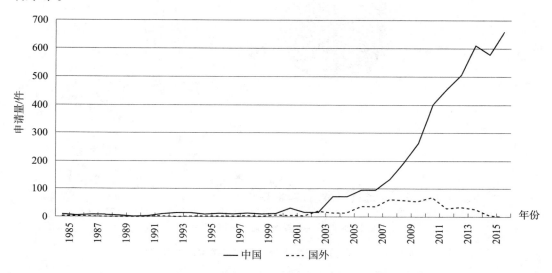

图 2－2－2　波浪发电技术领域中国和外国在华申请量趋势对比

从 2003 年开始，国内申请人的专利申请量呈现出快速增长的趋势，专利申请量由 2003 年的 16 件增长至 2015 年的 578 件，这是由于随着经济技术的发展中国对能源的多样化需求增加，中国的知识产权保护意识也不断增强；正是由于中国经济快速发展引起市场需求扩大，外国申请人开始在中国加快专利布局，外国申请人在中国的专利申请量明显增加最高达到 60 件左右。可以预期，在未来一段时期内，外国申请人可能加大在中国的专利布局力度，中国创新主体应当进一步增加知识产权保护意识，加快技术研发力度，做好专利布局，以在市场竞争中占据有利地位。

2.2.2.2　在华申请的原创国构成

从图 2－2－3 可以看出，向中国国家知识产权局提交的波浪发电专利申请中，绝大部分为中国申请人所申请，达到 3615 件，占比达到 72.52%，远远超过其他国家/地区在中国专利申请量的总和，这一方面说明波浪发电技术在中国得到了快速发展，另一方面也说明中国波浪发电领域创新主体的知识产权意识明显增强，积极申请专利对技术成果予以保护。欧、美、日、澳、韩在华申请量分别为260件、124件、42件、32件、29件，占比分别为5.22%、2.49%、0.84%、0.64%、0.58%。除欧、美、日、澳、韩外的其他国家/地区申请人在中国申请量为883件，占比为17.71%。技术实力雄厚和专利意识强烈的欧、美等国家/地区在中国的申请量较少，可能是由于中国的波浪能并没有欧洲那么丰富，市场吸引力相对较小，并非专利布局首选地，欧、美等国家/地区暂时还没有在中国进行严密的专利布局。

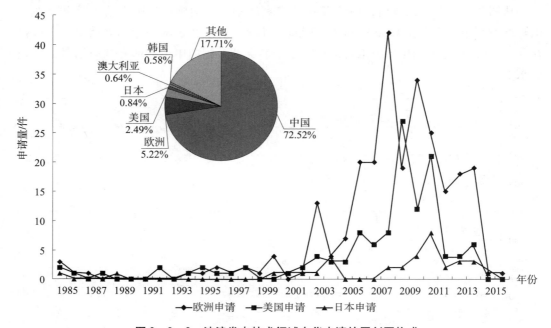

图2-2-3　波浪发电技术领域在华申请的原创国构成

概括地讲，向中国申请的波浪发电专利申请中，本国申请占绝大多数，外国申请中欧洲申请最多，其次是美国，其他国家/地区在中国的申请量均很少。国内创新主体应抓住时机，在开展技术攻坚的同时加强专利布局，抢占先机，防患于未然。

2.2.2.3　在华专利申请质量

（1）在华发明专利申请法律状态

图2-2-4示出了各个国家/地区在华发明专利申请的专利法律状态情况，可以看出，所有在华发明专利申请中，中国占比最高，为84.31%，其次为欧洲，占比为8.2%，美国占比为3.61%；在已授权的在华发明专利申请中，中国占比为76.96%，欧洲占比12.06%，美国占比5.13%；在当前仍然处于有效状态的发明专利中，中国占比为76.65%，欧洲占比为12.22%，而美国占比为5.03%。

根据以上分析可知，在发明专利申请总量方面，国内申请人占有明显优势地位，而在已授权的发明专利申请、当前仍然处于有效状态的发明专利方面，国内申请人的优势地位有所下降。这在一定程度上反映了外国申请人在华发明专利申请的质量比中国国内申请人更高。

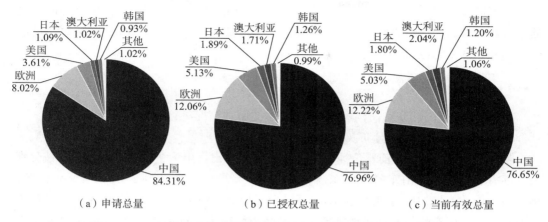

（a）申请总量　　　　　　　（b）已授权总量　　　　　　（c）当前有效总量

图 2 - 2 - 4　波浪发电技术领域各国家/地区在华发明专利申请法律状态

（2）欧洲、美国、日本在华专利法律状态占比及趋势

有效专利数量与公开专利数量在一定程度上可以表征专利申请的质量。图 2 - 2 - 5 示出了欧洲、美国、日本三个地区/国家的在华的有效专利和公开专利数量。从图 2 - 2 - 5 可知，欧洲在华波浪发电有效专利占欧、美、日三个地区/国家在华有效专利与公开专利数量的 42%，在华公开专利占欧、美、日三个地区/国家在华有效专利与公开专利数量的 22%，欧洲、日本在华波浪发电有效专利分别占欧、美、日三个地区/国家在华有效专利与公开专利数量的 19%、8%，在华公开专利占欧、美、日三个地区/国家在华有效专利与公开专利数量的 7%、2%。

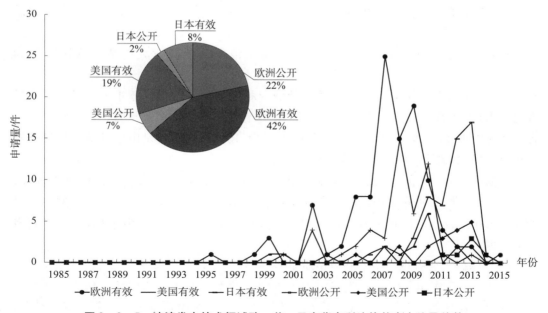

图 2 - 2 - 5　波浪发电技术领域欧、美、日在华专利法律状态占比及趋势

根据以上分析可知，相较于美国、日本，欧洲更重视中国市场，在华布局的专利质量也相对较高。分析1995～2015年期间欧洲、美国、日本三个地区/国家每年的有效专利和公开专利数量可以得出与上述一致的结论。

2.2.3 国内省域竞争力

本小节主要针对国内各省域波浪发电技术竞争力情况进行分析。

（1）国内申请人省域分布及趋势

从图2-2-6（见文前彩色插图第2页）可以看出，申请量排名前四位的省域分别为江苏省、浙江省、山东省、广东省，分别为14.27%、12.21%、10.95%、9.42%，排名前四位的省域的申请量接近国内申请1/2，地域集中度比较高。上述四个省份都为沿海地区。中国东部沿海地区经济发达，电网负荷密集，电力需求大，而且中国海岸线漫长，海洋能资源丰富，为海洋能的开发和利用创造了有利条件。浙江、江苏、山东、广东四省是东部经济的领头羊，对能源需求量大，技术发达，雄厚的技术研发实力与足够的资金支持促使上述四省积极投入波浪发电的研发，并申请了大量的专利。

进一步地分析上述四省的申请人，浙江省的主要申请人包括浙江海洋大学、浙江大学，而江苏省的主要申请人包括无锡津天阳、河海大学等，山东省的主要申请人为中国海洋大学，广东省的主要申请人为中国科学院广州能源研究所。上述申请人的申请量在全球申请人申请量排名也是比较靠前的，对所在省份的专利申请量带动作用较大上述四省的主要申请人为高等院校或科研所，企业的申请量不大。这表明我国的波浪发电研究力量主要为科研机构，波浪发电技术还主要处于研发试验阶段，产业化进程缓慢。

排名第五位、第六位的北京市、上海市波浪发电领域专利申请量占比分别为7.3%、6.7%。

排名第六位以后的省域，波浪发电领域专利申请量占比相对较小，辽宁省申请量占比为4.6%，湖北省为4.2%，天津市、福建省、湖南省、黑龙江省、河南省、四川省、河北省占比在2%～4%。其他省域总共占比10%，这主要是由于其他省域经济发展相对缓慢和/或海岸线短，甚至远离海洋等原因。

根据以上分析可知，我国沿海地区省域经济发达，对能源需求大，科研水平高，对波浪发电领域的研究比较积极，专利申请量较多；反之，内陆省域经济欠发达，对能源需求相对较小，科研实力相对较弱，对波浪发电领域的研究积极性较低，专利申请量较少。

（2）国内主要省域发明专利申请质量

图2-2-7示出了国内主要省市国内发明专利申请的专利法律状态构成。从图中可以看出，在江苏、浙江、山东、广东四省国内发明专利申请量中，江苏省占比最高，为33.2%，其次为浙江，占比为27.0%，山东省占比为20.2%，广东占比为19.6%。在江苏、浙江、山东、广东四省国内已授权发明专利量中，浙江省占比最高，占比为

30.5%，其次为江苏，占比为 28.5%，广东省占比为 23.3%，山东省占比 17.7%。在江苏、浙江、山东、广东四省国内有效发明专利量中，江苏占比最高，占比为 32.6%，浙江占比为 29.0%，广东占比为 21.9%，山东省占比为 16.5%。

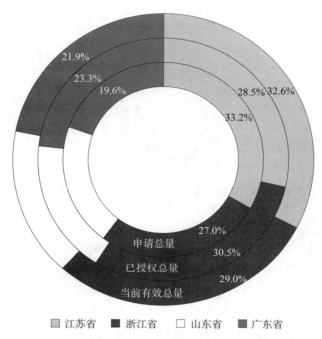

图 2－2－7　波浪发电技术领域国内主要省市发明专利申请质量

　　根据以上分析可知，浙江省、广东省国内已授权发明专利量占比高于国内发明专利申请量占比，在一定程度上反应了浙江省、广东省的国内发明专利质量总体上相对较高；江苏省国内有效发明专利量占比高于国内已授权发明专利量占比，在一定程度上反映了江苏省的国内核心发明专利数量可能较多。

2.2.4　技术构成

　　本小节将对波浪发电领域中国专利技术的构成以及各分支发展趋势进行分析。

2.2.4.1　技术分支占比

　　分析波浪发电领域中国专利技术的构成可以帮助政府以及创新主体了解国波浪发电技术的基本发展现状及主要研发方向。

　　如图 2－2－8 所示，目前波浪发电技术主要有振荡浮子式、叶轮式、自由浮动式、摆式、可变形式、越浪式、振荡水柱式。其中，涉及振荡浮子式的专利占比最大，为 43.49%，接近一半，这说明振荡浮子式是中国波浪发电技术最主要的形式。振荡浮子式利用浮子对波浪能进行捕获，浮子随着波浪的上下起伏而上下运动，再通过过转换系统比如机械或液压或电磁的方式，将浮子上下运动的动能转换为电能。振荡浮子式技术由于具有效率较高，技术要求相对较低，实施相对较简单等优势，而成为研发热点。叶轮式除了利用波浪发电，也可利用海底洋流等发电，统计占比较大；自由浮动式、摆式、可变形式、越浪式、振荡水柱式占比分别为 10.41%、6.79%、5.56%、3.85%、3.06%。

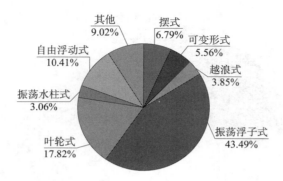

图 2 - 2 - 8　波浪发电技术领域中国专利技术分支占比

2.2.4.2　技术分支专利申请趋势

图 2 - 2 - 9 示出了波浪发电领域各种发电形式专利申请量的逐年变化趋势。从该图可以看出，振荡浮子式波浪发电技术很早就被研究并申请了专利，但由于 20 世纪八九十年代经济相对落后，国内市场对能源需求并不是很急迫，而且技术相对落后，1985 ~ 1997 年国内波浪发电领域专利申请量不大，基本保持在 10 件以下。从 1998 年开始一直到 2002 年，振荡浮子式波浪发电技术得到一定的发展，但总体申请量依然不大。从 2003 年开始，随着我国经济的快速发展，以及东部地区对能源的需求日益加大，对波浪发电技术的研发积极性明显提高，涉及振荡浮子式波浪发电装置的专利申请量快速增长。目前振荡浮子式波浪发电装置已经发展为一种比较成熟的波浪发电技术。

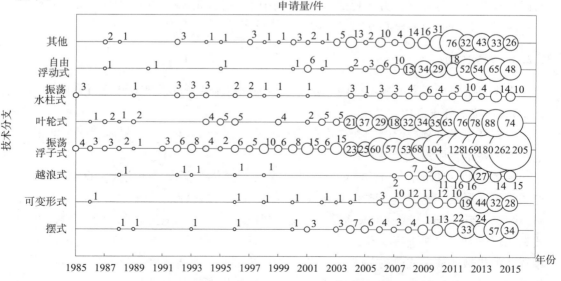

图 2 - 2 - 9　波浪发电技术领域中国各技术分支的专利申请趋势

振荡水柱式波浪发电技术起步相对较晚，申请量相对其他波浪发电技术也维持在一个较低的水平，但是由于该发电技术相对来说安全性更好，也是国内的重点研究对象。

叶轮式波浪发电技术在 2004 年以前申请量很少，在 1990~1994 年期间申请量几乎为 0，但在 2004 年后开始快速增长，且申请量很快超过了振荡水柱式、越浪式、摆式和可变形式，这说明叶轮式波浪发电技术是近几年的研究热点。

涉及摆式波浪发电技术的专利申请量不多，特别是在 2008 年以前申请量都为个位数，在 1990~1992 年申请量甚至为 0，直到 2009 年以后申请量开始逐渐增多，在 2014 年达到了 57 件。整体而言，涉及摆式波浪发电技术的专利申请增长趋势与可变形式、自由浮动式以及其他形式基本一致，这说明摆式、可变形式、自由浮动式以及其他形式的波浪发电技术均在平稳发展。

对于其他形式的波浪发电技术，在 2005 年以前申请量非常少，基本上为个位数。2008 年以后其他形式的波浪发电技术专利申请量开始增长，且在 2012 年达到了 76 件，不过随后申请量开始下降。这说明随着时间的发展，开始出现了与以往类型不同的新的波浪发电技术，但申请量仍然与振荡浮子式相差较多，这说明虽然出现了新类型的波浪发电技术，但目前主要类型仍然以振荡浮子式为主。

根据以上分析可知，在未来的一段时间内，振荡浮子式波浪发电技术依然是波浪发电技术中的研究热点，振荡水柱式波浪发电技术因安全性较好而被继续研究，可变形式波浪发电技术由于结构简单，投入成本低等优势而具有较好的发展前景。

2.2.5　法律状态

法律状态在一定程度上可以反映申请的技术含量，可以反映专利技术在中国的活跃情况。

（1）波浪发电领域专利法律状态分布

从图 2-2-10 可以看出，在波浪发电领域专利各种法律状态中，有效的占比最大，达到 33%，这说明波浪发电技术较为活跃，具有较好的发展前景。

占比排名第二的是失效状态，为 26%，低于有效状态 7 个百分点，失效专利占比较大。进一步分析得知，其中部分专利申请在授权后未继续缴纳年费而失效，这说明申请人认为所申请的专利质量不高，或相应产品的市场价值不大，能将其专利技术做成产品推向市场的可能性较小，这也说明了目前波浪发电技术处于探索期，所申请专利涉及的技术

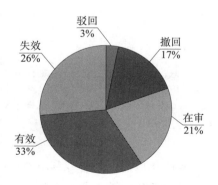

图 2-2-10　波浪发电技术领域
中国专利法律状态分布

方案能够面向市场而进行产业化的不多，存在技术难题待攻破。还有一种情况是由于申请人同时申请了发明专利和实用新型专利，为了获取发明专利的授权而放弃实用新

型专利的专利权。

占比排名第三的为在审状态，包括已经公开但未进入实质审查阶段的专利申请以及已经进入实质审查阶段但尚未结案的专利申请；在审状态占比较大，说明大量的专利是近期申请的，该部分专利公开了但尚未结案，这也说明了波浪发电领域近几年的新申请的专利占比较高。

而驳回和撤回的总占比约为20%，波浪发电领域的至少20%的专利申请由于技术含量低而不具备创造性或者由于撰写缺陷等原因而不能被授予专利权。

根据以上分析可知，波浪发电技术活跃度较高，但还不够成熟，改进空间较大，可能存在大量技术难题需要攻破。

（2）专利保护趋势

从图2-2-11可以看出，2002年以前申请的波浪发电领域专利有效量很少，这是由于实用新型专利已经超过专利权期限，申请时间早专利申请量少，随着技术的发展部分专利技术已经被淘汰不再具有专利保护的意义，随着保护期限的延长专利维持费用高。

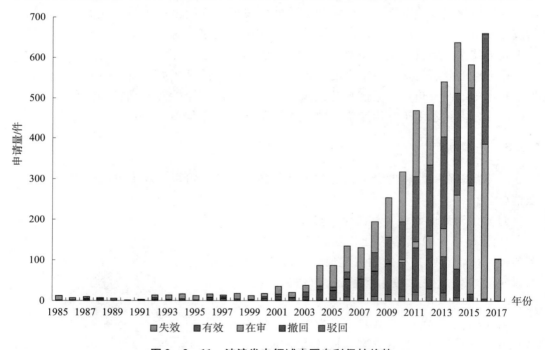

图2-2-11　波浪发电领域中国专利保护趋势

2002年以后，随着专利申请量的快速增长，各种状态的专利的数量也在增加，占比也随着年份不断变化。其中，2002年专利状态主要为撤回和失效，有效状态数量很少，2006年以后有效专利数量开始快速增加。撤回和失效状态数量减少，有效专利数量增大，一方面是由于波浪发电领域技术水平的提升，另一方面是由于创新主体的知识产权保护意识已经提高。2014年以后在审状态的专利申请数量明显增加，这是由于需经过实质审查发明专利的审查周期较长。

2.2.6　申请人排名

专利申请人的申请量排名可以反映某一领域内专利申请人的技术掌握情况及其专利布局策略。一般来说，专利申请数量可以反映某申请人的研发投入情况、专利申请积极性和市场重视程度。下面对波浪发电领域中国专利申请的中国专利申请人进行分析。

从图 2 - 2 - 12 可以看出，按照专利申请量排名，浙江海洋大学排名第一，专利申请量为 135 件，浙江大学排名第二，专利申请量为 109 件，无锡津天阳排名第三，专利申请量为 107 件，排名第四的为河海大学，专利申请量为 94 件。

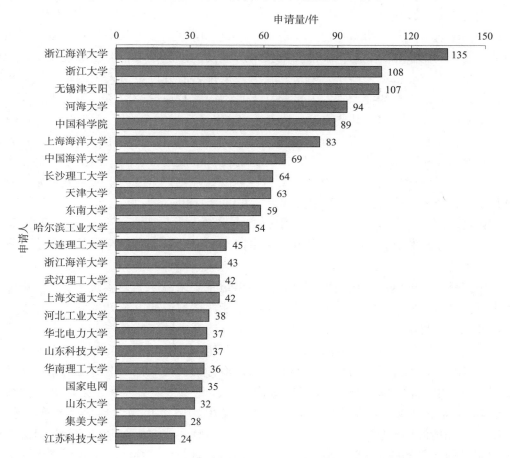

图 2 - 2 - 12　波浪发电领域中国专利申请人申请量排名

浙江海洋大学是一所海洋特色鲜明的高等院校，在探索海洋资源方面积极性较大，对波浪发电技术的研发投入较大，波浪发电领域专利申请量较多。

浙江大学，浙江大学直属于中华人民共和国教育部，是中国著名顶级学府之一，是中国"学科最齐全""学生创业率最高"的大学，是首批"211 工程""985 工程""双一流"重点建设的全国重点大学之一，是九校联盟、环太平洋大学联盟、世界大学联盟、中国大学校长联谊会成员，入选"珠峰计划""2011 计划""111 计划"，教育部首批"卓越法律人才教育培养计划""卓越工程师教育培养计划""卓越医生教育培养计划""卓越农林人才教育培养计划"改革试点高校。其中，该校具有一级国家重点学科机械工程，机械工程学科下具有浙江大学博士后科研流动站海洋科学与工程学系，拥有流体动力与机械系统国家重点实验室，该实验室部分科研团队对波浪发电进行了一系列的研究，目前其研究的主要是浮力摆动式波浪发电技术。

无锡津天阳是天阳集团公司下设 3 家独立法人公司之一，是由中国科学院姚建铨院士科研工作组与天津大学激光所联合创立的激光与光电子高新技术企业。该公司拥有一批来自科研院所的团队，是典型的校企合作成立的公司，拥有一批尖端的技术人才，拥有丰富的开发经验和强大的技术力量。无锡津天阳的主要产品为激光类产品，广泛应用于航空航天、机械、电子、通信、冶金、医疗卫生等各个领域。该公司虽然目前主要产品为激光类产品，波浪发电技术所涉及的产品不多，但在波浪发电领域申请了大量的专利。虽然无锡津天阳是专利申请量排名前五位申请人中的唯一企业申请人，但是该企业主要的技术研发人员同样来自高等院校或研究院所，而且该企业的波浪发电实际产品并不多，其波浪发电技术还主要处于研发试验阶段。

河海大学是一所拥有百年办学历史，以水利为特色，工科为主，多学科协调发展的教育部直属全国重点大学，是国家"211 工程"重点建设、国家优势学科创新平台建设、一流学科建设高校。作为一所水利特色高等院校，河海大学针对波浪发电技术进行了大量研究，取得了一系列研究成果，并申请了相应的专利。

排名前四位的申请人中，浙江大学、浙江海洋大学位于浙江省，而无锡津天阳、河海大学位于江苏省，这与波浪发电领域中国专利申请量排名前两位的江苏省、浙江省是一致的。

中国科学院的申请量排名第五，其专利申请主要来源于其下属院所——中国科学院广州能源研究所，其定位是新能源与可再生能源领域的研究与开发利用，主要从事清洁能源工程科学领域的高技术研究，并以后续能源中的新能源与可再生能源为主要研究方向，兼顾发展节能与能源环境技术，发挥能源战略的重要支撑作用。其中，在 2016 年 10 月 21 日于福建厦门市举办的第八届海洋强国战略论坛暨海洋科学技术奖颁奖仪式中，中国科学院广州能源研究所盛松伟、游亚戈、王坤林、张亚群等完成的"鹰式波浪能发电装置研究开发与示范"项目荣获 2015 年度海洋科学技术奖二等奖。2012 年广州能源所成功研发出具有自主知识产权的鹰式波浪能发电技术，获国家和国际发明专利，研建的 10kW "鹰式一号"波浪能发电装置首次实现了我国漂浮式波浪能装置在实海况条件下长期稳定工作，并在 201330 号台风"海燕"中发电。该项研究成果获得了国内外同行专家的高度评价，国际能源署海洋能专署（IEA‐OES）主席及成员国代表、863 可再生能源技术领域专家组、国家海洋局科技司等国内外专家均赴万山海域实地考察了"鹰式一号"装置的运行情况。目前，广州能源研究所正在开展百千瓦级鹰式波浪能发电装备的实海况试验、兆瓦级海上多能互补平台的设计工作。中国科学院广州能源研究所在波浪发电技术方面进行了大量研究，并取得了许多重大成果。

　　专利申请量排名靠前的申请人几乎全部是高等院校或科研院所，而且绝大部分集中在东部沿海经济相对发达地区，以江苏省、浙江省高等院校居多。波浪发电领域的海洋、电力、水利等特色鲜明，相应特色的高等院校专利申请量排名比较靠前，比如中国海洋大学、上海海洋大学、浙江大学、长沙理工大学、河海大学、中国科学院等。

　　目前中国申请人向国家知识产权局的提交的专利申请总量达到了3615件，然而排名第一的申请人浙江海洋大学的专利申请量仅为135件，占比为3.73%，排名第8的长沙理工大学申请量仅为64件，占比为1.77%。这说明我国波浪发电领域专利申请总量大但专利申请集中度较低。进一步分析发现，相当部分的专利申请由分散的个人申请，而个人申请的专利整体质量水平相对较低。

　　从根据以上分析可知，我国波浪发电领域申请专利量排名靠前的申请人目前几乎全部为高等院校或科研机构，我国波浪发电技术还主要处于研发试验阶段，产业应用较少。我国涉及波浪发电的企业较少，科研经费与科研人员投入均不足，我国波浪发电技术距离波浪发电的呈规模产业化还存在较大距离。另外，个人申请占比偏高，具有科研优势的高等院校和科研院所申请比重相对偏低，波浪发电领域专利质量有待提高。

　　图2-2-13为中国有效专利的专利申请人排名，其排名顺序与图2-2-12所示的专利申请量排名有所不同。专利申请量排名第一的浙江海洋大学的有效专利排名第四

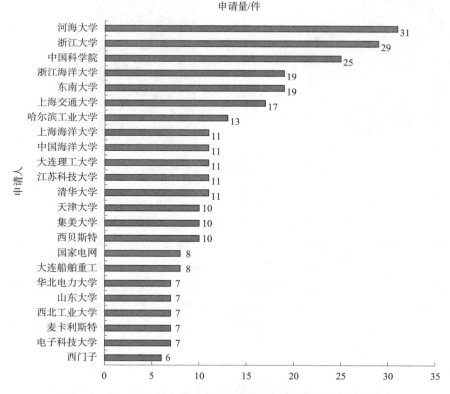

图2-2-13　波浪发电技术领域中国有效专利的专利申请人排名

位，专利申请量排名第四的河海大学排在有效专利排名榜首。浙江大学的专利申请量排名及有效专利排名均为第二。中国科学院、中国海洋大学、上海海洋大学的有效专利排名分别排在第三、五、六位，而其专利申请量分别排在第五至七位。河海大学、浙江大学、中国科学院、浙江海洋大学的专利申请量排名及有效专利排名均居于前五位。国家电网的专利申请量排名为第九，但其有效专利排名为第二十，长沙理工大学的专利申请量排名为第八，但其有效专利排名位于二十位以后。有效专利排名靠前的专利申请人也多是高等院校及科研院所。

2.2.7　申请人类型

本小节将对波浪发电领域中国专利申请的中国申请人类型进行分析，从而了解我国波浪发电技术的研究人员构成情况，为相关政策制定提供参考。

图2-2-14反映了波浪技术领域中国专利申请的中国申请人类型情况。波浪发电领域，申请人类型目前还主要是高等院校及科研院所（以后简称"高校院所"），占比达到了40.29%，其专利申请量超过专利申请量的2/5，根据第2.2.6节分析可知，高等院校以浙江大学、浙江海洋大学、河海大学、中国海洋大学等为代表，科研院所以中国科学院广州能源研究所为代表。

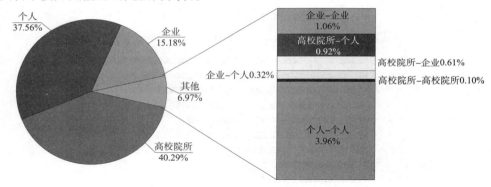

图2-2-14　波浪发电领域中国专利申请人类型分布

专利申请量排名第二的申请人类型为个人申请，占比为37.57%，仅比高校院所占比少2.72%，几乎持平。波浪发电技术的入门门槛低，只需实现波浪能向电能的转化。但是波浪发电技术需要攻坚的技术难题很多，比如提高波浪能的转换率、如何提高发电的稳定性、如何提高波浪发电设备的海洋环境适应性、如何提高波浪发电装置的寿命、如何提高波浪发电装置的制造及维护成本等，涉及机械、电子、控制、材料等诸多学科，需要较大的科研人力投入。另外，波浪发电装置的实验成本较高，需要较多的科研资金支持。个人发明人由于受到资金与人力等因素的制约，对波浪发电技术的研发受到较大制约，取得高技术含量成果的难度较大。

专利申请量排名第三的申请人类型为企业申请，占比为15.18%，不足个人申请量的一半。申请专利的目的主要是保护其研发成果，防止其研发的产品在市场上被其他公司或个人抄袭或模仿。企业需要占有市场，销售产品获取利润。大部分企业会在准备销售或开始销售，甚至技术研发时，就申请专利保护，为抢占市场份额奠定基础。然而，目前我国波浪发电领域企业申请的专利量较少，这也同样表明了我国波浪发电技术还主要处于研发试验阶段。企业一般采取"专利先行"的战略，也就是说企业一般会在产品进入市场前先申请相应专利，而目前企业申请占比还不够高，这表明我国波浪发电技术距离规模化产业应用还存在较大差距。

除了高校院所申请、个人申请、企业申请外，波浪发电领域专利申请存在部分合作申请，比如企业－企业合作申请、高校院所－企业合作申请、高校院所－个人合作申请等，但合作申请占比较小，仅占 6.97%，这说明我国波浪发电领域的研究形式还倾向于单独研究，合作研究较少。

根据以上分析可知，我国波浪发电技术的研发队伍以高校院所和个人为主，整体处于科研试验阶段，距离规模化产业应用还存在一定差距；合作研究较少，我国波浪发电领域可以考虑通过高校与企业以便学术界和工业界跨界合作，或者通过高校与高校合作以便强强联合科研，或者采用产学研合作的形式，这样可以优化资源配置，实现优势互补，提高研发效率。

2.2.8　申请人活跃度

图 2－2－15 示出了波浪发电领域中国专利申请的申请人及申请量演进路线，分析申请人及申请量演进路线有利于了解我国波浪发电技术的发展阶段。

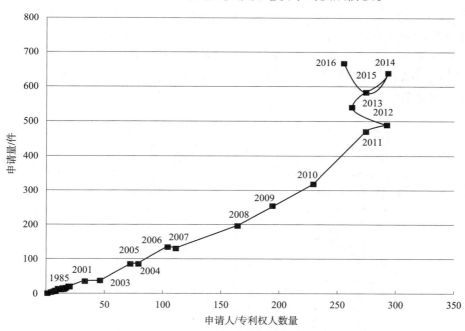

图 2－2－15　波浪发电技术领域中国专利活跃度

如图 2－2－15 所示，1985～2002 年，我国波浪发电技术处于萌芽期，申请人与申请量都很少，在此期间我国波浪发电技术发展缓慢。

2003 年以后，专利申请人数量与专利申请量均大幅上升。其中，2004 年专利申请人数量超过 70，专利申请量接近 100 件，2008 年专利申请人数量超过 160，专利申请量将近 200 件，2010 年专利申请人数量超过 220，专利申请量超过 300 件，2012 年专利申请人数量将近 300，专利申请量将近 500 件。也就是说，2003～2012 年期间波浪发电领域中国专利的申请人数量与申请量快速发展。

2012 年以后专利申请量继续保持高速增长，2013 年专利申请量将近 550 件，2014 年专利申请量将近 650 件。2012 年以后专利申请人数量存在一定的波动，2013 年专利申请人数量为 260 多个，2014 年专利申请人数量将近 300，基本与 2012 年持平。2013 年专利申请人数量有所减少，可能是由于以下一个或多个原因：（1）技术研发遇到瓶颈性难题，研发进度缓慢，研发成果较少，部分专利申请人当年没有申请专利；（2）部分申请人对波浪发电进行规模化产业应用的信心不足，退出波浪发电领域研发；（3）部分个人发明人受到研发实力、经济投入等制约，当年没有研发成果，或推迟申请专利。

通过上述分析可知，我国波浪发电技术目前仍处于快速增长期，专利申请量快速增加，技术活跃度较高。在今后一段时间内，我国波浪发电技术将仍处于快速增长期。随着时间的推进以及技术难题的接踵而至，科研实力雄厚的高校院所的优势将越来越凸显，而科研实力差的个人或企业的不足则相应越来越突出。

2.2.9　申请人集中度

图 2-2-16 示出了波浪发电领域中国专利的申请人集中度情况。从该图中可以看出，波浪发电领域专利申请量排名前五位申请人的专利申请量占该领域总申请量的 13%，排名前 10 位申请人的专利申请量占该领域总申请量的 21.21%，排名前 30 位申请人的专利申请量占该领域总申请量的 36.15%，排名前 50 位申请人的专利申请量占该领域总申请量的 42.1%。

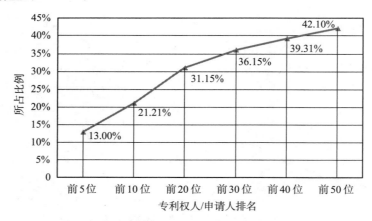

图 2-2-16　波浪发电领域中国专利申请人集中度

根据以上分析可知，波浪发电领域中国专利的申请人集中度维持在相对均衡的状态，专利申请人分布相对分散，而部分研发实力较强的申请人已经掌控了一系列专利。

按照目前趋势分析，主要申请人仍在加强专利布局以构建专利壁垒、加快专利集中。尚未开始专利布局或者尚未形成系列专利布局的申请人应当抓住当前专利申请人集中度尚未很高的良好时机，尽早开展并完善专利布局，以避免专利壁垒建立后举步维艰。

2.2.10　专利运营

利用 Patentics 数据库针对中国专利文献进行分析发现，波浪发电领域 155 件专利发生了转移，6 件专利实施了许可，1 件进行了质押。

2.2.10.1　转移

图 2-2-17 为波浪发电领域中国专利转移趋势图。通过对波浪发电领域中国专利转移量随转移时间❶变化趋势可以看出，波浪发电领域中国专利的转移最早出现于 2007 年，并在此之后呈现出稳步增长的趋势，这可能是由于申请人受到专利运营所获利益的激励。

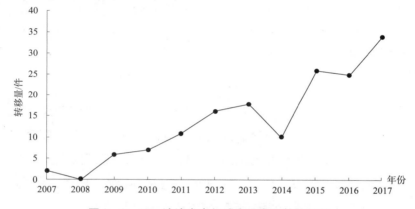

图 2-2-17　波浪发电领域中国专利转移趋势

针对转移前后的权利人类型进行统计分析，绘制波浪发电领域中国专利转移类型图，如图 2-2-18 所示。

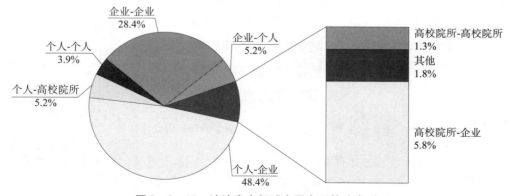

图 2-2-18　波浪发电领域中国专利转移类型

---

❶　转移时间，按照专利转移的登记生效日统计。

从图2－2－18中可看出，在波浪发电领域中国专利转移量中，个人向企业的专利转移量占48.4%，企业向企业的专利转移量占28.4%，高校院所向企业、个人向高校院所的专利转移量分别占5.8%、5.2%。也就是说，个人向企业转移、企业向企业转移是波浪发电领域中国专利转移的最主要的转移方向。

个人向企业、向高校院所、向个人的专利转移量分别占48.4%、5.2%、3.9%，可见个人是专利转移的主要流出方。个人向企业、企业向企业、高校院所向企业的专利转移量分别占48.4%、28.4%、5.8%，可见企业是专利转移的主要流入方。

高校院所向高校院所向企业、高校院所向高校院所的专利转移量分别占5.8%、1.3%，可见高校院所在专利转移方面积极性不高，专利转化率可能较低。

图2－2－19为波浪发电领域中国专利的转移出让人排名情况，从图中可以看到，转移出让人主要为个人；转移量最多的为陈文彬、古国维，均6件，其次为马明辉，为5件；转移量较多的企业为北京三维正基科技有限公司、大连春光科技发展有限公司，均为4件；转移量较多的科研院所为中国科学院，为3件，是转移出让人排名前12名中的唯一的科研院所。

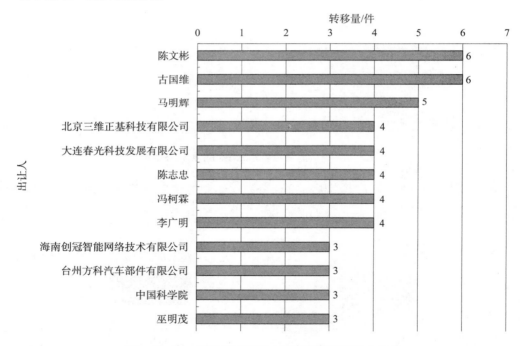

图2－1－19　波浪发电领域中国专利转移出让人排名

图2－2－20为波浪发电领域中国专利转移受让人排名情况，从图中可以看到，转移受让人主要为企业；其中国家电网受转移量最多，为9件；其次为广州大波霸电力设备有限公司，为6件；国发海洋工程（海南）有限公司，为5件；受转移量最多的个人为张益，是转移受让人排名前10名中的唯一的个人。

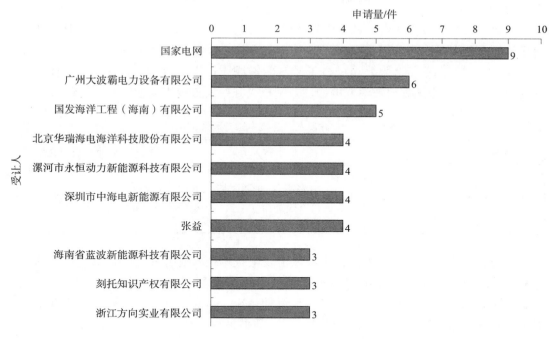

图2-2-20 波浪发电领域中国专利转移受让人排名

2.2.10.2 许可

表2-2-1为波浪发电领域中国专利许可情况表。根据该表可知，共6件专利实施了许可，其中5件实施了独占许可，1件实施了普通许可。该普通许可备案日期为2016年3月，可以推断波浪发电领域专利权人更加注重维护自身权益，追求利益的最大化，不再像以前简单地直接实施独占许可。

表2-2-1 波浪发电领域中国专利许可情况

申请号	标题	让与人	受让人	许可种类	备案日期
201310313105.8	离岸式水力发电平台	浙江海洋大学	太平洋海洋工程（舟山）有限公司	普通许可	20160307
200910089573.5	一种复合式利用海洋波浪能发电的装置	机械科学研究总院先进制造技术研究中心	机械科学研究总院江苏分院	独占许可	20140527
200910206050.4	一种利用波浪能发电的装置	广东华博企业管理咨询有限公司	南通天工深冷新材料强化有限公司	独占许可	20140512
201010259620.9	波浪能发电系统	杨志锋	济宁圣诚海能科技有限公司	独占许可	20131218
200610119082.7	一种水力发电机组	周加存	上海开隆冶金机械制造有限公司	独占许可	20090918
200410012453.2	海浪发电装置	河北理工大学	唐山开元自动焊接装备有限公司	独占许可	20090831

2.2.10.3 质押

表2-2-2为波浪发电领域中国专利质押情况，1件专利进行了质押，出质人为中海阳能源集团股份有限公司，质权人为北京市文化科技融资租赁股份有限公司，可推断中海阳能源集团股份有限公司进行了质押融资或质押出资等行为，质押登记生效时间为2017年，这也体现出波浪发电领域专利权人开始实施较为复杂的专利运营行为。

表2-2-2 波浪发电领域中国专利质押情况

申请号	标题	出质人	质权人	登记生效日
201410070890.3	一种海浪综合利用的供热发电及海水淡化系统	中海阳能源集团股份有限公司	北京市文化科技融资租赁股份有限公司	20170726

因此，在中国专利运营方面，中国波浪发电技术的转让总量并不是很大，最大年专利转让量不超过35件，但转让量总体基本呈现逐年增长趋势，尤其是以个人、公司向公司方向的转让，并出现了不少专利许可的情况，可见，研发人员和应用单位在开始加强技术成果的转让和应用，加快产、学、研的良性互动。

2.3 小 结

本章对波浪发电领域全球和中国的专利申请趋势、专利申请流向、技术分支构成、专利授权和保护等进行了分析。从本章可以看出：

（1）在全球专利申请量方面，全球波浪发电领域专利申请量总体呈增长趋势，但近年来由于受到经济下行的影响，对能源需求降低，以及投入波浪发电技术的研发资金也有所减少，波浪发电专利申请人和专利申请量均有所降低，全球波浪发电技术进入调整期。

（2）在各国之间的专利流动方面，波浪发电领域在欧美之间专利交流比较活跃，而中国、日本和韩国之间的专利输入和输出并不是很多，欧、美、日、韩输入到中国的专利以及中国输出到欧、美、日、韩的专利都不多，国内波浪发电技术可以在欧、美、日、韩专利技术的基础上进一步改进创新或寻找创新灵感。

（3）在专利质量方面，与波浪发电技术领先的国家/地区相比，我国专利申请总量占有明显优势，但是专利总体质量有待提高，国内创新主体应当加大科研投入力度，攻克技术难关，争取早日掌握核心技术，申请一批基础专利。我国创新主体还应当在提升技术的同时注重知识产权保护，合理开展海外布局，为开拓国际市场奠定基础。

（4）在各专利技术分支方面，波浪发电技术总体以振荡浮子式发电装置为主，可推测未来一段时期内依然是波浪发电技术很重要的一个分支，对后续进一步推广波浪发电技术意义重大。

（5）在申请人类型方面，全球申请量排名靠前的申请人中，国外多为企业，其更偏向实际应用；而中国方面主要为高校院所，企业很少。

（6）在专利申请人集中度方面，波浪发电技术领域申请人集中度并不高，专利申请人还分布比较散，即专利尚未被少数专利技术实力较强的申请人所垄断，但部分主要申请人正积极开展专利布局、加快专利集中从而构建专利壁垒。

（7）在中国专利申请方面，我国从《专利法》实施当年就开始进行波浪发电领域专利申请，虽然专利申请起步较晚，但是随着我国经济发展，以及能源需求的日益严峻，波浪发电领域专利申请总体呈快速增长趋势。

（8）在中国专利运营方面，波浪发电技术的转让总量并不是很大，最大年专利转让量不超过 35 件，但转让量总体基本呈现逐年增长趋势，可以预见我国的波浪发电领域的专利运营情况会越来越活跃。

第3章 振荡浮子式波浪发电专利技术分析

振荡浮子式波浪发电装置的建造工程难度较小、成本较低、布置灵活且转化效率较高，因此具有良好的发展前景，有望发展成为实用化的波浪发电装置，成为目前研究最多、发展势头最猛的波浪发电形式。本章将对振荡浮子式波浪发电专利申请进行态势和技术层面分析，一方面从涉及振荡浮子式波浪发电技术的全球及中国专利申请趋势、主要申请人排名、专利申请的目标国、专利申请的原创国等方面进行专利申请态势分析；另一方面，根据专利衡量指标及其特征、专利分析的目的来建立筛选模型并筛选出重点专利；进一步地根据所筛选出来的重点专利绘制出振荡浮子式波浪发电的技术发展路线；最后对振荡浮子式波浪发电技术的技术发展路线进行详细解析，呈现出对振荡浮子式波浪发电技术中所存在的各主要技术问题的定性分析。研究的数据来自 VEN 数据库和 CNABS 数据库，经过检索、去噪、去重、清理、验证等过程后，得到分析样本为全球专利申请 4858 项和中国专利申请 1728 件。

3.1 技术概况

振荡浮子式波浪发电装置是通过浮子的振荡来吸收波浪能，并通过中间的能量转换环节后将所吸收的波浪能转换为电能，其主要包括以下四个技术分支。

（1）浮子结构：其作为振荡浮子式波浪发电装置中的能量吸收部分（一级转换），该浮子结构直接与波浪接触，起伏的波浪可直接作用在浮子上，使得浮子产生振荡运动。通过对浮子自身结构的设计以及浮子辅助结构的设计，可有效提高波浪能的吸收效率及能量吸收的稳定性，同时在恶劣的气候环境（例如台风、严寒气候）下可有效保证浮子的安全。其中，对浮子自身结构的设计主要集中在形状、尺寸、布置方面上，参见图 3－1－1 中的（a）（b）（c），其列出了几种较为常规的浮子形状及其布置方式。

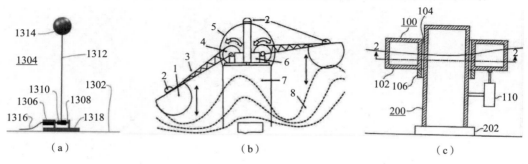

图 3－1－1 浮子结构

（2）能量转换：其作为振荡浮子式波浪发电技术中的能量转换部分（二级转换），该能量转换可通过液压转换形式、机械转换形式或者线性电磁转换形式将浮子所吸收的波浪能转换为液压能、机械能或电能，通过对液压转换形式、机械转换形式或者线性电磁转换形式的转换结构或控制的设计，可有效提高波浪能的转换效率及能量转换过程中的稳定性和可靠性。图 3－1－2 示出了常规的液压转换形式、齿条机械转换形式以及线性电磁转换形式。

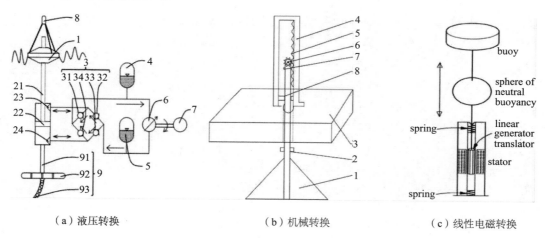

（a）液压转换　　　　　（b）机械转换　　　　　（c）线性电磁转换

图 3－1－2　能量转换形式

（3）输配电：其作为振荡浮子式波浪发电技术中的能量输出部分（三级转换），该输配电可通过电机的形式将能量转换环节所获得的能量转换为电能，并通过电流转换及调配传送到电网或用户，通过对输配电系统中电路控制、电力传送方式、电力转换部件等的设计，可有效保证电能输出的稳定性和可靠性。输配电的改进主要包含电力输出的控制电路设计以及电力配送方式的设计，可参见图 3－1－3。

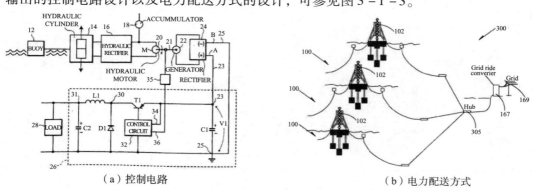

（a）控制电路　　　　　　　　（b）电力配送方式

图 3－1－3　输配电

（4）海洋工程：其作为振荡浮子式波浪发电技术中的支撑固定部分，该海洋工程包括平台的结构组成及锚泊系统。平台通常包括两种形式，一种为固定式平台，一种为漂浮式平台，而固定式平台通常还可分为岸式和离岸式；锚泊系统主要是指将平台固定到海底的锚定结构，例如锚缆。通过对平台结构及锚泊系统的研究设计，可有效提高整个振荡浮子式波浪发电装置的安全性及稳定性，同时还可有效辅助浮子的能量吸收。图3-1-4列出了海洋工程中锚泊系统及平台结构的示例。

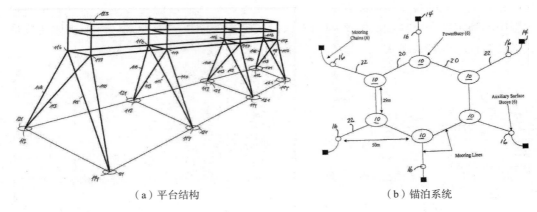

（a）平台结构　　　　　　　　　　（b）锚泊系统

图3-1-4　海洋工程

3.2　专利申请态势分析

3.2.1　专利申请趋势分析

3.2.1.1　全球专利申请趋势分析

为了研究振荡浮子式波浪发电技术的发展情况，利用VEN数据库，对相应的专利文献进行了初步统计与分析从而得出振荡浮子式波浪发电技术及其各个分支的全球专利申请趋势，参见图3-2-1（a）、图3-2-1（b）。

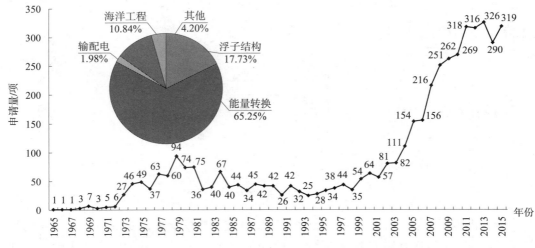

图3-2-1（a）　振荡浮子式波浪发电技术全球专利申请年代分布趋势图

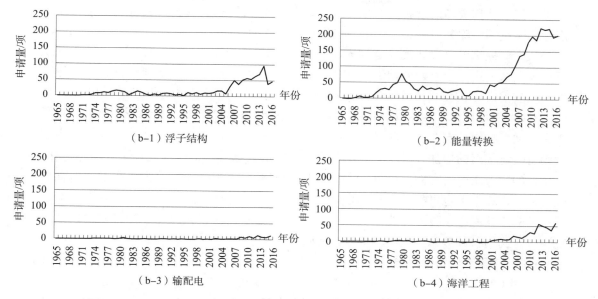

图3-2-1（b） 振荡浮子式波浪发电技术各分支全球专利申请年代分布趋势图

从振荡浮子式波浪发电技术的全球专利申请趋势来看，其大体经历以下三个阶段：

（1）技术萌芽期（1973年以前）

振荡浮子式波浪发电技术相关专利起源于20世纪60年代，在该阶段提出了振荡浮子式波浪能装置的概念和设计，并尝试了多种技术方案，主要涉及浮子结构和能量转换，但技术发展比较缓慢，全球专利申请量很少。

（2）技术缓增期（1974～2001年）

自20世纪70年代起至20世纪末是振荡浮子式波浪发电相关技术的缓慢增长期，这个阶段振荡浮子式波浪发电技术的发展缓中带增，直接影响着以后的技术走向。由于波浪发电技术处于起步时期，各国主要关注如何将波浪能量转化为电能，因此该阶段振荡浮子式波浪发电装置中的能量转换形式层出不穷，能量转换分支成为该阶段下振荡浮子式波浪发电技术的主要研究方向，并相继呈现出机械转换、液压转换、电磁转换等多种能量转换形式。直到目前，振荡浮子式波浪发电的能量转换形式仍旧是以上述几种转换方式为基础，不断进行优化和改进。同期相比之下，在浮子结构、海洋工程及输配电方面上则研究较少。

（3）技术快速发展期（2002年至今）

进入21世纪以后，相比其他类型的发电装置，振荡浮子式波浪发电由于有效率高、成本低及可靠性好的诸多优点，而成为波浪发电技术的最主要发展方向。在该阶段，全球专利申请量快速增加，技术发展逐渐转入精细化，更多的是对已有技术的进一步优化和提升，其中，能量转换形式的申请量仍占多数，而且分析可知目前技术研究的热点是在已有的能量转换方式的基础上，尽可能地提高波浪能转换效率。与之相关的，在浮子结构、海洋工程及输配电方面上的申请量也有一定幅度增加，例如，通过优化浮子结构提高能量转换效率，通过改进海洋工程的结构提高装置的安全性及稳定性，通过调整输配电装置降低电力输送过程中的能耗等。

从全球振荡浮子式波浪发电的各个技术分支申请量来看，能量转换技术分支的申请量占比在上述三个时期内始终占比较高，能量转换技术分支的专利申请趋势与振荡浮子式波浪发电的整体专利申请趋势相近似，同样也经历了技术萌芽期（1973年以前）、技术缓增期（1974~2001年）及技术快速期（2002年至今）；而浮子结构、海洋工程这两个技术分支在技术萌芽期和技术缓增期的申请量较少，在技术快速期的申请量则有一定幅度的增加，可见关于振荡浮子式波浪发电技术的研究逐步呈现出多样化，从早期的主要集中研究能量转换慢慢转入能量转换、浮子结构、海洋工程的多方面研究，从一定程度上也可反映出整个振荡浮子式波浪发电技术的研究从单一化走向全面化；而对于输配电该技术分支，其在整个研究历程中始终占比较少，尽管随时间也呈现出一定的增长趋势，但其增长量较为有限。

3.2.1.2 中国专利申请趋势分析

利用CNABS数据库，对相应的中国专利文献进行了统计与分析，得出了振荡浮子式波浪发电技术及其各个分支的中国专利申请趋势，参见图3-2-2（a）图3-2-2（b）。

从振荡浮子式波浪发电的中国专利整体申请量年代分布来看，如图3-2-2（a）所示，中国振荡浮子式专利申请大体经历了三个阶段。第一阶段是1990年以前的技术萌芽期，因为在该阶段，中国开始经历改革开放，国内开始对波浪发电这一新能源技术有一定认知，并且专利制度又才刚刚建立，国内萌芽期滞后于全球期间，振荡浮子式波浪发电的年专利申请量也非常少，每年仅2件左右，约占同期全球年专利申请平均量的5%。第二阶段是1990~2005年的缓慢增长期，在该阶段，振荡浮子式波浪发电的年专利申请平均量为9件左右，约占同期全球年专利申请平均量的18%，技术发展主要集中在能量转换和浮子结构方面，尽管该时期内中国的申请量呈现出一定的增长，但其增长量较为有限，且增长速率相对缓慢。第三阶段是2005年至今的快速增长期，技术研究主要集中在能量转换、浮子结构、海洋工程，与全球技术发展的态势相一致，该阶段的年专利申请量快速增加，平均约为144件/年，约占全球年专利申请平均量的55%，这既说明了国内逐渐加大了对该领域的研究力度，成为了全球振荡浮子式波浪发电技术研究中的一个重要力量，同时也从一定方面反映出国内和国外申请人加强重视该领域在中国的专利布局。

从振荡浮子式波浪发电各个技术分支的中国申请量来看，如图3-2-2（b）所示，这四个技术分支的申请趋势均为持续增长，其中，能量转换该技术分支的申请量占比在上述三个时期内始终较高，而对于浮子结构、海洋工程及输配电这三个分支在技术萌芽期和缓慢增长期的申请量较少，在快速增长期的申请量也出现一定幅度的增加，整个研究趋势也呈现出从单一化逐步转为全面化。

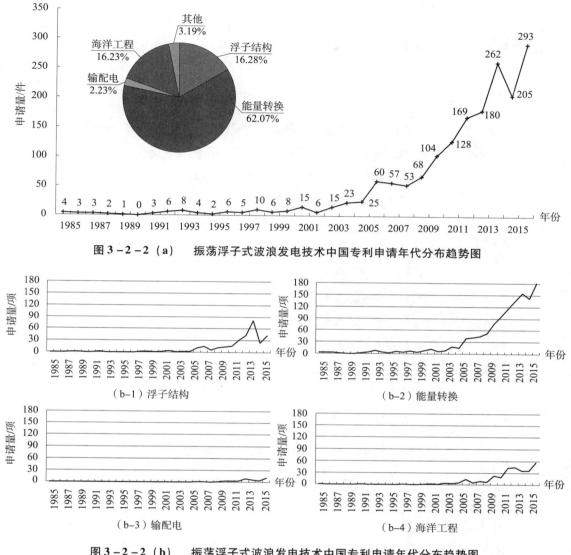

图 3 - 2 - 2 （a）　振荡浮子式波浪发电技术中国专利申请年代分布趋势图

（b-1）浮子结构

（b-2）能量转换

（b-3）输配电

（b-4）海洋工程

图 3 - 2 - 2 （b）　振荡浮子式波浪发电技术中国专利申请年代分布趋势图

3.2.2　主要申请人排名

全球振荡浮子式波浪发电技术申请量排名靠前的申请人分布如图 3 - 2 - 3 所示。

由图 3 - 2 - 3 可知全球申请量排名较为靠前的申请人分别为无锡津天阳、浙江海洋大学、浙江大学、海洋动力技术、中国科学院、西贝斯特、东南大学、上海交通大学、罗伯特·博世、三菱、OSCILLA POWER、海德姆技术（HYDAM TECH）、里奎德机器人技术公司。得益于国家对波浪发电技术的重视，在专利申请量上，前十名的申请人中，中国申请人占了大部分，分别为无锡津天阳、浙江海洋大学、浙江大学、中国科学院、东南大学、上海交通大学，上述六名申请人中有五名为高校及科研院所，仅有一名为公司（无锡津天阳），从一定程度上也反映出，在振荡浮子式波浪发电领域，中国目前还处于高校研发阶段，主要由政府支持，在将研发成果转化为产业应用上还比较薄弱；而国外申请人则基本上为公司申请，研发主要由公司主导，处于市场引导阶段，更侧重于产业应用。

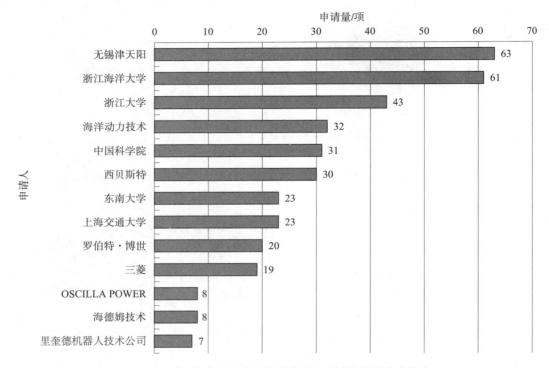

图3-2-3　振荡浮子式波浪发电技术全球主要申请人排名

　　为了直观地体现在全球研究振荡浮子式波浪发电技术的申请人中，不同申请人的技术水平，分别以专利被引证次数及同族数（在不同的国家申请）为考虑因素对申请人的重要性进行统计，排名如图3-2-4所示。

　　从图3-2-4（a）可知，以申请的被引证次数为影响因子排在前10位的申请人分别为：海洋动力技术、西贝斯特、麦卡利斯特（MCALISTER）、海洋能量系统有限责任公司、罗伯特·博世、OSCILLA POWER、PHILLIPS、里奎德机器人技术公司、三叉戟能源（TRIDENT ENERGY）、福博克斯（FOBOX AS）。从图3-2-4（b）可知，以申请的同族数为影响因子排在前10位申请人分别为：海洋动力技术、西贝斯特、麦卡利斯特、里奎德机器人技术公司、星浪能源、海德姆技术、CETO IP、JAKOBSEN E、PHILIPS、海洋能量系统有限责任公司。其中，无论以被引证次数排名还是以同族数排名，影响系数最高的均是海洋动力技术，说明该公司在振荡浮子式波浪发电领域的技术实力很强，占据领先地位。虽然中国申请人在申请量上排名比较靠前，但在以被引证次数和同族数为依据进行排名时，均未出现中国申请人，一方面，说明中国申请人的技术实力还很薄弱，在核心技术的拥有上与国外相比还有较大差距，另一方面也反映出中国申请人还不够重视在其他国家的专利申请，缺少在全球范围内进行专利布局的意识。

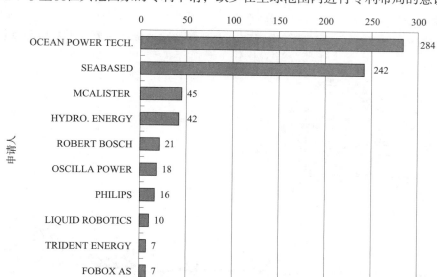

（a）申请人申请被引证次数排名

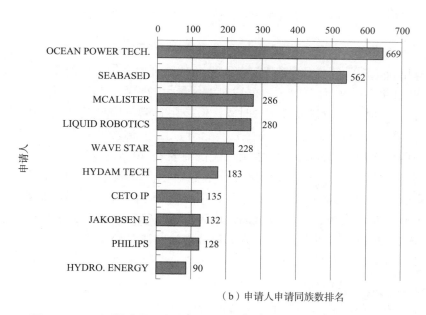

（b）申请人申请同族数排名

图 3 - 2 - 4　振荡浮子式波浪发电技术全球主要申请人排名（考虑影响因子）

3.2.3　目标国/地区分析

如图 3 - 2 - 5 所示，在全球申请量排名前五位的国家和地区中，中国以占比 24% 的份额排名第一，略微领先占比 19% 的份额、排名第二的欧洲，美国以占比 14% 的份额排名第三，日本以占比9%的份额排名第四，韩国以占比4%的份额排名第五。尽管中国的波浪发电起步较晚，在2005年以前申请的专利很少，但是近年来发展很快，到了2015年，申请量达到了近300件，这与中国政府大力支持波浪发电技术和专利保护息息相关。

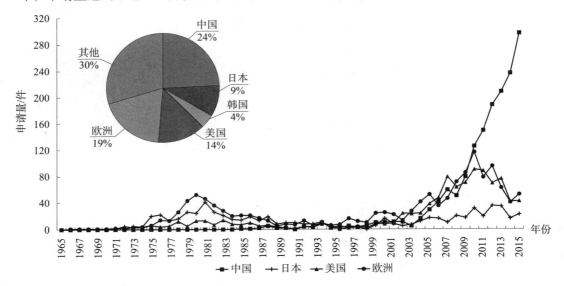

图3-2-5　振荡浮子式波浪发电技术全球专利申请国家/地区分布

通过对各主要国家或地区的申请量发展趋势的比较可以看出，欧洲和日本的振荡浮子式波浪发电技术起步较早，早在20世纪70年代就开始有了少量的专利申请，1980年是欧洲在20世纪70～90年代这一时间段申请量最大的时候，1981年是日本在20世纪70～90年代这一时间段申请量最大的时候，但是在1990～1999这十年，欧洲和日本的申请量趋于平稳，2000年之后申请量才逐步上升，且申请量超过1980～1981年的最高峰时期，且到现在还一直活跃在该领域。美国尽管在70年代末就开始研究波浪发电，但是申请量在2002年前一直较少且处于平稳状态，2002年之后申请量才逐步上升。中国在2005年之前仅有少量的专利申请，但在2005年后申请量增长非常迅速，在2011年的时候中国的申请量已经超过欧洲，成为申请量第一大国，美国超过日本成为申请量第三大国，2012～2015年欧洲、美国和日本的申请量处于波动状态，但中国的申请量一直处于强势的上升状态。

3.2.4　原创国/地区分析

通过优先权，能够有效地判断技术来源。振荡浮子式波浪发电技术的原创地分布可以从图3-2-6中看出。其中，中国、欧洲、美国、日本、韩国和俄罗斯分列前6位，这是由于六国均地处沿海，属于波浪资源较为丰富的国家，其中由于中国政府的大力支持，近年来我国在振荡浮子式波浪发电技术分支的专利申请量处于井喷状态，增长迅速，在原创国申请量排名上，占比33.33%，位列第一，是波浪发电研究的重要力量，也正表现出中国对振荡浮子式波浪发电技术的关注。来自欧洲的申请量占比

25.60%，位列第二，来自美国的申请量占比 14.97%，位列第三，表明欧洲和美国同样是研究振荡浮子式波浪发电技术的热门地区，并且通过对申请人统计发现，排名前 10 位的申请人大多也都是欧洲公司和美国公司，因而研究欧洲和美国的专利申请，对于有效地掌控技术发展的方向和研究重点具有非常重要的指导意义。

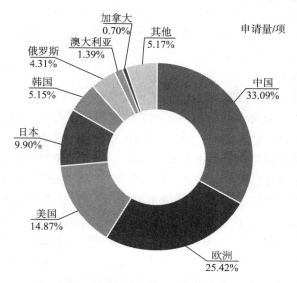

图 3 - 2 - 6　振荡浮子式波浪发电技术领域申请量的国别地区分布

3.3　技术发展趋势分析

由振荡浮子式波浪发电技术各个技术分支的申请占比趋势图 3 - 3 - 1 可以看出，20 世纪 60 年代振荡浮子式波浪发电技术的专利申请集中在能量转换技术分支，其研究

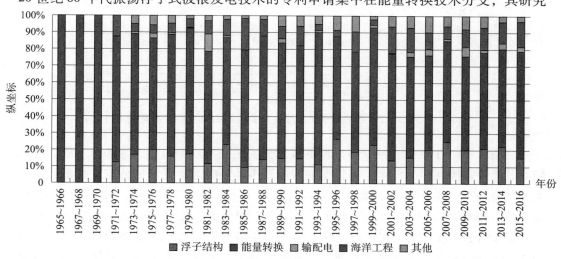

图 3 - 3 - 1　振荡浮子式波浪发电全球各个技术分支的申请趋势图

的重点主要集中在如何将波浪能转换为电能；并且直到目前，能量转换在该领域专利申请中的比重仍是最大，在研究如何转换波浪能的技术问题时，相继发展出了机械、液压、电磁等转换方式。随着研究的深入，在转换方式上，相关技术仍是以液压转换、机械转换及电磁转换为主；目前的研究重点更侧重于如何提高能量转换的效率，并且可以预见的是，在未来的一段时间内，能量转换依旧将是该领域的重点研究分支。

从20世纪70年代至今，浮子结构技术分支在该领域专利申请中的比重基本上处于10%~20%，该分支的技术发展较为稳定，专利申请量起伏不大，由于浮子结构直接影响发电装置的稳定性、安全性及能量转换效率，因此，未来浮子结构仍将是研究的热点；海洋工程技术分支从20世纪70年代开始发展，21世纪后进入快速发展期，随着振荡浮子式波浪发电技术的逐步发展，对海洋工程中平台及锚泊系统的稳定、安全要求越来越高，在未来的一段时间内，海洋工程技术分支的专利申请占比将会持续增长；输配电分支主要是将波浪能转换的电能输送出去，涉及输送网络及输送电路，由于目前整个波浪发电技术主要还是处于研究试验开发阶段，因此在该分支上的研究相对较少。

处在海洋环境中的振荡浮子式波浪发电装置运行中面临的主要技术问题涉及安全性、效率、成本、适应性及稳定性，如图3-3-2所示。其中，海上强台风以及由此所引起的巨浪将会对装置中与海浪接触的部件造成严重的破坏，当其安全性受到威胁时，其他优化将无从谈起，因此，如何最大限度地保障振荡浮子式波浪发电装置的安全性，是振荡浮子式波浪发电装置首先必须要考虑的问题。

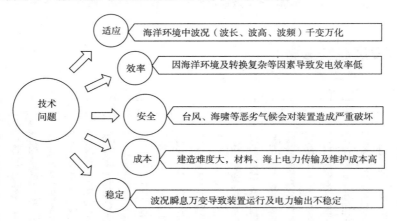

图3-3-2　振荡浮子式波浪发电装置面临的主要技术问题

由图3-3-3可知，涉及安全性的技术分支主要有三个，分别为海洋工程、浮子结构及能量转换，其中海洋工程分支申请量最多，其次为浮子结构分支，能量转换分支申请量最少。在1986年之前，专利申请主要集中在海洋工程分支、能量转换分支；在1987~2002年，专利申请主要集中在海洋工程分支、能量转换分支及浮子结构分支，其中海洋工程分支、能量转换分支的专利申请占比较高；2002年以后，这三个分支的专利申请量均进入快速增长期，能量转换分支、海洋工程分支的申请量占比有所下降，其中，能量转换分支的申请量占比下降较快，浮子结构分支的申请量占比逐渐增高。2007 年以来，这三个分支的申请量占比较为均衡，平均各占 30% 左右，表明这三个分支均是目前研究的热点。

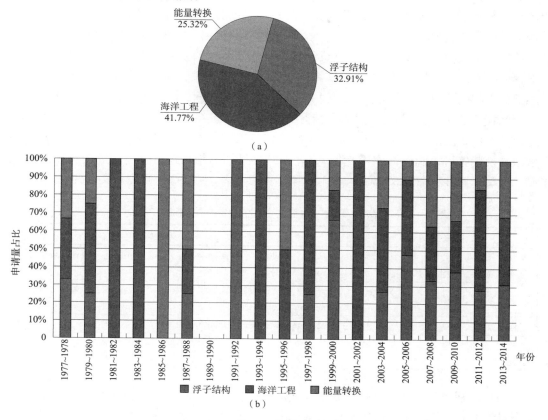

图 3－3－3　涉及安全性的各个技术分支申请量占比趋势图

3.4　重点专利分析

3.4.1　重点专利列表

　　针对检索到的振荡浮子式波浪发电技术的全部专利申请，从多边申请数量、同族申请数量、被引用次数、所涉及的领域及具体技术方案等方面入手进行文献初挑、精筛后，再深入分析整理，获得重点专利申请。

　　文献初挑：由于申请日较晚的文献其被引用次数自然相对较少，申请日较晚的文献被引用次数无法充分说明该文献的重要程度，因此，将全部关于振荡浮子式波浪发电技术的文献根据时间分为两个部分，一部分为申请日早于 2010 年的文献，另一部为申请日从 2010 年到至今的文献。其中，挑选早于 2010 年的文献结合考虑了被引证次数及同族数，初挑出 416 篇文献；挑选 2010 年及之后的文献主要考虑同族数，初挑出 229 篇文献，结合两部分总共初挑出 645 篇文献。

文献精筛：为获取重要典型的专利文献，首先需要对初挑出来的645篇文献进行详细浏览精读，通过高亮表征工作原理（起伏、上下、振荡）、技术手段（浮子、液压、电磁、齿轮、平台、电缆等）、技术效果（例如安全性、效率、适应性、成本、稳定性等）的关键词，如表3-4-1给出了表征安全性的相关关键词，可快速获取文献的发明点，并将读完的文献根据时间、技术分支进行排布，标上相应的技术效果。其中，这初挑出的645篇文献中，必然存在技术的重复，因此，在排布过程中，按时间先后顺序，如果时间在后的文献的技术方案与时间在前的文献的技术方案类同，则保留时间在前的文献，舍弃时间在后的文献；同时，在精筛过程中，如遇到不具备技术特点的文献，如文献仅提及振荡浮子式波浪转换装置（该波浪转换装置可以与其他发电装置整合在一起，或者该波浪转换装置可以起到海水淡化等），并未对其具体的结构进行描述，则选择放弃该文献。经筛选后共精筛出60篇重点专利文献，可参见表3-4-2重点专利文献列表。

表3-4-1 表征安全性的中英文关键词

中文关键词	英文关键词
台风、飓风、大风、暴风、风暴、海啸、大浪、巨浪、风浪	storm, typhoon, hurricane, tsunami, billow, angry, surge, rough
恶劣、灾难、破坏、紧急	severe, extreme, disaster, damage, destruct, destroy, emergency, excess
气候、天气、环境	climate, weather, environment
安全、存活、幸存、保护、预防、避免	safe, assure, survive, protect, prevent, guard

根据对筛选出的重点专利文献进行分析统计，可以发现这些重点专利文献主要侧重于能量转换和浮子结构，这两个技术分支占了相当大的比例，仅有少部分专利文献涉及的是海洋工程及输配电，充分说明了能量转换分支和浮子结构分支是该领域的研究重点。这些专利文献中，美国专利文献占比58.3%，其次为英国专利文献，其占比为13.3%，再次为瑞典专利文献，其占比为6.7%，剩余的为澳大利亚、日本、挪威、加拿大、西班牙、韩国和南非等国的专利文献，无中国专利文献，说明美国、英国和瑞典是该领域的重要研发国，掌握着振荡浮子式波浪发电的核心技术，而中国在涉及核心技术的专利申请上与其相比，还存在很大差距。通过对这些专利文献的申请人统计发现，申请量最多的申请人是海洋动力技术，占比21.7%，其次为SEABASE和星浪能源，其中海洋动力技术的专利文献覆盖能量转换、浮子结构、海洋工程及输配电，说明该公司的研发能力十分强大，投入了对所有技术分支的研究，并掌握着相应的核心技术，在该领域占据着绝对支配地位。这些专利文献中，无中国申请人，说明我国无论是在核心专利申请上，还是在技术储配、研发投入上，目前还无法与国外相竞争，虽然我国目前的专利申请量飞速增长，从一方面说明了国家逐渐重视对波浪发电的研究，从另一方面也说明了国内国外申请人比较重视在中国的专利布局，但这些并不能证明我国已是该领域的技术强国，我们需要重视对该领域的重要技术研发，加强对核心技术的积累和保护，扶持国内有潜力的企业，努力追赶国外先进企业，在国内培养一批具有国际竞争力的企业。

表 3 - 4 - 2　振荡浮子式波浪发电技术领域全球重点专利列表

公开号	优先权日	申请人	发明名称	技术重点	附图	法律状态
US3930168B	19731226	TORNABENE M G	波浪能装置	通过改变球形浮子16内部的结构或者在浮子16内部增设额外的重量来改变浮子16的重量，从而提高对不同波浪的响应能力，减小扭矩，使能量转换最大化		失效
GB2015657A	19790216	DAVIS JOHN P EVANS DAVID V SHAW THOMAS L	从波浪中提取能量的装置	一个浮子通过不同绕线连接不同方位的四个发电机，可以采集不同方向的波浪能，提高发电效率		失效
US4398095A（优先权 JPS5724454A）	19800722	KAWASAKI JUKOGYO KK	波浪发电系统	当有暴风等恶劣天气时或者海面有大型漂浮物时，为了避免对浮子36造成损害，绞盘204通过电机驱动缱绕，使电缆收缩，从而将浮子36沉入海面以下足够深度，从而提高安全性		失效

续表

公开号	优先权日	申请人	发明名称	技术重点	附图	法律状态
US4698969B	19850911	WAVE POWERIND	波浪能转换器	发电装置具有腔室，腔室设置有围墙，浮子和活塞泵，围墙具有一个槽口，槽口能够让波浪进入围墙，腔室与海面连通感受波浪用下部的入口，使得发电装置适应性、安全性以及整体稳定性提高		失效
US4931662B	19880126	BURTON LAWRENCE C	波浪能系统	一个浮子结构连接多套液压系统，提高转化效率和稳定性		失效
US4883411B	19880901	WINDLE T J	波力泵装置及泵送方法	设置了两个泵，同时受波压力作用，两个泵配合进行在泵送效率上获得了加倍的提高		失效

续表

公开号	优先权日	申请人	发明名称	技术重点	附图	法律状态
US5405250B	19910214	VOWLES A VOWLES B VOWLES G J	波浪能捕捉装置	支撑体 5 底部与减震板 34 连接,减震板 34 可转动的连接于海底,在遭受波浪冲击时,减震板 34 用于使支撑体 5 稳定;波浪通过竖直板 4 和倾斜板 32 的引导,流向浮子 1,并在浮子 1 的后面设置有弯曲板 36,从而可以利用方向不同的波浪发电		失效
SE9601637A	19960429	(IPSI-N) IPS INTERPROJECT SERVICE AB	波能转换器	包括浮力体和与浮力体相连的加速管,活塞往复运动带动水流驱动发电机构旋转而发电,在可靠性上得到提高		失效

续表

公开号	优先权日	申请人	发明名称	技术重点	附图	法律状态
ZA9808059A	19980903	AWS BV AWS OCEAN ENERGY LTD	波浪运动能量转换装置	包括框架，用于容纳气体的容器，通过气量变换而在垂直方向上实现能量转换。适用于多种波长，结构简单		有效
AU713154B	19981224	NAKOMCIC N	波浪能转换装置	在浮子 14 周围设置带有槽孔的管状围墙 8，从而减小波浪横向力及扭力对浮子 14 的影响；在极端天气可以将浮子 14 浸入海底；浮子 14 可以通过上面的出入口 18 调整内部介质的重量，从而平衡浮子 14 的重力和浮力，提高能量转换效率		有效
US6269636B1	19990714	HATZILAKOS C A	波浪能链驱动发电机	发电机安装在与波浪相邻的码头上，通过提供简单和廉价的设备，不需要在海底进行设备布设		失效

续表

公开号	优先权日	申请人	发明名称	技术重点	附图	法律状态
GB9916778D0	19990716	KELLY HUGH – PETER GRANVILLE	波浪发电装置	当出现危险状况时，控制机构控制电机将浮子15抬离海面并保护在一个保护腔20内，同时还设置锁销22用于固定浮子15，从而提高整个装置的安全性		失效
EP1196690B1（优先权GB9916779A）	19990716	KELLY H P G	海浪转换成电能装置	发电机产生的交流电通过桥式整流器变成直流电，直流电被储存在存储单元中。存储单元一方面用于产生直流电平，另一方面还是用于不论是暴风雨还是平静的天气都确保电能持续。逆变器通过变压器将交流电分配给电力分配系统，逆变器的有效阻抗能够通过输配电路检测装置动态调整，通过输配电路的设计使得电力持续稳定发出，适应性强		失效

续表

公开号	优先权日	申请人	发明名称	技术重点	附图	法律状态
EP1282746 B1（优先权 DKBA200000162U）	20000508	WAVE STAR	波浪能装置	大风、大浪、海水温度太低或者其他恶劣环境时，卷扬机1将浮子8抬起，从而使得浮子6也抬起离开海面，此时使浪能装置停止工作，从而使波浪能装置免受损坏。多个浮子6以阵列形式布置，可以吸收不同方向的波能，提高能量利用率		有效
US6765307B2	20010116	OCEAN POWER TECH.	波浪发电装置	波浪发电装置包括一管状结构和活塞，通过活塞在管状结构里面运动产生电能，通过限定活塞结构的长度"L"到某一值，从而使发电效率最佳		有效

续表

公开号	优先权日	申请人	发明名称	技术重点	附图	法律状态
US6528928 B1	20010820	OCEAN POEWER TECH.	交换共振能量变换电子技术	发电电路具有智能开关，智能开关连接在电容压电振荡器和电感器之间，负载通过微控制器连接至峰值检波器和电感器之间，振荡器产生电容值电信号的时候智能开关接通一定时间，使得电力输出稳定		有效
SE0200066A	20020110	SEABASED	生产电能的波浪动力单元设备以及生产方法	用于产生电力的波能装置，包括浮动体、线性发电机，线性发电机的动子通过连接装置连接至浮动体，定子被设置为抛锚在海洋/湖泊的底部，动子是永磁的，定子是包括形成多个在转子被向分布的电极绕组，使得波能装置运行可靠、效率高以及装置成本降低		失效

续表

公开号	优先权日	申请人	发明名称	技术重点	附图	法律状态
US6574957B2	20020503	BRUMFIELD D U	潮汐波压缩空气发电	通过杠杆臂连接到活塞上，使浮子的浮动与活塞之间形成机械联动，在活塞上通过空气能产生发电，其中无需设置其他动力		失效
SE520921C2（SE0200613，SE0200066）	20021219	SEABASED	波浪能单元和波浪能发电装置及方法	浮子带动动子相对静子做磁力切割，实现波浪能向电能转换		有效

续表

公开号	优先权日	申请人	发明名称	技术重点	附图	法律状态
EP1678419B1（优先权WO2003DK0000693）	20031014	WAVE STAR	包括设置成以相互相移枢转的多个臂的波力动发电设备	液压缸128可以将臂122锁紧在升高的位置中，从而使波浪不能达到臂122和浮子124。浮子可以旋转到一个与风向平行的位置，且把浮子设计成具有带圆形边缘的空气动力学形状，以便减少设备上的风力，从而提高安全性。臂组成的桁架结构保证系统最大程度的稳定，并同时考虑总重量轻的支承结构		有效
GB240807A	20031016	UNIV MANCHESTER INST SCI & TEC	利用波浪能的装置和方法	通过向浮子内部空腔注水或排水，增加或减少浮子的其他重量，改变浮子的形状等措施，调整浮子的重量使得浮子的振荡频率与波浪的频率匹配，并通过离合器、飞轮28和齿轮箱30协调电机22的转速，使得其浮子10升降的速度相匹配，从而提高能量转换效率		失效

续表

公开号	优先权日	申请人	发明名称	技术重点	附图	法律状态
US7385301B2	20031107	HIRSCH W W	波浪能转换系统	包括基座，基座上方是波浪介质层，涨落平台连接着基座，涨落浮子连接着涨落平台，内部带有电感线圈的轴连接着涨落平台，还包括有开口的磁性着落套筒，轴穿过磁性套筒的开口，涨落浮子连接在磁性套筒上，当波浪带动浮子上下运动的时候，会使磁性套筒和电感线圈之间有相对运动而产生电能，采用柱式平台、整合发电装置和浮子，使整个装置稳定可靠		有效
ES2238167 B1	20031128	ARLAS INVEST ARLAS	使用海浪的能量发电系统	浮体通过水平轴连接在框架上，框架还具有导向装置引导电缆连接在中间浮置筒上，中间浮置筒具有中间固定座，中间固定座通过压载链连接压载重物，提高整个装置的稳定性		有效

续表

公开号	优先权日	申请人	发明名称	技术重点	附图	法律状态
GB0404329D0	20040227	NEW AND RENEWABLE ENERGY CENTRE	磁力转换	浮子连接一动磁体，浮子上下浮动使该相对静磁体运动，实现能量转换。波浪频率较低的情况下也可以使用，提高了效率，降低了成本，提高了适应性		有效
US7362003 B2	20050107	OCEAN POWER TECH.	线性电能发生器的线圈开关电路	电磁转换形式的转换线路的设计，提高发电效率		有效
GB0501553D0	20050126	GREEN OCEAN ENERGY	波浪发电装置和方法	浮子臂 42、43 通过气缸 40 铰接在支撑梁 20 上，可以调节气缸 40 的高度，气缸 40 的腔室与支撑梁 20 内部浮子相对于波浪运动带动气缸 40 伸缩，可以的腔室 14、16 连接，运动带动气缸 40 伸缩，可以使腔室内的气体驱动叶轮机转动，从而使发电机 30 发电		失效

续表

公开号	优先权日	申请人	发明名称	技术重点	附图	法律状态
US7224077B2	20050130	OCEAN POEWER TECH.	波浪能转换的主动阻抗匹配系统和方法	波浪能转换器将浪能（浮子上下双向运动致使波浪能转换器的轴和壳相对运动）转换为液压压力或机械运动，并将液压压力或机械运动转换为电能。其中根据波浪能转换器中轴和壳的相对距离控制两者相对速度，提高能量转换效率		有效
US714l888B2	20050315	OCEAN POEWER TECH.	带速度倍增的波浪能转换器	在变换器中具有永磁组件和感应线圈，一并封装到轴上，两者相对运动时，他们之间的磁通耦合最大化，减少涡流损耗，以提高电力生产效率		有效

续表

公开号	优先权日	申请人	发明名称	技术重点	附图	法律状态
US7965980B2	20060403	OCEAN POEWER TECH.	电池浮标系统	单元通信系统包括位于主体轴上的阵列浮标单元，还包括传送/接收部件和处理信号的电气设备，浮标单元具有浮子、波浪能量转换器和升沉板，波浪能量转换器能够产生电能用于传送/接收设备工作，和处理板用于控制装置的稳定性，通过升沉板控制浮子所发的电直接为通信系统供电，无需外界供电，减少远程供电成本		有效
US2007288683A1	20060501	OCEAN POEWER TECH.	改进性能的拉板	桅杆杆状元件上设置缓冲板，对缓冲板的形状及尺寸（流线型，曲面动力表面）进行设计，波浪上下起伏推动桅杆状元件上下运动，转化成需要的能量；装置简单，提高了能量转换效率，减小了成本，提高了稳定性		有效

续表

公开号	优先权日	申请人	发明名称	技术重点	附图	法律状态
US8013462B2	20060530	SYNCWAVE ENERGY	波浪能转换器	包括第一浮体和第二浮体，第二浮体随着波浪上下起伏，可带动第一浮体内具有可变刚度和粘弹性的质量块移动，通过调整质量块的刚度、粘弹性来改变柱子的自然频率进而改变振幅提高效率		有效
NO326269B1	20070130	SVELUND E J	一种波浪能利用装置	通过臂连接浮子，构成双浮子结构，形成液压泵，从而实现能量转化。双浮子结构效率较高以及稳定性较好		失效
US7886680B2	20070226	OCEAN POEWER TECH.	阵列式分布的波浪能转换器	使6个波浪能转换器布置在一个六角形图案的顶角处，每个转换器之间间隔120度，在每个转换器上使用缆绳系泊。这种系泊方式减少了锚及辅助浮标的数量，从而降低了成本		有效

续表

公开号	优先权日	申请人	发明名称	技术重点	附图	法律状态
US7525214B2	20070305	NOVA OCEANIC ENERGY SYSTEMS	波浪能转换系统和方法	工作室1通过浮子2带动上下运动，工作室1内设置有能量转换装置，用于将上下运动转换成旋转运动，最终产生电能；浮子2与翅片连接，可以在水平面上360度转动，使得能量吸收效率最大；在波浪能量的缓慢或随机转换波能，从而适应多样化的波浪		有效
US7965980B2	20070330	OCEAN POEWER TECH.	浮标系统	对于海上蜂窝通信系统利用蜂窝浮标形成能量供应系统，一方面减少外部电源供给，一方面蜂窝浮标稳定发电		有效

续表

公开号	优先权日	申请人	发明名称	技术重点	附图	法律状态
US8134281B2	20070710	OMNITEK PARTNERS LLC	通过解缆的浮子和类似平台采用低频率反复变化的摆动进行发电的装置	浮标具有可摆动地放置在摆式构件一端的摆式主体上的摆式构件，摆质量被放置在摆式构件的另一端。在两端之间的摆动部件上设置激振质量。压电发生器定位在主体中，使得摆动部件由于滚转及仰/俯仰运动的摆动引起一部分激励器质量与发电机接合以产生电能		有效
US8007252B2	20070926	WINDLE, TOMMY, J	波浪能泵压装置	浮子与置于水面下的活塞杆连接，浮子上浮带动活塞杆泵送流体，缸体上设置有活塞杆还原装置。如此提高泵送效率，具有基本的风暴抵抗能力		有效

续表

公开号	优先权日	申请人	发明名称	技术重点	附图	法律状态
GB2487858B	20071015	CUMMINS GENERATOR TECHNOLOGIES LTD	发电系统	变速齿轮箱通过离合器连接着同步电机，同步电机的输出连接着通过继电器控制的断路器开关，控制单元用于控制同步电机、变速齿轮箱、离合器和开关，控制单元通过信号与外界进行通信，电路中存在两个控制模式，用以调整电网参数及发电电压，提高电路稳定性		有效
US8464527B2	20081121	OCEAN POEWER TECH.	振荡浮子式波浪能转换装置	通过在浮子上设置排水孔150，使得在大浪下部分波浪可从该排水孔流出，从而降低在大浪下的波浪载荷，防止过载		有效

续表

公开号	优先权日	申请人	发明名称	技术重点	附图	法律状态
US8378513B2	20090107	OSCILLA POWER INC	波浪发电装置和方法	装置包括至少一个磁力控制元件和一个或多个电传导导线圈或电路，当磁力控制元件布置在水中，波浪的运动导致磁力控制元件产生形变，电传导导线圈或电路布置在磁力控制元件附近，磁力控制元件周围对应磁场的改变在电传导线圈或电路中会产生电压或电流，能够提高整个装置的安全性		有效
GB2465642B	20090513	DICK W VILLEGAS C WAVEBOB LTD	波浪能转换系统	控制单元通过传感器探测控制机械能转换器的工作模式，输配电路中控制阻尼，发电机可工作于两个模式，使得从电网中获电力给发电机。可适应不同的波况，提高发电效率，不需要采用永磁体，适应性强且降低成本		失效

续表

公开号	优先权日	申请人	发明名称	技术重点	附图	法律状态
US8587139B2	20090528	OCEAN POEWER TECH.	波浪能转换控制	设置可编程逻辑控制单元预测进入波浪能转换器（WEC）的波浪，根据预测控制发电单元，提高转换效率		有效
DE102009035928A1	20090803	BOSCH GMBH ROBERTS	波浪能转换装置	具有浸入水中的叶片，随波动而运动，提高能量转换效率		有效
EP2298639A1	20090918	TECHNOLOGY FROM IDEAS LTD	用于波能转换装置的阻尼器和阻尼结构	具有对波作用产生反作用的阻尼器，该阻尼器包括具有可逆非线性应力－应变响应的阻尼能量吸收器，阻尼能量吸收器布置成阻尼波能量转换装置的反作用运动。其可自动抵消或阻尼任何极端波力，能量俘获率好，允许在宽广的波频率范围内额外的能量俘获，允许维持与波的最佳对准		失效

续表

公开号	优先权日	申请人	发明名称	技术重点	附图	法律状态
US8970055B2	20091111	TRUSTEES OFBOSTON UNVERSITY FRAUNHOFER USA INC	捕捉海洋波浪能的方法	一个使用能量捕获装置的系统，能量捕获装置设置在供水船上，供水船能够工作在能量储能模式，能量储能单元从水的运动中获得能量，输送至储能单元，供水船能够工作在能量释放模式，将存储能在能量释放模式，转换成交流电提供给电网，该系统可提高发电效率和适应性		有效
NO20093401A	20091124	WESTBY，TOV	波浪能发电装置	通过调节与浮子相连的绕线的张紧力，使得装置可适应不同浪和频率，提高装置效率及适应性		有效

续表

公开号	优先权日	申请人	发明名称	技术重点	附图	法律状态
NO330942B1	20091209	AKER ENGINEERING & TECHNOLOGY AS	提取波浪能的装置	包括第一本体，第一本体连接着一个或多个第二本体，能量转换单元连接在第一本体和第二本体之间，每个第二本体通过定位于水面下方的独立的铰链单元连接在第一本体上，当整个装置安装在水中，每个第二本体相对于水平面被安装成一个平均的角度，能够提高装置安全性和发电效率		有效
US2011/0061376A1	20100217	MCALISTER TECHNOLOGIES LLC	转换可再生能源的水电能转换系统	提供了一种简单的波能转换装置，具有浮子及振荡管，在振荡过程中产生电能		在审

续表

公开号	优先权日	申请人	发明名称	技术重点	附图	法律状态
US8508063B2	20100222	COLUMBIA POWER TECHNOLOGIES INC	直驱旋转波能量转换	将两个浮子耦合到同一个发电机中，使得转换装置的结构变小，从而减小成本		有效
KR10－1075137B1	20100730	SONG K	波浪发电系统	包括框架、能量产生单元、能量传输单元，驱动单元和能量转换单元，在框架底部设置有轮子和轨道使得装置设置在海岸上，台风天气时可以将整个发电装置运送回安全的陆地，提高安全性		失效

续表

公开号	优先权日	申请人	发明名称	技术重点	附图	法律状态
EP2556241A1（优先权SE1001170A）	20101207	OCEAN HARVESTING TECHNOLOGIES AB	波浪能转换和传输装置	包括作为变速箱壳体的浸没体，还包括升沉板和锚泊卷筒，升沉板不会随着波浪的运动而运动，位于水面层的浮体，通过浮标索连接锚泊卷筒，浸没体通过锚索系统连接在海底，锚链系统包括两个以上的锚链，通过松散的/张紧的锚索，来提供装置的稳定性，同时还提供冗余锚链系统提高整个装置的安全性		有效
US8723355B2	20110328	OCEAN POEWER TECH.	具有能量产生和能量适用控制装置的自主控制浮标	能够将产生的电能存储到电池内，并向有效载荷部分供电，通过控制器控制电能的使用，提供四种工作状态：发电状态（波浪状况好时）、睡眠状态（电池电量低时）、唤醒状态（浮子100与杆200之间无相对运动，例如在恶劣天气状况下）		有效

续表

公开号	优先权日	申请人	发明名称	技术重点	附图	法律状态
US8869524B2	20110328	OCEAN POEWER TECH.	连接波浪能发电机浮子与电力电缆的装置	该设备具有安装在船舶内用于保持球（60）的插座（62）。插座的形状允许球体旋转并在插座周围移动，同时限制球体的任何上下运动。夹具将电力电缆（50）的外保护层牢固地连接到球上，同时允许内核穿过球。柔性电缆（76）连接导电铜线，信号线连接到内部连接器，并且连接在内部连接器的导线和船舶内的预选点之间		有效
US9127640B2	20110902	ROHRER J W ROHRER TECHNOLOGIES INC	具有浮子可浸入水中的多种捕获方式的波浪能转换器	将可伸长的浮子连接在框架上，框架通过摇摆或者杠杆臂或者下斜坡轨道运行等方式定向浮子相对于框架的运动，以吸收升沉波和碎波浪的能量，由于可将浮子浸入海底，可调节框架迎浪方向/坡度而提高发电效率，调节框架深度以适应不同浪高，装置的安全性高，适应性更强		有效

续表

公开号	优先权日	申请人	发明名称	技术重点	附图	法律状态
US8938957B2	20111003	WAVE ELECTRIC INTERNATIONAL LLC	波浪响应发电机	波浪响应发电装置包括浮体、浮体通过牵引绳连接在锚上，牵引绳通过滑轮连接着浮体平衡重，其下行段连接着浮体的垂直运动导致滑轮旋转，从而操纵液压缸释放液压油给液压马达，液压马达驱动发电机运动，整个装置安全性较高		有效
CA2755167A1	20111011	KASSIANOFF E P	可变箔机	具有可变的箔，有一个主导缘和后缘取能源。通过有限的振荡幅值和功率输出，使振荡可持续，实现在预期气候和流体流动条件下获取所需要的动态特性，其重量和大小也得到减少		失效

续表

公开号	优先权日	申请人	发明名称	技术重点	附图	法律状态
US8863511B2	20120324	SWAMIDASS P M	安装在桥柱上的波浪和水发电机	滑块安装在桥柱上，允许发电机通过定轴承在桥柱上上下滑动，发电机的定子能够垂直滑动但不可旋转，发电机的转子被水面下的复数个叶片带着旋转，每个叶片通过硬臂连接在转子上，发电机通过刚性的安装钉子上的不可回转的浮子保持漂浮在水面上，该装置能够提高发电效率		有效
US9115686B2	20120326	OCEAN POEWER TECH.	俯仰驱动波浪能转换装置及系统	波浪能转换系统包括一可随着波浪浪起伏而俯仰运动的容器；容器内左右两侧设置有可上下移动的质量体 M1、M2，质量体 M1、M2 通过带110 相互连接，所述带110 还卷绕通过滚子 R1、R2、R3、R4；所述容器随波浪起伏而俯仰运动，质量体 M1、M2 随即上下运动，与质量体 M1、M2 连接的带110 驱动转轴106 旋转，所述转轴106 与发电装置相连，最终实现波浪能的转化利用		有效

续表

公开号	优先权日	申请人	发明名称	技术重点	附图	法律状态
US9476400B2	20121029	ENERGYSTICS LTD PHILLIPS R E	波浪能转换系统	采用线性法拉第感应发电机发电，在效率上具有较大的提升		有效
US20150275849A1	20121205	AOE ACCUMULATED OCEAN ENERGY INC	将流体增压供给负载的系统、方法和装置	包括浮体，浮体部分淹没设在波浪中，还包括加压缸，加压缸连接着浮子从而获得能量，加压缸有一个入口来接收流体从而加压，还有一个提供出口加压缸过的流体的出口，出口包含储能器，储能器存储加压过的流体供给负载，工作效率和安全性均较高		有效

3.4.2　典型专利引证分析

在对振荡浮子式波浪发电领域重要专利的分析过程中发现，一些基础性重要专利的引证频率非常高，对后续专利申请及技术发展具有重要影响，现选取一件具有代表性的专利进行重点分析。

（1）案例分析

本案例申请人：AQUA MAGNETICS，INC.，申请日：1997 年 11 月 18 日，申请号：US19970972428A，公开号：US6020653A，公开日：2000 年 2 月 1 日，是 US5696413A 的部分继续申请。

为解决背景技术中提到的液压转换、机械转换及电磁转换发电效率低的问题，该专利公开了一种振荡浮子式波浪发电装置，如图 3 - 4 - 1，在所述发电装置中，支撑架 12 安装在海底 11 上，支撑架 12 内设置有磁芯 13，磁芯 13 内部有环形芯 16，环形发电线圈 17 安装在线圈支撑管 18 上，线圈支撑管 18 在环形芯 16 内上下滑动，环形芯 16 上部设置有出口供线圈支撑管 18 进出；环形芯 16 内部安装有多个永久磁铁 30，环形芯 16 底部安装有电磁线圈 26；缆线 20 上部与浮子 21 连接，下部穿过引导装置 22、25 与线圈支撑管 18 连接；支撑架 12 内还设置有防水壳 31，防止水进入发电装置内影响环形发电线圈 17 的线性运动；浮子 21 在波浪的作用下，带动环形发电线圈 17 在永久磁铁 30 产生的磁场中上下运动，并在环形发电线圈 17 内产生电能，在产生的电能中，有很小一部分进入到电磁感应线圈 26 中，并在磁芯 13 产生电磁感应场，进而增强永久磁铁 30 产生的原始磁场，进一步的，环形发电线圈 17 在永久磁铁 30 和电磁感应线圈 26 产生的磁场中上下运动，从而将波浪能转换为电能，并且转换效率得到显著提高。

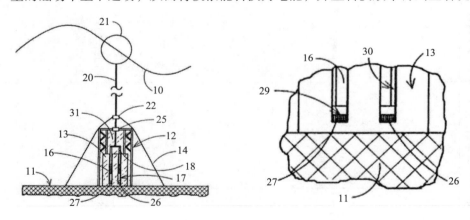

图 3 - 4 - 1　US5696413A 技术方案

（2）技术引证分析

US6020653A 公布后被后续专利共引证 110 次，除了 1 次是由申请人自己引用，其余 109 次均是被其他申请人的专利引用，其中引证次数最高的公司是 SEABASED，涉及引证该专利的专利共 13 件，其次是 OCEAN POWER TECH.，涉及引证该专利的专利共8件。按引证次数高低排序，前十名申请人及专利引证件数如图3-4-2所示。

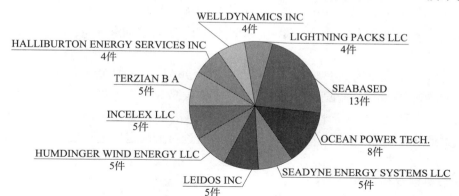

图3-4-2 振荡浮子式波浪发电领域全球前十名申请人及专利引证件数

　　US6020653A专利公布后，SEABASED意识到该专利具有非常重要的市场价值，并迅速作出反应，投入研发力量对采用电磁转换的振荡浮子式波浪发电装置进行研究，于2004～2010年先后申请了1件美国专利（技术方案同WO2011/149397A1），12项PCT专利，在将近20个国家进行专利布局，覆盖全球主要发达经济体，抢占市场先机，并且这12项PCT专利申请在中国均被授权，表明SEABASED非常重视在中国的专利申请和技术保护。

　　重点对SEABASED专利引证的这12项PCT专利进行分析，情况如图3-4-3（见文前彩色插图第3页）所示，可知SEABASED在电磁转换领域的专利布局十分完善，涵盖了浮子结构、能量转换、海洋工程和输配电四个技术领域，相应的技术效果主要涉及稳定性、安全性、成本等。不同于US6020653A专利侧重于保护发电装置的整体结构，SEABASED的专利申请在请求保护发电装置时更为多元化及精细化。

　　进一步分析可知，有一件专利WO2008/130295A1涉及浮子结构技术分支，通过对浮子形状的设计，使得该浮子形状能够更为有效地捕捉波浪能，用于提高效率。

　　能量转换技术分支共有5件专利（WO2011/149397A1、WO2011/149399A1、WO2010/024745A1、WO2004/085842A1、WO2004/085843A1），其中WO2011/149397A1专利文献保护的是减振器，通过在与浮子连接的缆线上设置减振器，吸收缆线的张力，保护其不被损坏，用于提高安全性；WO2011/149399A1通过降低波浪发电装置高度，进而减少缆线材料，从而降低成本；WO2010/024745A1专利保护的是滚动元件，在带绕组的定子和带磁体的平移件之间设置有滚动元件，使两者的间隙大小保持在精确值，进而确保平移件运行稳定；WO2004/085842A1及WO2004/085843A1通过对专利结构进行设计及设置蓄能缓冲装置，提高了效率和稳定性。

　　海洋工程技术分支有四件专利（WO2011/149396A1、WO2010/024741A1、WO2010/024740A1、WO2011/149398A1），其中，在提高稳定性方面，有两件专利（WO2010/024741A1、WO2011/149396A1）保护的是导向装置，通过设置导向装置及

优化导向装置的结构，降低浮子横向位置变化对发电机的影响，保证发电机转子稳定运行；在安全性方面，WO2010/024740A1保护的是水密性封套，通过设置水密性封套保护发电机不被水腐蚀；而WO2011/149398A1则是通过简化波浪发电装置以降低成本。

输配电技术分支有2件专利（WO2007/111546A1、WO03/058055A1），WO2007/111546A1保护的是整个输配电系统，以低成本提供高效的发电机组，通过级联方式使系统最优化，具有高度灵活性，可以向普通电网供电，不受以往特定地点的限制，在技术上十分具有竞争力；WO03/058055A1则是通过对输配电路进行设计，从而提高稳定性。

（3）典型专利分析的意义

典型专利分析对于采用何种方式在专利申请上规避竞争对手的专利保护范围具有十分重要的现实意义，同时对于研发者而言，也有助于把握好正确的研发方向。

通过对US6020653A专利的技术方案分析及其引证文献分析可以发现，AQUA MAGNETICS，INC.申请的专利US6020653A于2000年被公开后，SEABASED意识到该专利的价值后马上进行了相关研究和专利申请，这就告诫我们要时刻关注竞争对手的专利申请动态，并且要保持捕捉专利价值、市场动态的敏锐性；SEABASED的12项PCT专利申请的技术方案与US6020653A的技术方案所采用的技术原理基本相同，但是为了规避US6020653A的保护范围，避免陷入专利纠纷，SEABASED在专利申请上更为细化、更为全面，一部分专利是在US6020653A技术方案的基础上对局部细节的优化，一部分专利是US6020653A未涉及的领域，例如浮子结构、输配电等，12项PCT专利申请大体上覆盖了整个振荡浮子式波浪发电系统的各个技术分支，并且在将近20个国家获得授权，SEABASED通过采取以上措施，迅速在全球市场占据了有利地位。这就告诫我们当竞争对手的某些重要专利获得授权时，一是要反应快，二是要方向准，三是要懂得如何规避风险，即通过预判对手下一步技术深挖、技术优化的可能动向，选准好研究方向，通过对专利申请进行布局、合理撰写权利要求的保护范围，抢在竞争对手下一步动作之前进行相关专利申请，从而降低竞争对手授权专利的影响，使自己获得市场优势。

3.5 技术发展路线

为了清楚地了解振荡浮子式波浪发电技术的发展脉络和技术演进的情况，本节在前面对全球专利申请数据样本进行的分析以及所挑选出的重点专利文献分析的基础上，对涉及振荡浮子式波浪发电技术的每一篇重要文献进行技术分支（浮子结构、能量转换、海洋工程、输配电）确定，找准其所要解决的技术问题（安全性、效率、成本、适应性、稳定性），归纳其解决路径，同时确定关键节点，探寻技术的演进路线，然后初步绘制泳道图，并在泳道图的基础上进一步筛选专利，对各文献所解决的技术问题及其相应的技术手段进行定位，最终绘制出如图3-5-1（见文前彩色插图第4页）所示的振荡浮子式波浪发电的整体技术发展路线图。

3.5.1　各技术分支的发展路线

（1）浮子结构作为振荡浮子式波浪发电技术较早的研究对象，其一直被视为重点研究对象。针对浮子结构的研究，人们从最开始主要追求浮子的能量吸收效率逐步发展到追求浮子的能量吸收效率、适应性及安全性；从改进浮子结构以获得能量吸收效率的提高上看，主要从浮子的重量、长度、形状、辅翼及布置方式等方面进行研究；从改进浮子结构以获得安全性上看，主要从浮子沉入海底、浮子抬离海面以及浮子的断开等方面进行研究；从改进浮子结构以获得适应性上看，主要从改变浮子自身的结构属性进而改变自身的频率，使得浮子的频率能够适应不断变化的波况进行研究。从整体上看，浮子结构的研究进程主要是从浮子自身及附加结构上的研究逐步转入对浮子控制的研究。

（2）由于能量转换直接影响到最终发电量的多少，因此能量转换结构一直是振荡浮子式波浪发电技术的研究重点。能量转换结构各式各样，在早期是以常规的液压转换为主，在中后期机械转换则逐渐成为热门的研究结构；尽管电磁转换研究较少，但其一直以渐增的趋势存在。从改进能量转换结构来获得安全性上看，主要是从利用各种能量转换的结构特点将浮子沉入海底或抬离海面进行研究；由于液压转换具有稳压蓄能的作用，该转换形式始终备受关注，从初期简单的液压回路，逐步转入对液压回路控制的研究。可见对于能量转换也是从各种单纯的能量转换形式逐步发展为具体能量转换的控制过程。

（3）海洋工程是整个振荡浮子式波浪发电装置的支撑及固定平台，其直接影响到整个发电装置的稳定性及可靠性，因此，关于海洋工程的研究也一直受到重视。在早期，海洋工程中多选择岸式形式，随着海上作业的逐步发展，关于振荡浮子式波浪发电装置的平台也逐步转入近海或远海。其中，平台结构从柱式逐步发展到桁架式，进而发展到改变平台框架上的阻尼、频率等细化方向。

（4）输配电工程在整个振荡浮子式波浪发电技术中始终研究的较少，这是由于整个波浪发电技术还处于研究开发阶段，且输配电工程可参考现有较为成熟的海上风电、太阳能发电中的输配电技术。其中，对输配电研究较多的为海底电力输送，而后逐渐呈现出对输配电的控制电路进行改进的技术。

3.5.2　主要技术问题分析

现有振荡浮子式波浪发电技术中存在的普遍技术问题主要包括如何提高效率、提高安全性、降低成本、提高适应性及提高稳定性。现针对上述五个技术问题进行详细解析。

3.5.2.1　安全性

处在海洋环境中的振荡浮子式波浪发电装置不可避免地会遇到台风、潮差、腐蚀等相关海洋因素的影响，尤其海上强台风以及由此引起的巨浪将会对与海浪接触的部件造成严重的破坏。因此，恶劣气候环境下装置的安全防护措施是整个振荡浮子式波浪发电装置研究中亟待解决的核心技术，如何保证装置在恶劣气候环境下的安全性，是振荡浮子式波浪发电装置首先必须要考虑的技术问题。

如图3-5-2（见文前彩色插图第5页）所示的解决安全性的技术发展路线图，可知解决安全性技术问题主要从海洋工程、浮子结构、能量转换这几个分支进行研究；同时，可明显看出：早期文献主要涉及波况高于极限波况下的安全性保护，而后才慢慢出现了波浪超过额定波况但是低于极限波况下对应的安全性保护（也即过载保护）；极限波况以下的安全性保护主要涉及降载、断开以及限位几种途径，而极限波况以上的安全性保护主要涉及抬起、沉入以及其他一些方式，如图3-5-3。

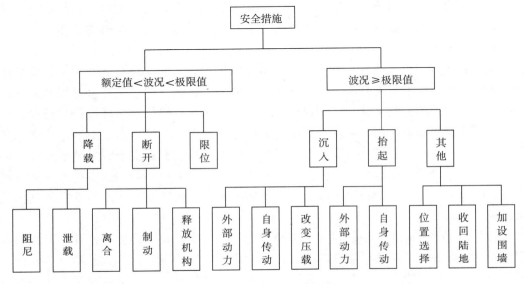

图3-5-3 安全性路线图

（1）波况大于极限波况

1）浮子沉入

1980年7月22日，日本川崎重工业株式会社（KAWASAKI JUKOGYO KK）申请了振荡浮子波力发电装置（公开号JPS5724454A），如图3-5-4所示，浮子36包括球形腔室192、箱体194、箱盖196，三者均为不透水性，箱体194安装在球形腔室192的上面，箱盖196安装在箱体194上面，箱体194里面安装有绞盘204，绞盘204上缠绕电缆34，绞盘204通过电机驱动转动。当有暴风等恶劣天气时或者海面有大型漂浮物时，为了避免对浮子36造成损害，绞盘204通过电机驱动进行旋转，使电缆收缩，从而将浮子36沉入海面以下足够深度，进而保证装置的安全性。该专利为了保证浮子结构的安全，通过一定的控制手段将浮子沉入海面以下足够的深度，进而有效防止风浪或大型漂浮物破坏浮子构件，属于早期为了保证浮子构件安全性所采用的较为普遍的措施。然而，由于牵引动力处于浮子内部且电缆需要穿过浮子，其对浮子结构的密闭性要求极高，而且电力提供也比较麻烦，所产生的成本巨大，因此通过该措施来保护浮子结构具有一定的局限性。

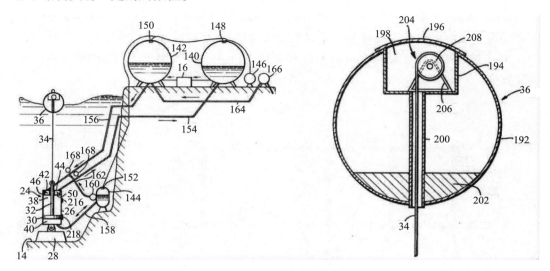

图 3－5－4　JPS5724454A 技术方案

1983 年 7 月 14 日，美国的汤姆·J. 温德尔（TOM J. WINDLE）申请了一种波浪发电装置（公开号 US4754157A），如图 3－5－5 所示，其包括浮子 152，锚定装置 154 以及设置在浮子和锚定装置之间的能量转换装置，随着波浪起伏运动，浮子上下运动驱动活塞杆 166 上下运动，产生液压，工作流体通过入口 176 和出口 178 流进流出，并通过管道 206 以及蓄水池 200 连接到涡轮发电机 208，弹簧 180 起到辅助浮子复位作用。其中，当大风浪来临时，关闭阀门装置 210 支撑了泵设备 150 的出口止回阀 178 和活塞 164 反抗水压，从而防止了活塞 164 和浮体装置随波浪而上升。

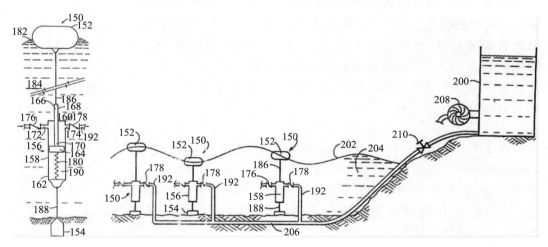

图 3－5－5　US4754157A 技术方案

2004 年 4 月 2 日，挪威 SKOTTE A 等人申请了一种波浪发电装置（公开号

NO321085B），如图3-5-6所示，其包括浮子12以及支撑平台15，16，17，18，随着波浪上下起伏运动，浮子上下运动，从而带动直线式发电机22发电并通过电缆30将电能输出；平台下端侧边设置有浮子结构19，20，当有暴风等恶劣天气时，浮子结构19，20中被注水，浮子结构会带动平台15，16，17，18以及浮子12整体沉入海水中，保证安全。

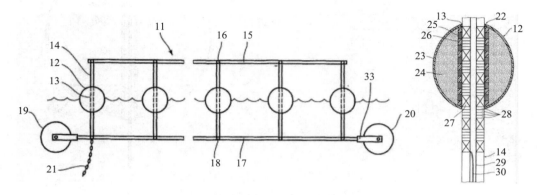

图3-5-6　NO321085B技术方案

2007年1月25日，英国达特默斯波能有限公司（DARTMOUTH WAVE ENERGY LTD）申请了一种波浪发电装置（公开号GB2445951B），如图3-5-7所示，其包括浮子2、浮子底端重物3、往复构件5、活塞12、进水阀14，7、出水阀13，8、海上工程18-29。通过波浪撞击承受浮力的浮子2产生的能量使重物3近似竖直地上升，由此提升活塞12，从而经由进水阀14抽入水，活塞12在压力下促使水经由出水阀8排出；当波浪过去时，重物3使活塞12向下返回，将经由进水阀7抽入水，并在压力下促使水经由出水阀13排出。活塞12的这种一次向上和一次向下的冲程是一个完整的循环，并保持缸体始终装有水，同时泵处于预期的被淹没状态。浮子2装配有如图3-5-7所示的浸水阀02、排水阀002以及双气压管线34，在发生暴风雨的状况下，浮子2可被注水并被淹没，从而在向下闭合的位置安全渡过暴风雨。所述浸水阀02、排水阀002以及双气压管线34在暴风雨时可由陆上的控制室手动地或自动地控制。

2）浮子抬起

1988年1月26日，美国的Burton提出了一种波浪发电装置（公开号US4931662A），如图3-5-8所示，浮子54受波浪的驱动上下起伏，经过臂46，48将动力传递至液压缸42并输出动力至建筑物70内的液压系统和发电机。当巨浪来临，将浮子通过绳轮结构滑移并锁定至臂46，48上，避免巨浪破坏；而当巨浪退去时，通过绳轮将浮子释放至海浪中吸收波浪能。

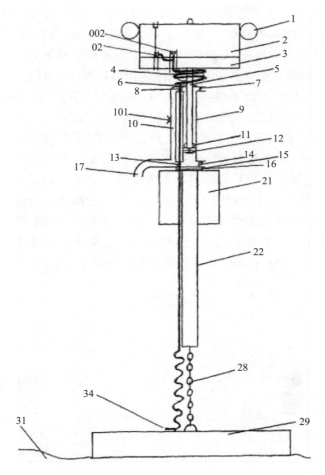

图 3 - 5 - 7　GB2445951B 技术方案

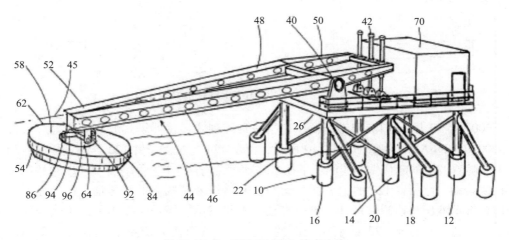

图 3 - 5 - 8　US4931662A 技术方案

1999 年 7 月 16 日，英国的 HUGH – PETER GRANVILLE KELLY 提出了一种波浪能发电装置（公开号 GB9916778D0），如图 3－5－9 所示，将塔架 11 安装在海底，电磁式发电机的定子 13 安装在塔架 11 的平台 12 上，发电机的转子 14 穿过定子 13 与浮子 15 连接。在正常运行过程中，浮子 15 与海水表面相接触，并且随着波浪的起伏做上下往复运动，进而带动与浮子 15 相连接的转子 14 也进行上下运动切割磁场线，使得线性发电机进行发电；当出现危险状况时，控制装置控制发电机将浮子 15 抬离海面并保护在一个保护腔 20 内，同时还在保护腔 20 上设置锁销 22 用于固定浮子 15，从而提高整个装置的安全性。该文献非常重要，其提出了在台风天气下通过一定的控制手段将浮子抬离海面避免巨浪破坏浮子构件，简单有效地保证了浮子的安全性，其被引证频率也很高，达到了 55 次，属于振荡浮子式波浪发电装置中解决安全问题的基础专利和核心专利；同时，由于浮子在恶劣气候下是处于海面以上不与海水接触，其对浮子结构的材料及密闭性要求就相对宽松，自然地整个装置的成本也将降低。因此通过该途径来保证浮子的安全一直是振荡浮子式波浪发电装置的研究重点。

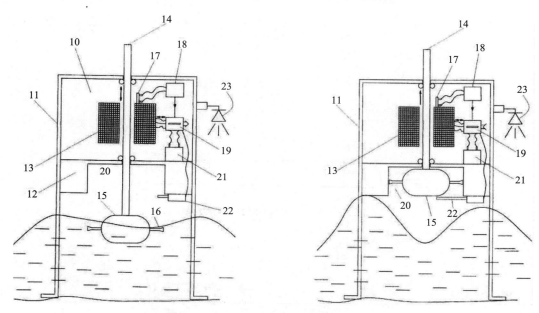

图 3－5－9　GB9916778D0 技术方案

2003 年 10 月 14 日，星浪能源申请了一种阵列式振荡浮子式波浪能装置（公开号 WO2005038246A1），如图 3－5－10 所示，浮子 124 通过浮子臂 122 连接液压缸，当浮子 124 随着波浪的起伏做相应的上下往复运动时，与浮子连接的浮子臂 122 也跟随做上下往复运动，浮子臂 122 的上下往复运动往复挤压液压缸内的液压油，该液压油经液压回路推动液压马达旋转做功，进而带动发电机发电。当处于恶劣的海上气候时，液压缸 128 适合于将臂 122 锁紧在升高的位置中，从而使波浪不能达到臂 122 和浮子 124，因而能在风暴期间保护臂 122 和浮子 124，或者当环境温度接近或低于海水的冰点时免受浮子结冰的危险；同时，浮子 124 可枢转地连接到臂 122 上，当臂在风暴期间升高时，浮子可以旋转到一个基本上与风向平行的位置，进而限制风作用于其表面，并因此减少作用在浮子124上的力和减少通过臂122转移到桁架结构104上的力矩；而且把浮子设计成具有带圆形边缘的空气动力学形状，以便减少作用在浮子上的风力。星浪能源在申请号为DK200000162U该专利的基础上，进一步地将浮子抬起的驱动机构改进设置成液压机构自身，同时首次引入了通过设计浮子自身的结构和形状用以保障风暴气候下浮子结构的安全，属于解决安全问题中非常重要的基础专利和核心专利。

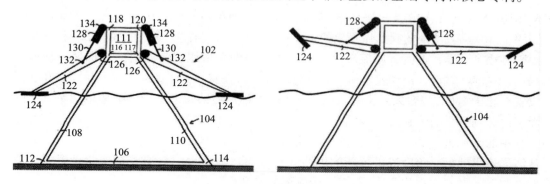

图3-5-10 WO2005038246A1 技术方案

3）其他

当大于极限波况时，除了将浮子抬起或者将浮子沉入海底外，还可以通过在浮子外周设置围墙、选择平台的位置以及将平台回收到安全陆地等方式来保证装置的安全。

1984年3月21日，美国的 WAVE POWER INDUSTRIES, LTD. 就提出了一种波浪能转换装置（公开号 US4594853A），如图3-5-11所示，该发电装置的浮子14设置在围墙内12，浮子14通过臂52与液压缸内的活塞41相连接，围墙具有一个槽口20用以接收波浪，槽口20上还设置有门32，流入槽口20的波浪上下起伏带动浮子14上下往复运动，进而转换为活塞41的往复运动以压缩液压缸内的气体，压缩的气体经汇

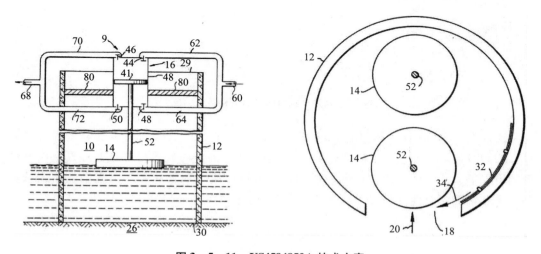

图3-5-11 US4594853A 技术方案

聚后冲转叶轮旋转做功，带动发电机发电。当台风来临时，可控制门32将槽口20关闭，使得浮子14处在一个封闭的空间内免遭风浪的侵袭，保证了浮子14的安全。该文献不是从浮子的角度出发而是从研究海洋工程中的平台入手，通过在恶劣环境中将浮子保护在一个封闭的海洋平台内，有效防止波浪与浮子的接触，为解决振荡浮子式波浪发电装置的安全性问题提供了较为重要的基础专利。

2010年7月30日，韩国的KI–SUK SONG申请了一种波浪发电装置（公开号KR101075137B），如图3–5–12所示，浮子310通过活塞杆350连接液压缸活塞420，当浮子310随着波浪的起伏做相应的上下往复运动时，与浮子310连接的活塞杆350也跟随做往复运动，进而挤压液压缸410内的液压油，挤压后的液压油经汇聚推动液压马达510旋转做功，带动发电机200发电。其中，在支撑浮子310的框架单元100底部设置有轮子180，当台风到来时，该轮子180可沿海底的轨道滑动将框架单元及其上的浮子运送到安全的位置（例如陆地），从而保证了整个装置的安全。该专利也是从海洋工程中的平台进行研究，通过将平台框架运送到安全位置以将波浪发电装置保护起来，从海洋工程的另一角度提供了新的思路（例如可以从平台、锚泊等结构的设置将波浪发电装置运送到安全位置），属于比较重要的专利。

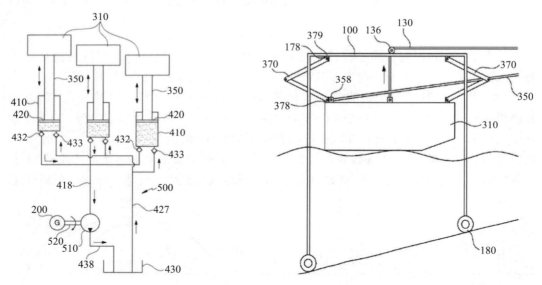

图3–5–12　KR101075137B技术方案

2011年5月13日，英国的KINGSTON W提出了一种沿海的波浪发电装置（公开号GB2490724A），如图3–5–13所示，通过将浮子及能量转换机构设置在具有特殊地形的沿岸上，从而可有效防止风暴对浮子的破坏。该专利是从海洋工程中的平台选择来考虑装置的安全性，为大风浪下的安全保护提供了很好的启发。

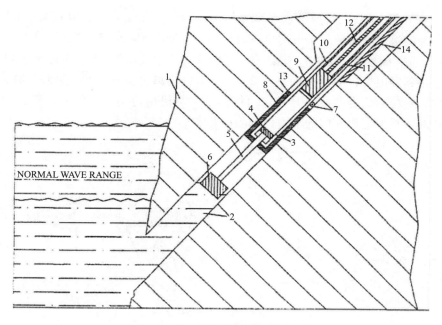

图 3 − 5 − 13　GB2490724A 技术方案

（2）超过额定波况但是低于极限波况

1）断开保护

1994 年 4 月 8 日英国的 O'MEARA M 申请了一种波浪发电装置（公开号 GB2302710B）。如图 3 − 5 − 14 所示，该波浪发电装置包括浮子 12、平台 26、锚链 17、安全链 22 以及安全浮子 23，当大浪产生威胁泵机构处于过载的情况下，通过断开装置 20 断开浮子 12 与传动装置之间的连接，并通过安全链 22 以及安全浮子 23 的牵引保证浮子 12 不会遗失，从而将浮子 12 与泵机构断开，泵机构停止运行，有效保证了能量转换机构的安全性。

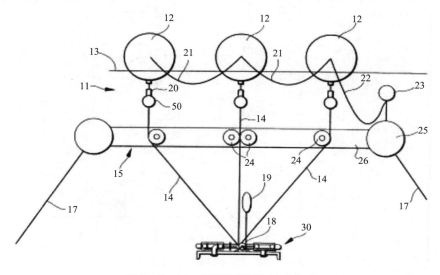

图 3 − 5 − 14　GB2302710B 技术方案

2007 年 4 月 17 日，挪威的斯切米克拉夫特股份有限公司（STRAUMEKRAFT AS）申请了一种波浪发电装置（公开号 NO325878B）。如图 3－5－15 所示，该波浪发电装置包括浮子 1、绞盘 2、线缆 4、动力传递系统 26、输出轴 10、重构机构 5，重构机构 5 进一步连接到发电机；动力传递系统 26 进一步包含离合器 6。当巨浪来临时，绞盘 2 转速过快，对应的离合器 6 断开，从而将浮子 1 与机械传动机构断开，停止动力的输出，防止对包括发电机在内的动力机构的损坏。

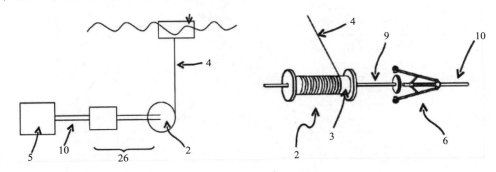

图 3－5－15　NO325878B 技术方案

2）限位

2012 年 10 月 29 日，美国 ENERGY STICS LTD 申请了一种波浪发电装置（公开号 US9624900B2）。如图 3－5－16 所示，该波浪发电装置为直线式发电机形式，发电机模块包括限位板 74、75，在大风浪的情况下，限位板 74、75 有阻止浮子结构进一步向上/向下运动的作用，相应的保证了发电机的安全性。

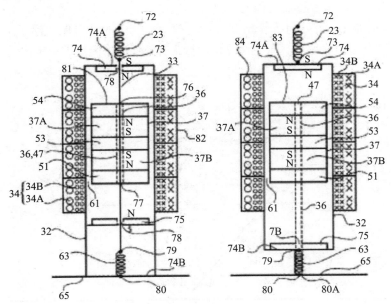

图 3－5－16　US9624900B2 技术方案

3）泄载

2008 年 11 月 21 日，美国的海洋动力技术提出了一种振荡浮子式波浪能转换装置（公开号 US8464527B2），如图 3-5-17 所示，通过在浮子上设置有排水孔 150，使得在大浪下部分波浪可从该排水孔流出，从而降低在大浪下的波浪载荷，防止过载，保证了转换装置的安全运行。

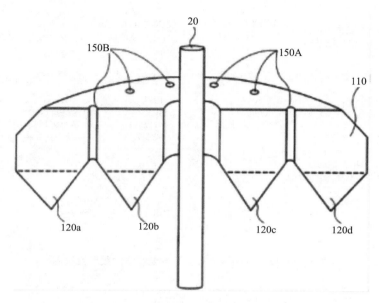

图 3-5-17 US8464527B2 技术方案

从上述的安全性技术分析中可总结出，各申请人主要是针对浮子结构及海洋工程这两个分支进行研究，而通过能量转换上的设计来解决发电装置的安全性具有一定的局限性。针对浮子结构的研究主要集中在将浮子沉入海水中或是将浮子抬离海面，针对海洋工程的研究主要集中在通过海洋工程结构将浮子保护在安全封闭的空间内或是通过海洋工程结构将浮子运送到安全位置。

3.5.2.2 效 率

波浪能地域分布广泛，但是其能量捕获比较困难，因为环境以及转换复杂等因素导致其发电效率较低，制约了波浪发电的商业化进程。因此，如何使得振荡浮子式波浪发电装置能够提高效率成了振荡浮子式波浪发电装置研究中亟待解决的技术问题之一。

参见图 3-5-18，可以看出，为了提高振荡浮子式波浪发电装置的效率，在浮子结构、能量转换、海洋工程及输配电这几个分支上均作了研究，其中，主要集中在浮子结构、能量转换及海洋工程上。

2001 年 4 月 09 日，星浪能源申请了一种波浪能装置（公开号 DK200100573L），参见图 3-5-19。该波浪能装置包括有浮子，其中，浮子附加地设置有金字塔型辅翼，更充分有效地利用了波浪的作用力，提高了波浪发电装置的效率。

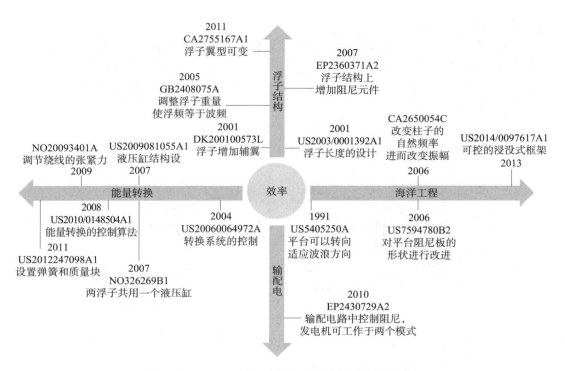

图3-5-18 振荡浮子式波浪发电装置的效率路线图

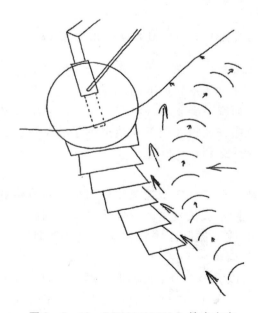

图3-5-19 DK200100573 L技术方案

2001年1月16日，美国海洋动力技术申请了一种波浪能装置（公开号 US2003/001392A1）。如图3-5-20所示，该波浪能装置包括筒形的浮子，基于波长、海深、波高、波浪周期、浮子的密度等参数计算出浮子的最佳高度，有效增加了浮子吸收的能量，从而提高了波浪发电装置的效率。

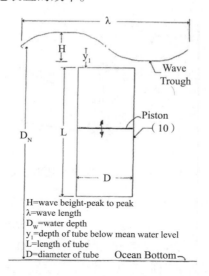

图 3 - 5 - 20 US2003/001392A1 技术方案

2005 年 5 月 18 日，英国的曼彻斯特大学（THE UNIVERSITY OF MANCHESTER）申请了一种波浪能装置（公开号 GB2408075A）。如图 3 - 5 - 21 所示，该波浪能装置包括浮子，该浮子设计为具有与波浪的频率相等的固有频率，从而实现与波浪共振，提高了波浪发电装置的效率。

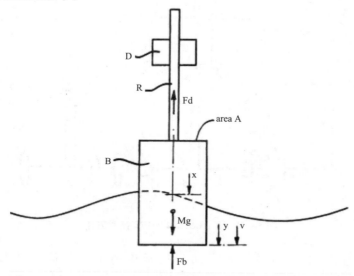

图 3 - 5 - 21 GB2408075A 技术方案

1991 年 2 月 14 日，英国的 ALAN OWLES 申请了一种波浪能装置（公开号 US5405250A）。如图 3 - 5 - 22 所示，该波浪能装置包括可旋转底座，使得浮子能够正对波浪方向，保证浮子能够有效地吸收波浪能量。

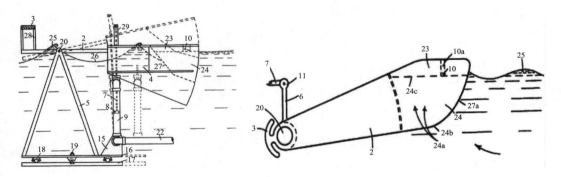

图 3 - 5 - 22　US5405250A 技术方案

2006 年 5 月 1 日，美国的海洋动力技术申请了一种波浪能装置（公开号 US7594780B2）。如图 3 - 5 - 23 所示，该波浪能装置包括第一浮子 10 和第二浮子 20，电力输出装置 100 设置于所述第一浮子 10 和第二浮子 20 之间将波浪能转换为电力输出。其中，第二浮子底端设置有阻尼板 30，提高了波浪对第二浮子 20 的推力；同时在阻尼板 30 的侧边设置其他的阻尼板 40、50、60，降低了阻尼板 30 承受的阻力，减少了湍流，从而提高了整个波浪装置的发电效率。

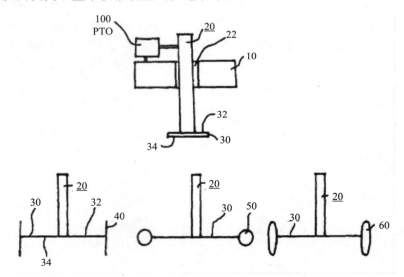

图 3 - 5 - 23　US7594780B2 技术方案

2004 年 1 月 14 日，美国的海洋动力技术申请了一种波浪能装置（公开号 US2006064972A）。如图 3 - 5 - 24 所示，该波浪能装置包括外部的壳体和内部的轴，两者之间的相对运动获取波浪能产生电力输出。其中，可以向壳体或内部的轴输入额外的动力，以提高速度和位移，从而提高整体的电力输出；并基于相关的位移和速度控制相应的输出和输入，从而提高了波浪能装置整体的发电效率。

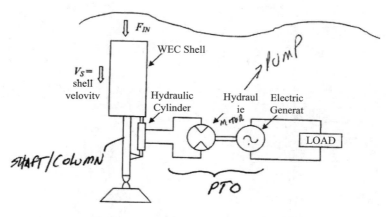

图 3 - 5 - 24　US2006064972A 技术方案

2007 年 9 月 26 日，美国的 WINDLE T J 个人申请了一种波浪能装置（公开号 US2009081055A1）。如图 3 - 5 - 25 所示，该波浪能装置包括浮子 44、活塞组件 40 及活塞缸 38，浮子 44 随着波浪上下运动，空间 37 可膨胀或压缩，产生压缩流体，压缩流体将波浪能输出。上述转换结构简单易操作，降低了转换环节的能量损失，从而提高了波浪能装置的效率。

2007 年 1 月 30 日，挪威的 ERNST JOHNNY SVELUND 个人申请了一种波浪能装置（公开号 NO326269B1）。如图 3 - 5 - 26 所示，该波浪能装置包括浮子 1、浮子臂 3、液压缸 7，液压缸两侧分别设置浮子，其中一侧的浮子与液压缸的缸体连接，另一侧的浮子与液压缸的活塞杆连接，基于两个浮子之间的相对运动产生液压，从而输出动力。上述波浪能装置采用了两个浮子共用一个液压缸的形式，使得转换系统结构紧凑，降低能量转换的损失，提高整体的输出效率。

2009 年 11 月 24 日，挪威的 TOV WESTBYGEREN 申请了一种波浪能装置（公开号 NO20093401A1）。如图 3 - 5 - 27 所示，该波浪能装置包括浮子 15、绳索 13、能量转换装置 12（例如直线发电机），浮子随着波浪上下运动而运动，进而通过绳索带动能量转换装置发电。其中，浮子内部包含控制器 40，控制器 40 基于传感器检测的波浪的情况控制浮子的重量、绳索的张紧度来控制浮子更好地吸收波浪能，从而提高波浪装置的能量吸收效率。

综上所述，为了提高波浪装置的能量吸收效率，一开始，主要是从平台的结构（例如对准波浪的方向）以及浮子结构（例如浮子参数的设计、浮子的辅翼、浮子的固有频率）的属性出发提高波浪能的吸收效率。随后，发展为通过精简波浪的转换环节等，降低损耗，提高转换效率。考虑到上述调整都是固定的，无法满足在不同波浪状况下波浪能装置都能高效运行的要求，因而，后来发展到基于波浪的状况采用控制系统对波浪装置的能量吸收以及转换过程进行实时有效的控制，以提高吸收或转换效率。国内研究在结构等固有属性上努力的同时，更多的应该往精细化控制的方向努力。

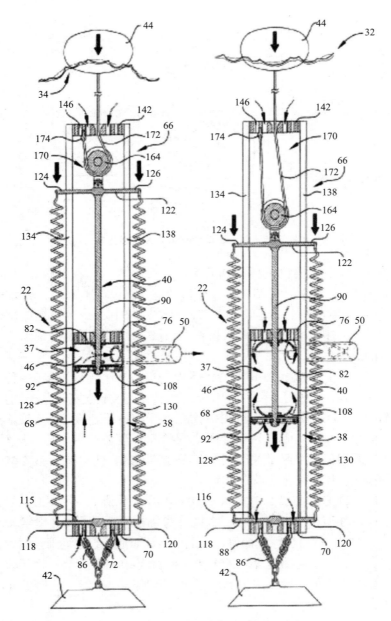

图 3 – 5 – 25　US2009081055A1 技术方案

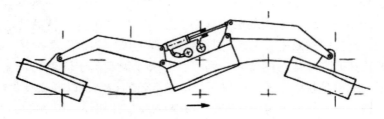

图 3 – 5 – 26　NO326269B1 技术方案

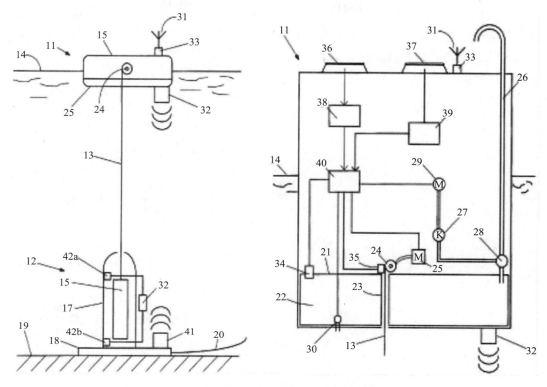

图 3 - 5 - 27　NO20093401A1 技术方案

3.5.2.3　降低成本

　　振荡浮子式波浪发电装置处于海洋环境中，其建造难度大且维护成本高；同时，振荡浮子式波浪发电装置需要承受海洋环境的侵蚀、海生物的附着及强风浪的拍打，对装置的材料及抗御风暴的能力要求极高；而且，海上电力的传输也在一定程度上造成成本增加，这些所产生的高昂成本是影响波浪发电大规模开发利用的主要原因。因此，如何能够最大限度地降低建造及运行成本也是振荡浮子式波浪发电装置研究中的关键技术问题。

　　在波浪发电研究的初期，主要追求各种波浪发电形式，对如何降低振荡浮子式波浪发电装置的成本问题研究的相对较少；到了 2000 年以后，涌现出较多的解决振荡浮子式波浪发电装置成本问题的专利，其在浮子结构、能量转换、海洋工程以及输配电工程这四个分支上均有涉及，可参见图 3 - 5 - 28。

　　2001 年 5 月 4 日，BRUMFIELD DONALD U 申请了一种波压缩空气发电系统（公开号 US2002162326A1）。如图 3 - 5 - 29 所示，浮子 14 通过轴 10 连接活塞 24，在活塞室 32 与气轮机 46 之间设置有一个储气箱 42，当浮子 14 随着波浪的起伏做相应的上下往复运动时，将带动活塞 24 也相适应地做往复运动，进而往复压缩空气，压缩后的空气存储在储气箱 42 中，当储气箱 42 中气体压力达到一定值时则打开阀门 48，气体冲转气轮机 46 旋转发电。其中，在轴 10 与活塞杆 28 之间设置有杠杆机构，通过调节杠杆支点，可使得压缩的气体达到所需压力，这样可以省去额外的动力来对气体加压，进而节省了成本。该专利是从能量转换的结构进行研究，通过设置杠杆结构对有效气体进行增压，进而减少了额外的动力机构，有效降低了成本，属于比较重要的专利。

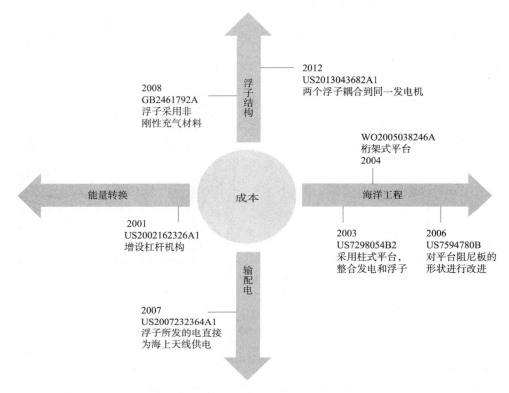

图 3 - 5 - 28　振荡浮子式波浪发电装置的成本路线图

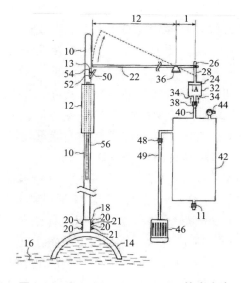

图 3 - 5 - 29　US2002162326A1 技术方案

2003 年 11 月 7 日，WILLIAM WALTER HIRSCH 提出了一种波浪能转换系统（公开号 US2005099010A1）。如图 3 - 5 - 30 所示，浮子 106 通过连接线 110 连接到磁套筒 112 上，磁套筒 112 可沿中心轴 102 上下滑动，在中心轴 102 内设置有导电线圈 114，当浮子 106 上下浮动带动磁套筒 112 也沿着中心轴 102 上下滑动时，磁套筒 112 与导电线圈 114 将会产生相对运动进而切割磁场线进行发电。将浮子及线性发电机均设置在中心轴上，能够有效简化装置结构，降低成本。该专利是通过对海洋工程中的平台结构进行优化，属于振荡浮子式波浪发电装置中解决成本问题的基础专利和核心专利，通过该技术分支来有效解决成本问题一直是振荡浮子式波浪发电装置的研究重点。

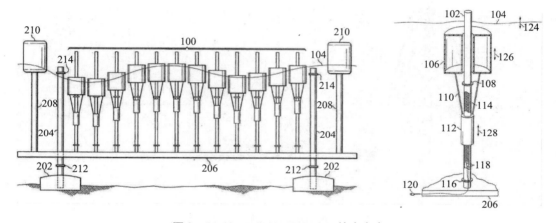

图 3 - 5 - 30　US2005099010A1 技术方案

2003 年 10 月 14 日，星浪能源申请了一种阵列式振荡浮子式波浪能装置（公开号 WO2005038246A1）。如图 3 - 5 - 10 所示，该专利通过将阵列浮子布置在同一桁架式平台上以有效节约成本，其在阵列式波浪发电装置研究中起到重要作用。

2006 年 5 月 1 日，美国的海洋动力技术提出了一种具有压载板的波浪能转换装置（公开号 US7878734B2）。如图 3 - 5 - 31 所示，浮子 100 的上下起伏运动可带动能量转换机构 300 相应地运动进而发电。其中，压载板可采用具有一定预压的杆件或缆线，或采用简单的混凝土结构，从而减少压载板材料的成本。该专利是从海洋工程中平台结构的材料上来降低整个装置的成本，属于比较重要的专利。

同样地，通过材料的选择来降低装置成本在浮子结构技术分支上也有相应的研究。2008 年 7 月 14 日，英国的 MARINE POWER SYSTEMS LTD 申请了一种波浪发电机（公开号 GB2461792A）。如图 3 - 5 - 32 所示，浮子 16 通过连接线 3 连接能量转换装置 5，其中，浮子 16 可采用非刚性充气材料制成，这有助于降低成本。通过对振荡浮子式波浪发电装置相应部件的材料选择来降低整个装置的成本一直倍受关注。

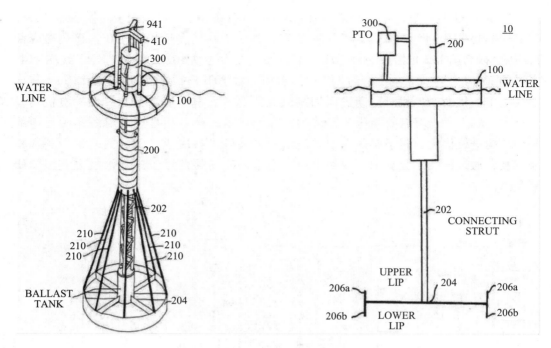

图 3 - 5 - 31　US7878734B2 技术方案

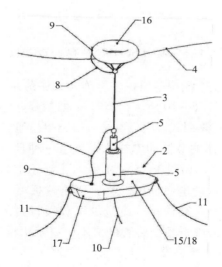

图 3 - 5 - 32　GB2461792A 技术方案

　　随着研究的深入，振荡浮子式波浪发电装置逐渐从一个浮子连着一个能量转换系统的结构演化成两个/多个浮子连着一个能量转换系统的结构。2007 年 1 月 30 日，挪威的 SVELUND E J 提出了一种波浪能利用装置（公开号 NO326269B1）。如图 3 - 5 - 26 所示，左边浮子连接液压缸一端，右边浮子连接液压缸另一端的活塞杆，当左右两个浮子依次做上下起伏运动时，两者的相对运动将推动活塞杆挤压液压油。该专利将两个浮子耦合到同一个液压缸中，可有效减少液压系统的成本。

2009 年 2 月 20 日，美国的 COLUMBIA POWER TECHNOLOGIES INC 申请了一种波浪能转换装置（公开号 US2013328313A1）。如图 3 - 5 - 33 所示，前浮子 11 与后浮子 12 互相耦合连接到同一套能量转换系统，其中，前浮子通过轴 19 连接到发电机的定子部分，后浮子通过轴连接发电机的转子部分，当前、后两个浮子做相对运动时，则可以带动发电机的定子和转子做相对旋转运动。该专利通过将两个浮子耦合到同一发电机中以减少发电机成本。

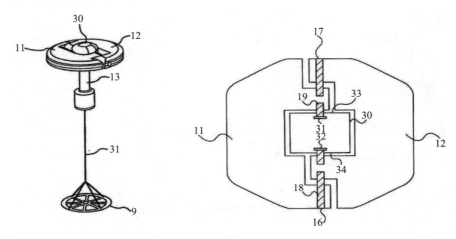

图 3 - 5 - 33　US2013328313A1 技术方案

在输配电工程技术分支上如何降低荡浮子波浪发电装置的成本，主要体现在对电力的输送及使用方式的研究。2006 年 4 月 3 日，美国的海洋动力技术提出了一种波浪能转换装置（公开号 US7965980B2）。如图 3 - 5 - 34 所示，振荡浮子波浪发电装置所发出的电经过转换器 164 后可为传感器或电力设备 174、控制器 172、收发器 170 供电。该装置利用自身波浪能转换装置所发的电力为自身的耗能电器供电，从而有效减少外界电力及蓄电池的供应成本，为振荡浮子式波浪发电装置的成本控制提供了较为重要的专利。

从上述的成本技术分析中可总结出，振荡浮子式波浪发电装置的成本问题在浮子结构、能量转换、海洋工程以及输配电工程这四个分支上均有研究，以海洋工程中的平台结构为主要研究方向，可从平台的结构及材料两方面着手来降低海上平台的成本。浮子结构上主要是从浮子的结构及材料来降低成本。能量转换则主要侧重于能量转换系统的数量简化（例如两个/多个浮子共用一套能量转换系统）来减少成本。至于输配电工程则主要是就近用电原则，降低远距离输电成本，同时，通过将多个振荡浮子式波浪发电装置的电力输出并入同一输送网络来降低成本也是一个重要的研究方向。

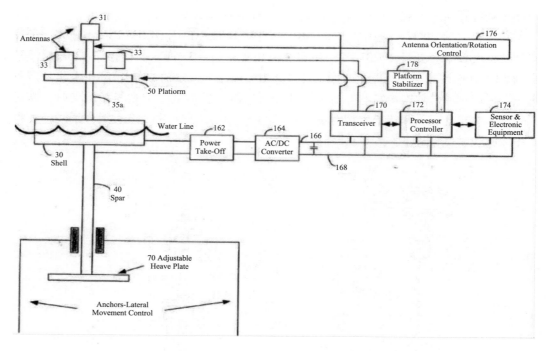

图 3 - 5 - 34　US7965980B2 技术方案

3.5.2.4　适应性

　　海洋环境中的波况（包括波长、波高、波频等）千变万化，如果一套振荡浮子式波浪发电装置无法吸收海洋环境中的主要波况范围，将会大大减少装置的运行时间，降低装置的发电效率，这无疑造成了严重的问题成本及能量的浪费。因此，如何使得振荡浮子式波浪发电装置能够更好地适应不断变化的波况是振荡浮子式波浪发电装置研究中亟待解决的技术问题。

　　在早期的研究过程中，主要通过浮子结构的设计来提高振荡浮子式波浪发电装置的适应性，参见图 3 - 5 - 35。早在 1973 年 12 月 26 日，美国的 TORNABENE M G 提出了一种波浪能装置（公开号 US3930168A）。如图 3 - 5 - 36 所示，其中球形浮子 17 通过浮子臂连接液压缸内活塞，当浮子 17 随着波浪起伏做相应的上下往复运动时，与浮子连接的浮子臂也跟随做往复运动，进而挤压液压缸内液压油，挤压后的液压油经汇聚推动液压马达 111 旋转做功，带动发电机 112 发电。通过改变球形浮子 16 内部结构或者在浮子 16 内部增设额外的重量，进而改变浮子 16 的重量，从而提高对不同波浪的响应能力。该专利是根据实际波况相适应地控制改变浮子的重量，进而使得浮子自身的运动特性相适应于变化的实际波况，有效提高了装置的适应性能力。其被引用次数达到 22 次，属于振荡浮子式波浪发电装置中解决适应性问题的基础专利和核心专利，为后期研究提供了重要参考依据。

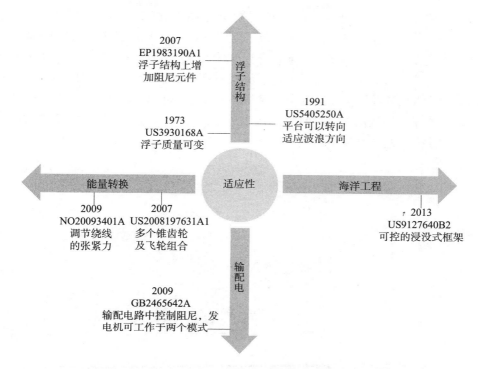

图 3-5-35　振荡浮子式波浪发电装置的适应性路线图

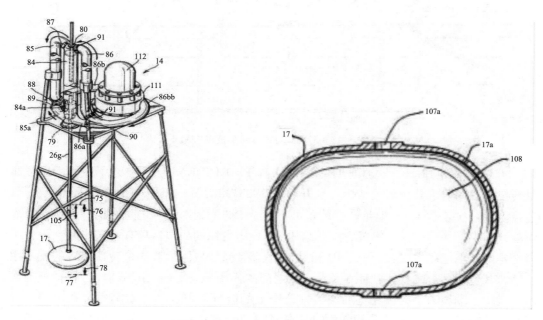

图 3-5-36　US3930168A 技术方案

　　1991 年 2 月 14 日，美国的 ALAN VOWLES 申请了一种波浪能捕捉装置（公开号 US5405250A）。如图 3-5-37 所示，该波浪能捕捉装置 40 包括支撑体 5、控制杆 2 转动连接与支撑体 5，浮子 1 与控制杆 2 的一端连接，控制杆 2 还与活塞杆 7 连接，活塞杆 7 可以连接一往复泵。支撑体 5 底部与减震板 34 连接，减震板 34 可转动的连接于海底，在遭受波浪冲击时，减震板 34 用于使支撑体 5 稳定。波浪通过竖直板 4 和倾斜板 32 的引导，流向浮子 1，并在浮子 1 的后面设置有弯曲板 36，从而可以利用不同的波浪发电，浮子 1 的随波浪上下运动带动控制杆 2 转动，进而带动活塞杆 7 运动，从而使往复泵输出能量。该波浪能捕捉装置通过上述中的浮子构造来吸收更宽范围波高的能量，一定程度上提高了装置的适应性。

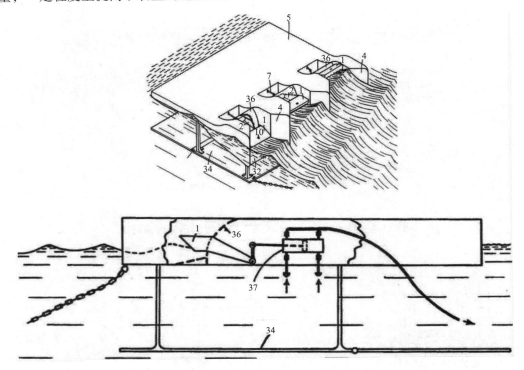

图 3 – 5 – 37　US5405250A 技术方案

2007 年 4 月 18 日，欧洲的 TECHNOLOGY FROM IDEAS LTD 申请了一种用于波能量转换装置的阻尼器和阻尼结构（公开号 EP1983190A1）。如图 3 – 5 – 38 所示，浮子 3 连接能量转换装置 5，该能量转换装置可将浮子 3 与固定部件 4 之间的相对运动转换为电能；其中，在浮子 3 上设置有阻尼结构 2，该阻尼结构 2 包括具有可逆非线性应力 – 应变响应的阻尼能量吸收器 7，阻尼能量吸收器 7 布置成阻尼波能量转换装置的反作用运动，其包括多个设置在圆环 6 及浮子 3 之间的弹簧 8，通过该阻尼结构可自动抵消或阻尼任何极端波力，允许在宽的波频率范围上的能量被俘获。该专利通过在浮子上设置额外的阻尼结构，使得浮子自身的频率可响应于变化的波频，有效地提高了振荡浮子式波浪发电装置的适应性，属于比较重要的专利。

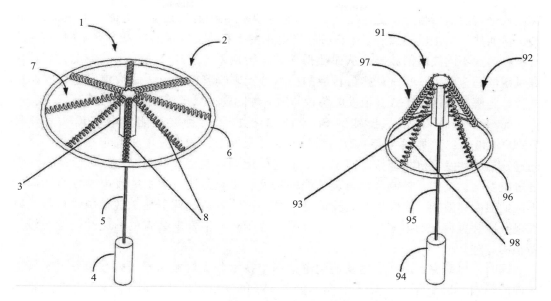

图 3 - 5 - 38　EP1983190A1 技术方案

随着研究的逐步推进，慢慢出现了通过能量转换、海洋工程及输配电这些技术分支中的相关技术手段来改善振荡浮子式波浪发电装置的适应性。2007 年 3 月 5 日，美国的 NOVA OCEANIC ENERGY SYSTEMS INC 申请了一种波浪能转换系统（公开号 US2008197631A1）。如图 3 - 5 - 39 所示，浮动元件 1 通过能量转换器 11 连接到叉状杆元件 2 上，其中，能量转换器为具有锥齿轮及飞轮组合而成的多速度线性转换器，这些齿轮在径向上具有不同的直径，当浮动元件 1 相对叉状杆元件 2 上下浮动时，该多

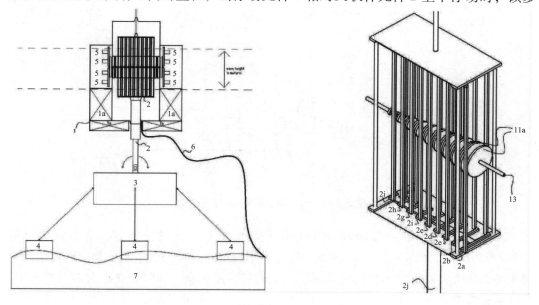

图 3 - 5 - 39　US2008197631A1 技术方案

速度线性转换器可将浮动元件的上下浮动转换为齿轮的旋转运动，进而带动主轴13旋转，从而使得与主轴连接的发电机旋转发电；由于多速度线性转换器具有不同的直径，可吸收转换不同波高的波能，从而使得该波能转换系统适应于宽范围的波况，有效提高系统的适应能力。这是从能量转换的技术分支来改善振荡浮子式波浪发电装置的适应性，为解决振荡浮子式波浪发电装置的适应性问题提供了较为重要的专利。

2009年11月24日，挪威的SKOTTE A提出了一种波浪能发电装置（公开号NO20093401A1）。如图3-5-27，浮子漂浮在海面上，线性发电机固定在海底，浮子通过线与线性发电机相连接，浮子的上下起伏运动可改变线的张紧力，进而使得线性发电机发电；其中，控制系统可调节线的长度、张紧力使得波浪能发电装置可适应于不同的浪高和波频，有效提高装置的适应性。该装置通过调节能量转换中线自身的特性以获取装置良好的适应性，属于解决振荡浮子式波浪发电装置的适应性问题中较为新颖的专利。

同时，也研究了海洋工程及输配电这两个技术分支对振荡浮子式波浪发电装置适应性的影响。2009年5月13日，英国的WAVEBOB LIMITED申请了一种波浪能转换系统（公开号GB2465642A）。如图3-5-40所示，浮子111连接线性发电机中的定子极138，浮子110连接线性发电机中的转换极132，当浮子111和浮子110分别上下起伏运动时，两者存在一个相对运动，进而使得线性发电机中的定子极138和转换极132也存在相对运动切割磁场，使得线性发电机进行发电。其中，输配电路中可控制阻尼，使得线性发电机可工作于两个模式，其中一个模式可从电网中获得电力给线性发电机使得波浪能转换系统可适应不同的波况，提高系统的适应能力。该专利是从输配电技术分支出发，通过输配电路中的阻尼控制来解决装置的适应性问题，属于比较重要的专利。

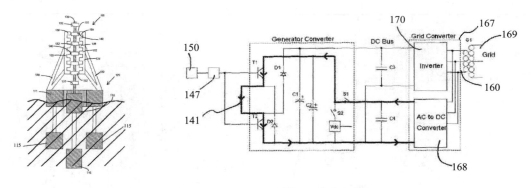

图3-5-40　GB2465642A 技术方案

2013年12月9日，美国的ROHRER J W提出了一种波浪能转换装置（公开号US9127640B2），如图3-5-41所示。该专利不仅可通过控制框架及框架上的浮子浸入海水的深度来有效抵御恶劣的海洋环境，保证装置的安全，同时，在正常运行情况下，还可通过控制调节框架的深度来适应不同的浪高。该专利是从海洋工程中的平台框架进行研究，通过调节框架的深度以适应于不同的浪高，为振荡浮子式波浪发电装置的适应性研究提供了重要参考。

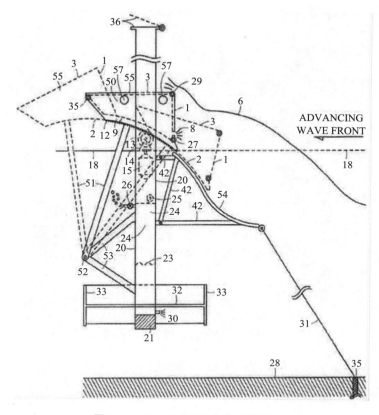

图 3 - 5 - 41　US9127640B2 技术方案

　　从上述的适应性技术分析中可总结出，早期主要是针对浮子结构技术分支来研究振荡浮子式波浪发电装置的适应性问题，随后慢慢出现从能量转换、海洋工程及输配电这三个技术分支来解决振荡浮子式波浪发电装置的适应性问题，其中，针对浮子结构的研究主要集中在改变浮子结构自身特性（例如浮子重量、形状、尺寸等）及增加额外的浮子附件（例如阻尼元件）。

3.5.2.5　稳定性

　　海洋环境中的波况（包括波长、波高、波频等）千变万化，波况的变化直接影响波浪发电的稳定性：在波浪充足的情况下，导致发电机转速过高；在波浪缺乏的时候，发电机输出过低或是无法工作，导致输出不稳定。因此，如何使振荡浮子式波浪发电装置能够稳定输出电力成为了研究中亟待解决的技术问题之一。

　　早在 1985 年 9 月 11 日，美国的 WAVE POWER IND 公司提出了一种波浪能装置（公开号 US4698969A），采用了液压传动的方式，如图 3 - 5 - 42 所示，其中浮子 14 随着波浪的起伏做相应的上下往复运动，进而推动活塞 16 运动产生液压，液压驱动液压马达 67 旋转做功，带动发电机 13 发电。其中，通过设置蓄能器 15，根据能量的情况进行蓄能或释能，从而能够保证液压马达稳定做功，保证发电机输出稳定，有效提高了装置的稳定性。其被引用次数达到了 36 次，属于振荡浮子式波浪发电装置中解决适应性问题的基础专利和核心专利，为后期的研究提供了重要参考依据。

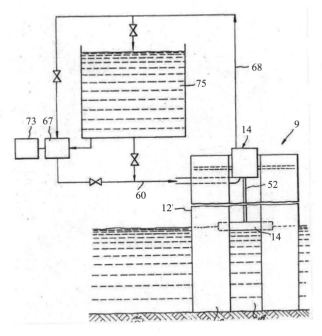

图 3 – 5 – 42　US4698969A 技术方案

1999 年 7 月 16 日，英国的 HUGH – PETER GRANVILLE KELLY 申请了一种波浪能装置（公开号 GB9916779D0）。如图 3 – 5 – 43 所示，该波浪能装置采用了直线式发电机，浮子 14 带动发电机动子 13 上下运动，从而产生电流。产生的电流通过桥式整流器 28、29 调整为直流存储于电容器 30 中，保证在强风或是无风的情况下输出的电能稳定，储存的电流进一步通过转换器 31 和变压器 33 输出至电力系统；该波浪能装置通过设置电容这一环节实现了能量的储存和释放，一定程度上有效地提高了装置输出的稳定性。

2010 年 4 月 7 日，瑞典的 OCEAN HARVESTING TECHNOLOGIES AB 公司申请了一种波浪能装置（公开号 WO2011126451A1）。如图 3 – 5 – 44 所示，该波浪能装置包括浮子 3、绕线 7、轮毂 9、转子 11、配重 19、配重绕线 17、配重轮毂 15、发电机 21，浮子 3 随波浪上升运动带动绕线 7 所围绕的轮毂 9 转动，进而带动转子 11 转动，转子 11 驱动发电机 21 转动发电。同时配重 19 被提升储存能量，配重驱动发电机的第二部分转动，实现发电机 21 第二部分转动发电，释放能量，从而保证能量稳定输出。该波浪能装置通过设置配重这一机械储能装置实现了能量的储存和释放，一定程度上有效地提高了装置的稳定性，属于比较重要的专利，为振荡浮子式波浪发电装置的稳定性研究提供给了重要参考。

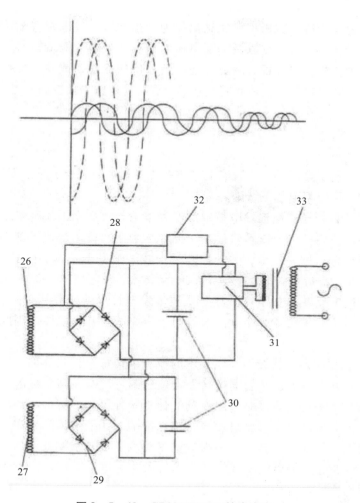

图 3 - 5 - 43 GB9916779D0 技术方案

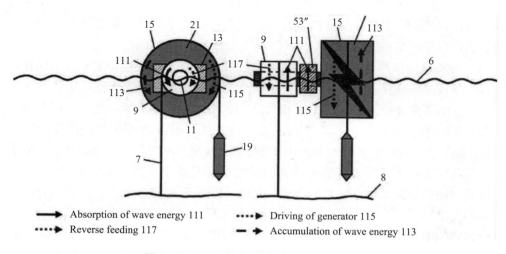

图 3 - 5 - 44 WO2011126451A1 技术方案

从上述的稳定性技术分析中可总结出，为了提高波浪发电装置输出的稳定性，主要是集中在能量转换技术分支以及输配电技术分支，同时，能量转换环节中涉及稳定性的技术手段主要集中在设置有缓冲储能装置，例如液压蓄能器、机械蓄能器或电力蓄能，国内的研究可以基于上述研究的基础上进一步往精细化控制的方向上努力。

3.6 小 结

本章主要分析了振荡浮子式波浪发电技术的专利申请态势、重点专利及引证分析、技术发展路线，可以得出如下结论。

（1）全球振荡浮子式波浪发电技术的专利申请趋势和中国振荡浮子式波浪发电技术的专利申请趋势均经历了技术萌芽期、技术缓增期及技术快速发展期，但中国的技术发展要迟于全球。进一步地，关于振荡浮子式波浪发电技术各个技术分支的研究，从早期的主要集中研究能量转换慢慢转入能量转换、浮子结构、海洋工程的多方面研究，从一定程度上反映出整个振荡浮子式波浪发电技术的研究从单一化走向全面化。由于目前整个振荡浮子式波浪发电技术仍处于研究试验开发阶段，因此在输配电上的研究相对较少。

（2）中国在振荡浮子式波浪发电技术的专利申请量上排名靠前，主要集中在高校及科研院所，且在目标国、原创国排名上均位列第一，但在高质量的专利申请量上与欧美相比还有很大差距。通过对重点专利的分析统计可知，美国、英国和瑞典是重要的研发国，掌握着振荡浮子式波浪发电的核心技术，其中美国的海洋动力技术公司在该领域占据绝对领先地位。因此，国内应重视对该领域的重要技术研发，加强对核心技术的积累和保护，并寻求国际合作、技术与人才引进，扶持国内有潜力的企业，逐步从研发阶段转入产业应用。

（3）分析了申请人西贝斯特对US5696413A重要专利进行持续性研究的过程（即典型重要专利的引证分析），通过分析竞争对手的重要专利，预判其下一步技术研究可能的动向，以便更好地确定今后的研发重点，并且抢先对相关"研发重点"进行专利申请。通过合理的专利挖掘和布局，以规避竞争对手的专利打压。

（4）梳理出振荡浮子式波浪发电技术的发展脉络以及解决各个主要技术问题的演变进程，呈现出振荡浮子式波浪发电技术较为完整的发展路线，为国内振荡浮子式波浪发电技术的研究提供了很好的方向与思路。其中，关于安全性问题，可以从波况高于极限波况时的安全性保护、超过额定波况但是低于极限波况时对应的安全性保护（也即过载保护）这两个方向入手：针对波况高于极限波况时的安全性保护，可致力于浮子抬起或沉入的方式，或者平台结构的研究进而对整个装置实施有效的安全保护；针对过载时的安全保护，可致力于断开、限位、降载等途径的研究，从而保证能量转换机构的安全运行。关于装置的能量转换效率问题，可主要从两个方面入手，一方面为优化装置的固有属性：对平台结构、浮子结构进行优化，精简波浪转换环节、降低能耗；另一方面为对波浪能转换进行精细化控制：基于波浪的状况采用控制系统对波浪装置的吸收及转换过程进行实时有效的精细化控制。关于装置的成本问题，则主要是通过简化海洋工程中的平台结构及选择合适的平台材料来实现，也可从"浮子结构的优化、浮子材料、能量转换装置的简化、避免远距离输电"等方面进行成本控制。关于装置的适应性问题，改变浮子（重量、形状、尺寸、增加阻尼元件等）特性是提高波浪发电装置适应性（对不同波况）的主要方式。关于装置的稳定输出问题，则主要是通过对能量转换环节以及电力输出环节的优化控制来实现。

第4章 振荡水柱式波浪发电专利技术分析

　　振荡水柱式波浪发电装置是波浪发电技术领域的一个重要技术分支，其具有结构简单、性能可靠等优点，已在全球多地获得了实际应用。本章对振荡水柱式波浪发电装置领域专利技术进行分析，具体包括技术概况、专利态势分析、涡轮结构及腔室结构专利技术发展路线分析和重点专利四个方面。通过上述分析梳理，有助于业内人士对振荡水柱式波浪发电装置领域有总体了解，掌握该领域的技术走向和研发热点，从中窥探其未来的发展规划，对中国创新主体提供一定指导和帮助。

4.1 技术概况

　　第1章的第1.2.1节已经对振荡水柱式波浪发电装置的工作原理进行了具体的描述，可知，其主要结构包括涡轮结构和腔室结构两个部分：涡轮结构和腔室结构一直是振荡水柱式波浪发电装置研究的重点；其重点需要解决问题是：如何提高总效率、简化结构和降低成本。

　　涡轮结构研究的主要方向为双向涡轮，即腔室内水柱振荡空气流成为往复的双向气流，涡轮结构能在这种双向气流作用下保持沿同一方向旋转，以提高效率。现阶段较为成熟的涡轮结构为威尔斯涡轮，如图4-1-1所示。

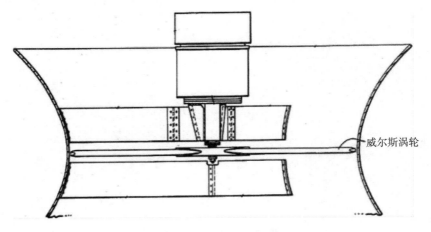

图4-1-1　威尔斯涡轮机

　　腔室结构最初的研究集中在整流压缩的空气流，使其沿着单一方向推动单向涡轮旋转发电；其通常手段是设置并控制吸、排气阀的相应开启和关闭来防止空气出入口在水柱下降时倒流，如图 4 - 1 - 2 所示。目前，为了利用海洋深处的波浪能达到提高效率目的，漂浮式（即离岸，装置是漂浮在海面上的）振荡水柱式波浪发电装置成为现今研究热点，其研发侧重为多个腔室阵列结构、腔室与漂浮式海洋工程结合的结构；同时，为了节省安装维护成本，固定式（即靠岸，在近岸安装的）振荡水柱式波浪发电装置也在稳步发展，其研究方向是与防波堤结合的装置形式。

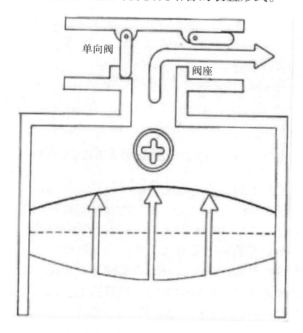

图 4 - 1 - 2　具有阀结构的腔室

4.2　专利申请态势分析

本节共分为四个小节，主要包括对振荡水柱式波浪发电装置的全球专利申请态势、重要申请人、目标国和原创国四个方面分析。

4.2.1　全球专利申请态势

分析专利申请的总体发展趋势有助于企业了解整个行业的发展态势，合理预期某项技术的发展空间，认清行业发展态势，找准自身的定位，有目标、有侧重地进行技术研发。

图 4 - 2 - 1 为全球申请量与多边申请量发展趋势。从该图申请量发展趋势曲线可以看出：

1972 ~ 1984 年，全球专利申请量出现了第一个快速增长期。此源于 20 世纪 70 年代的世界石油危机，世界沿海国家纷纷把目光转向海洋能源，不断投入大量资金、开展波浪能开发利用研究。该时间段为振荡水柱式波浪发电技术的理论和实验研究阶段。

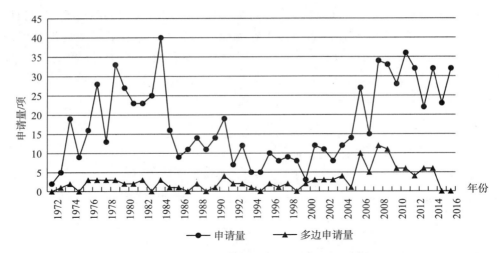

图4-2-1　振荡水柱式波浪发电领域全球申请量与多边申请量发展趋势

1985～2003年，全球专利申请量呈波动下滑趋势。在经过理论和实验研究后，该时间段主要进行的是振荡水柱式波浪发电装置的海况实验和应用示范研究，为理论向应用的转化期，与之对应的专利申请量较少，出现波动下滑趋势。

2004～2007年，全球专利申请量出现了第二个快速增长期。此源于陆地矿物燃料日趋枯竭，环境污染日趋严重，环保、可持续发展等观念使世界上一些主要的沿海国家再一次把目光转向海洋能源，对振荡水柱式波浪发电技术的研究日趋深入，出现了新的技术创新，带来了新的一轮专利申请高峰。

2008年，全球专利申请量突然下降，主要是受金融危机影响，各国申请量都有所下降。

2009年以后，全球专利申请量处于波动下降的状态，主要是由于振荡水柱式波浪发电技术在实验阶段、小型试用阶段虽然取得了一定的成绩，但是在产业应用方面遇到了一些瓶颈，无法实现大规模商业化，研发热情开始降低，转而研发其他形式的波浪发电装置，故申请量开始波动并有所下降。

另外，从图4-2-1中可以清晰地发现，多边申请量的曲线始终依附于全球申请量曲线下方，保持相对稳定的距离，两条曲线走势基本一致，说明多边申请量和全球申请量密切相关。在2005年之前多边申请量基本上保持在5项以下水平，此阶段为在各自国家申请的阶段，还没有开始对海外市场进行专利布局；在2005～2015年，多边申请量急剧增长，此阶段为开始向海外市场进行专利布局，因此申请量开始增加。

图4-2-2为各分支申请量趋势。从该图中可以看出，腔室结构的占比较大，为74%，涡轮结构占17%。

在图4-2-2（a）中的腔室结构申请量趋势和振荡水柱式波浪发电装置的全球申请量趋势基本上保持一致；在图4-2-2（b）中的涡轮结构的申请量在2002年之前基本上保持在5项以下水平，2002～2012年申请量开始增长，但都基本上保持在10项左右，申请量较少。

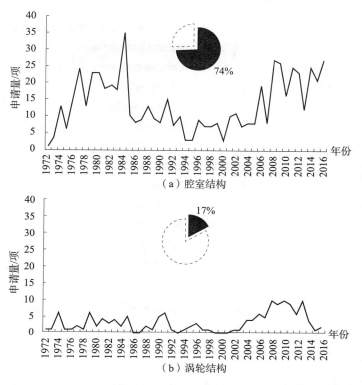

（a）腔室结构

（b）涡轮结构

图 4 - 2 - 2　振荡水柱式波浪发电领域各技术分支全球申请量趋势和占比

4.2.2　重要申请人分析

专利申请人是专利申请的载体，也是专利布局的谋划者。分析专利申请人，可以知道振荡水柱式波浪发电技术在全球范围内主要掌握在哪些企业手中。因此通过分析该领域主要申请人的状况，明确重要申请人分布情况等，为国内相关主体的学习、引进、合作或并购等提供依据。

一般来说，专利申请数量可以反映某申请人的研发投入情况、专利申请积极性等。下面从专利申请量的角度对振荡水柱式波浪发电技术领域的重要申请人进行分析。

图 4 - 2 - 3 是依据申请量的情况给出了全球排名前 14 的重要申请人，可见，申请量排名第一位的是三菱电机株式会社，申请量为 16 项；排名第二位的是中国科学院，申请量为 12 项；排名第三位的是沃依特专利有限责任公司，申请量为 10 项，该公司主要从事专利撰写和运营。在申请量前五位中有三家日本企业，分别是三菱电机株式会社、日本东北电力（TOHOKU ELECTRIC POWER）和日立，这三家公司是早期参与海洋波浪能研究的日本老牌企业，1975 年起便开始有振荡水柱式波浪发电装置专利申请，可见日本在振荡水柱式波浪发电装置领域处于领先地位。中国排名前几名的申请人分别是中国科学院、天津大学、长沙理工大学和浙江省海洋水产研究所，可以看出中国的申请人主要是科研院校，而国外的大部分是企业，中国与国外在产业应用上差距较大。

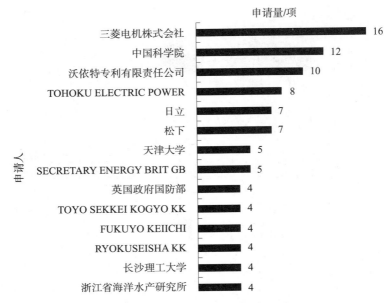

图 4 - 2 - 3　振荡水柱式波浪发电装置领域全球重要申请人的申请量分布图

4.2.3　目标国/地区分析

以目标国为切入点，了解各国的专利布局策略，国内企业在申请相关专利时，可以根据该布局策略作相应的调整，从而更好地规避风险。

课题组针对全球各个国家在振荡水柱式波浪发电装置领域的专利申请国家和地区分布情况进行了统计分析，如图 4 - 2 - 4 所示。可以看出，欧洲的专利申请量位居榜首，占比达 33.25%；其次是日本，占比达 21.55%；美国以 13.89% 的占比排名第三；排名第四的是中国，占比为 9.93%。从图 4 - 2 - 4 可以看出，欧洲地区占据全球专利申请量的 1/3 左右，这与欧洲波浪能资源分布丰富有关，良好的地理环境条件，激发了欧洲对波浪能开发的热情。

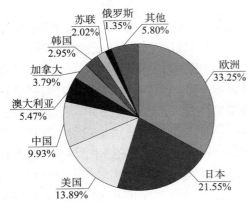

图 4 - 2 - 4　振荡水柱式波浪发电装置领域
全球专利申请国家和地区分布图

图 4 - 2 - 5 为节选部分国家和地区的专利申请趋势。从图 4 - 2 - 5（a）中可以看出，欧洲在 1973 ~ 1980 年出现了大量专利申请，这段时间是由于欧洲开始关注和开发海洋能，因此与波浪能相关的专利申请量上升；1981 ~ 2004 年专利申请量开始下降，且处于波动状态；到了 2005 年后，专利申请量又开始上升，直至 2012 年以后开始下滑，这段时间主要是由于欧洲加大对波浪能这种可再生能源的开发投资力度加大，后面申请量下滑，是由于研发者热情降低。

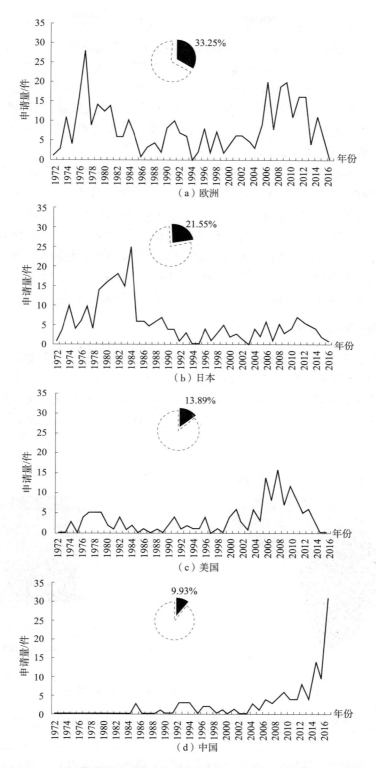

图 4 - 2 - 5   振荡水柱式波浪发电装置领域部分国家和地区专利申请趋势

从图4-2-5（b）中可以看出，日本申请量在1973～1984年和整个欧洲差不多，且在1984年申请量达到井喷式的增长，但之后其申请量呈现陡坡式下滑，并于1984年之后趋于稳定。究其原因，日本于1974年开始筹建"海明"号波力发电计划，该计划是由日本海洋科学技术中心牵头，美国、英国、挪威、瑞典、加拿大等国参加的一项国际合作研究，在研发"海明"号的试验过程中投入了极大的科研力量并进行了大量的专利申请，但由于"海明"号的发电效率令人失望，试验结束后其被送往船厂解体，该项目终止，1984年之后申请量呈现陡坡式下滑。

从图4-2-5（c）和图4-2-5（d）可以看出，美国和中国的申请量在2000年后有显著增长的势头，这与近年来不断增长的可再生能源需求密不可分。

中国振荡水柱式波浪发电技术领域的研究起步较晚，其申请量从2000年以后迅速增长，这是由于我国在海洋可再生能源上的重视，投入了大量的人力、资金并且制定了相应的政策，中国的部分高校、科研院所及企业纷纷投入波浪发电装置领域的研究，研究力度不断加大；到2016年，中国的年度申请量达到全球第一。由此看出，中国振荡水柱式波浪发电技术领域的研究起步虽然较晚，但是其后续发展迅猛。

4.2.4 原创国/地区分析

本小节将专利申请优先权国/首次申请国作为首次申请国家，即原创国，以便于对振荡水柱式波浪发电装置的专利申请进行国别分析。

如图4-2-6所示，从占比来看，日本、欧洲、中国分列前三位，美国紧随其后，韩国、苏联分列第五位、第六位。在该领域，除了上述六国之外，其他国家和区域的申请量相对较少。

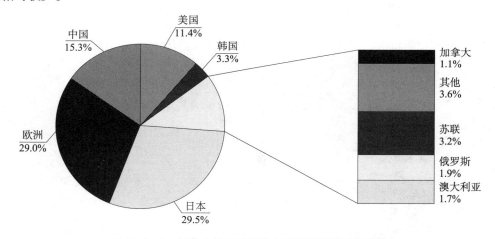

图4-2-6　振荡水柱式波浪发电装置领域原创国分布

欧盟各国之间经济、科技的相互促进，其不管是经济还是技术，都极为强劲，其中，英国是波浪发电装置领域的研究主体。英国具有全世界最好的波浪能资源，尤其在苏格兰北部地区，英国很早就制定了能源多样化政策，鼓励发展包括海洋能在内的各种可再生能源，并把波浪发电的研究放在可再生能源研究的首位，先后建立了多个波浪能研究中心及波浪发电站。

日本作为科技强国，也同时是能源匮乏的岛国，致使日本在波浪发电领域投入了大量的研究，其中日本三菱电机株式会社、日立在振荡水柱式波浪发电技术领域的技术攻关作出了突出的贡献。

中国作为近年来在振荡水柱式波浪发电技术领域的后起之秀，正是得益于中国政府在可再生资源上的重视与政策支持，也促使包括科研院所、高校及企业在研发上的大量人力和资金上的投入，因此进入了前三强的排位。

美国作为高能源消耗的发达国家代表，也是科技强国，近年来也不断将目光投向波浪能资源的开发利用，政府和很多科研机构投入了大量资金用于波浪发电装置的研发。

日本、欧洲作为全球两大原创国家或地区，对在技术创新方面的投入是比较重视的。相对而言，中国在专利申请的数量上占绝对优势，但大部分技术都是国内申请，申请质量有待进一步提高。

4.3　涡轮结构专利分析

为了更清楚地了解振荡水柱式波浪发电装置中涡轮结构领域的发展状况，本节将重点对涡轮结构领域的专利技术发展脉络进行分析，对未来技术走向进行预测，为致力于该领域技术研发的国内企业、科研院所等提供相关信息，以期对它们未来的科研、生产提供一定的指导，同时提供重点专利供国内创新主体参考。

4.3.1　专利技术发展路线

振荡水柱式波浪发电装置的技术特点是产生往复运动非稳态气流，其需要解决的技术问题是：如何使得涡轮可在因波动而形成的周期变换方向的空气流作用下做单方向旋转，以提高涡轮固有的运转效率。这是涡轮结构研究的主要方向。

图 4-3-1 为全球涡轮结构专利技术发展路线。该专利技术发展路线涉及威尔斯涡轮、无阀式冲击式涡轮、变桨叶片涡轮和双转子涡轮四条路线，四者形成一个统一整体，共同影响涡轮结构设计，达到简化结构、提升效率目的。对威尔斯涡轮、无阀式冲击式涡轮、变桨叶片涡轮和双转子涡轮的发展路线进行研究，有助于了解振荡水柱式波浪发电装置的涡轮结构技术的发展历史和现状，明确涡轮结构技术的未来发展方向。

4.3.1.1　威尔斯涡轮

最初的威尔斯涡轮出现在 1977 年由贝尔法斯特女王大学的威尔斯教授提出的专利 US4221538A 中。该专利技术方案如图 4-3-2 所示。其具体的结构是具有单平面轴流风机的对称翼结构，其带有径向延伸的具有翼型剖面形状的叶片，翼型基本与翼弦线对称，叶片固定在翼弦线上，叶片的零升力平面垂直于转子轴线，结构简单，造价低。在随后的几十年里，各国研究人员对威尔斯涡轮的改进持续进行；在 1982 年三菱电机株式会社的专利 JPS58220973A 中，在单平面轴流风机的威尔斯涡轮的基础上，提出对

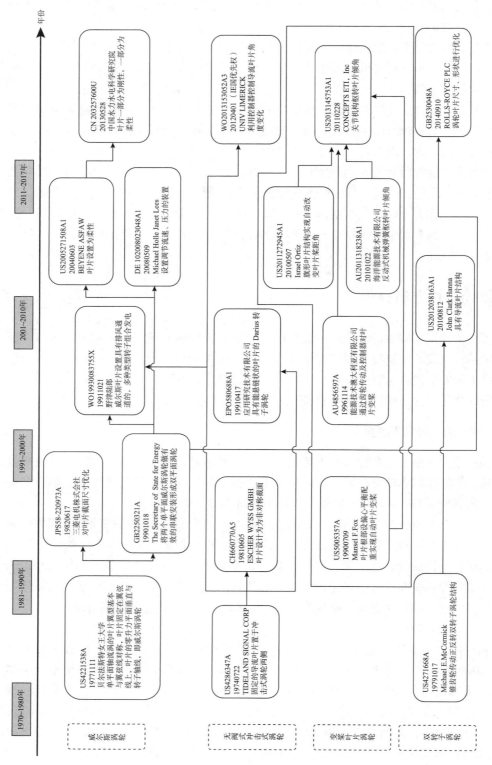

图 4-3-1　全球涡轮结构专利技术发展路线

威尔斯涡轮叶片进行尺寸和结构上的优化，以使得其具有最佳的效率和使得其叶片空气动力学性能提高。然而，初期的威尔斯涡轮常出现失速问题，并经常导致波浪发电装置停机，这种发生失速的原因在于，初期的威尔斯涡轮是根据预测的空气流的强度来设计，但在各个不同海洋区域时进入腔室的波的尺寸是无法控制的，因此，当较大尺寸的波进入腔室中时，其动量会使相应的流过涡轮机叶片的空气流速变得更强；同时，在叶片设计上，叶片的转速不能相应地增大以平衡增强的空气流，空气流对叶片的冲角增大超过失速角度，涡轮机出现失速。为了解决这个问题，1990 年威尔斯教授的专利 GB2250321A（该专利技术方案如图 4 - 3 - 3 所示）提出将两个单平面威尔斯涡轮作有效的串联安装形成双平面涡轮机，以解决失速问题。

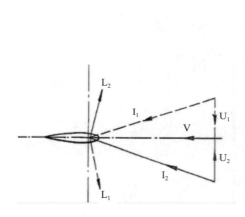

图 4 - 3 - 2　US4221538A 技术方案

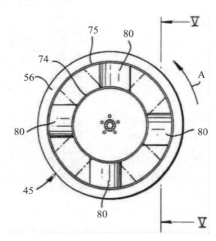

图 4 - 3 - 3　GB2250321A 技术方案

　　1991 年，野津陆郎的专利 WO1993008375X（该专利的技术方案如图 4 - 3 - 4 所示）提出了将威尔斯涡轮与其他涡轮共同集成发电，其集成了威尔斯涡轮、无阀式冲击式涡轮、双转子涡轮结构，其能在大浪的区域发出较多的电量。2004 年，BEYENE AS-FAW 提出专利 US2005271508A1（该专利的技术方案如图 4 - 3 - 5 所示）其为了解决威尔斯涡轮的启动特性差、噪音大的问题提出了将叶片设置为柔性的。

　　尽管双平面威尔斯涡轮可以解决失速问题，但其代价是总效率受损失，表现在第一组叶片经常处于失速或停车的状态而未发挥作用，而第二组叶片以降低的速度和效率运转，其原因在于第一组叶片的失速和空气流被第一组叶片阻断使总的空气流速降低并变得平缓。对此，2008 年，Michael 的专利 DE102008023048A1，该专利的技术方案如图 4 - 3 - 6 所示，提出设置调节流速、压力的装置，改善其效率的同时，避免涡轮叶片的损坏。在 2013 年，威尔斯涡轮得到了进一步的发展，中国水利水电科学研究院的专利 CN203257600U（该专利的技术方案如图 4 - 3 - 7 所示）提出将叶片设置为一部分刚性、一部分柔性的结构，该结构重量轻，在弱波浪气流下也能正常旋转，保证发电机连续发电。

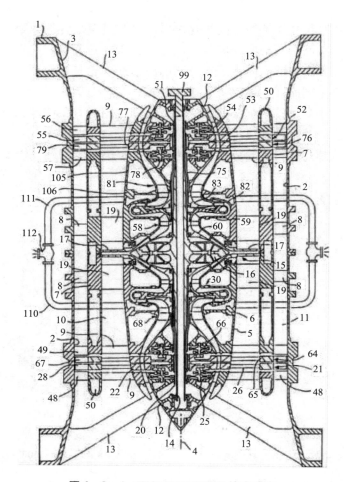

图 4 - 3 - 4 WO1993008375X 技术方案

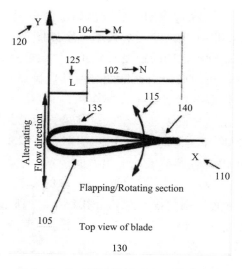

图 4 - 3 - 5 US2005271508A1 技术方案

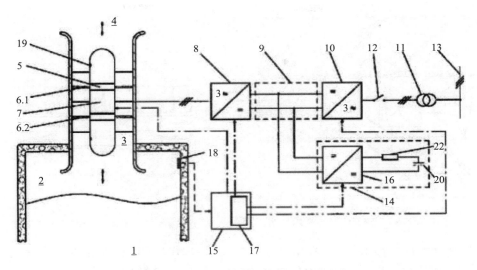

图 4 - 3 - 6　DE102008023048A1 技术方案

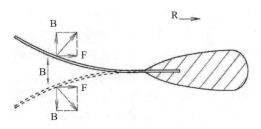

图 4 - 3 - 7　CN203257600U 技术方案

　　总的来说，威尔斯涡轮结构已经是现在主流和比较成熟的涡轮结构，未来的研究也主要会集中在材料、结构的进一步优化，且进一步作提高威尔斯涡轮的效率、启动特性及降低噪音的研究。

4.3.1.2　无阀式冲击式涡轮

　　冲击式涡轮为了应对往复气流问题可分为单阀式冲击式涡轮和无阀式冲击式涡轮。按照导向叶片的不同，单阀式冲击式涡轮由可分为单阀式固定导叶冲击式涡轮、单阀式自调节导叶冲击式涡轮。单阀式冲击式涡轮由于单向栅格阀门的作用只利用一个方向的气动能量，整体转换效率不高，而且阀门在高频往复气流作用下频繁碰撞，容易损坏，而无阀式冲击式涡轮不需要阀门结构，其涡轮结构简单。本节主要针对无阀式冲击式涡轮的专利技术发展路线进行分析。

　　1974 年，为了直接利用双向气流的作用，美国潮间地信号公司的专利 US4286347A（该专利技术方案如图 4 - 3 - 8 所示）设计了在冲击式涡轮两端装配有导叶组，导叶组一端起到导流作用，另一端起到流阻作用。1981 年，专利 CH660770A5（该专利技术方案如图 4 - 3 - 9 所示）提出了将冲击式涡轮的截面设计为非对称，其截面垂直空气流方向，以增大吸收空气流的效率。

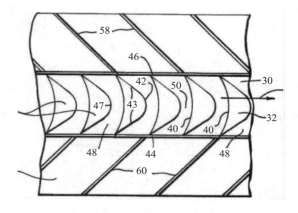

图4-3-8　US4286347A 技术方案

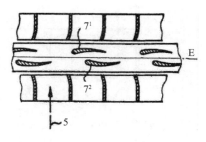

图4-3-9　CH660770A5 技术方案

1991年，应用研究及技术有限公司的专利 EP0580688A1 （该专利技术方案如图4-3-10所示）提出了在波浪发电装置包括一个位于壳体中的"Darius 转子"，壳体至少有一个开口以引导振动的空气流以轴对称的方式进入或离开转子，其中转子包括许多悬链状的叶片，从而离心负荷由叶片拉伸力平衡。这里的"Darius 转子"是间隔设置在罩内结构中的，其基本上是定常的弦长和基本上为零的倾角翼形的叶片，并且相对转动轴是基本上轴向成一条直线的，从而径向流体进入和流出罩子结构引起该结构相对所述轴的转动。通常，相对于每个叶片的暴露长度以基本上不变的圆周速度产生合成转动，这种结构的优点在于，原则上，它对于给定的直径、尖端速度和叶片/间距比（密实度）与单个平面转子相比，提供了4倍的动力；通常通过来自悬链线形状、相对离心力，使得叶片在拉伸状态下被支承，从而，大约为叶片长度的一个转子半径暴露在径向气流中，因而，罩子结构制造最好是相同的或很接近这一形状，Darins 类型结构不仅限于具有类似最大离心应力的有效的叶片支承，叶片更加均匀的周向速度分布，两级内在特性改善了较低强度下所需高效率运行的动力密度；2012年，UNIV LIMERICK 的专利 WO2013153052A3 （IE 国优先权）（该专利技术方案如图4-3-11所示）提出了一种双向可调导叶冲击式涡轮，对导流叶片进行变桨来提高涡轮转化效率，具有转换效率高、曲线平缓、频带较宽、维修成本低和启动性能佳的特点。在规则波条件下，双向可调导叶冲击式涡轮最高转换效率可达53.3%，但由于要受到一天几万次往复式气流的作用，导流叶片运动频率过高，涡轮结构设计复杂，材料性能要求较高。

可见，未来对于无阀式冲击式涡轮的研究，主要还是集中在提高其转化效率上，并致力于克服双端导流叶片流阻大的问题。

4.3.1.3　变桨叶片涡轮

在"变桨叶片"研究方面，主要针对变桨方式进行了改进，以期节省机械维修成本，简化结构，提高总体空气流利用效率。

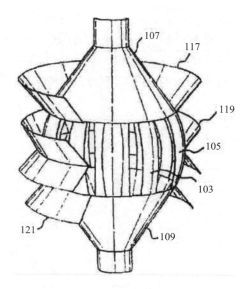

图 4 - 3 - 10　EP0580688A1 技术方案

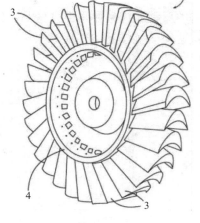

图 4 - 3 - 11　WO2013153052A3 技术方案

1990 年，Mansel 的专利 US5005357A（该专利技术方案如图 4 - 3 - 12 所示）提出能适应空气流方向自动"变桨叶片"，该叶片通过在叶片根部设置偏心平衡配置来实现机械自动变桨，这种变桨方式对往复空气流的适应性较差。故而，1996 年，能源技术澳大利亚有限公司的发明专利 AU4856597A（该专利的技术方案如图 4 - 3 - 13 所示）提出的通过齿轮传动和控制器联合精细控制叶片桨距角变化，使得叶片能够快速且准确地适应往复空气流，提高其效率；但是其控制器结构导致叶片的维护成本且外界环境适应性不好。

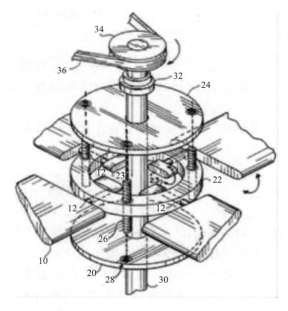

图 4 - 3 - 12　US5005357A 技术方案

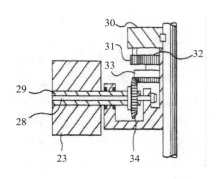

图 4 - 3 - 13　AU4856597A 技术方案

2010 年，美国专利 US2011272945A1（该专利的技术方案如图 4 - 3 - 14 所示）对叶片形状进行改进，采用能适应空气流向变化的旗形叶片。海洋能源技术有限公司的专利 AU2011318238A1（该专利的技术方案如图 4 - 3 - 15 所示）提出了利用更加精密的机械结构的反动式机械弹簧进行变桨。但这些结构都无法避免机械维修的复杂性且不能准确快速地适应往复空气流。

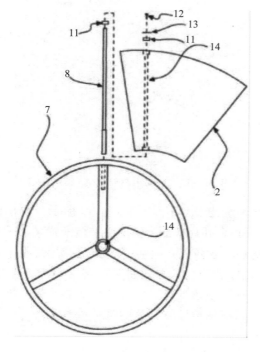

图 4 - 3 - 14　US2011272945A1
技术方案

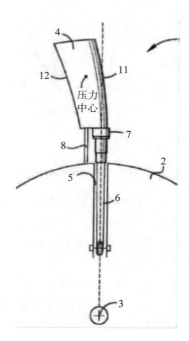

图 4 - 3 - 15　AU2011318238A1
技术方案

2011 年，美国专利 US2013145753A1（该专利技术方案如图 4 - 3 - 16 所示）提出了利用关节机构来变桨，其关节机构维护方便且具有更好的适应性，能极大地提升叶片变桨的反应时间和效率。

可以预期，未来对于"变桨叶片"的研究会集中在变桨结构的简单化、降低维修成本和变桨控制等方面。

4.3.1.4　双转子涡轮

1979 年，Michael 的专利 US4271668A（该专利技术方案如图 4 - 3 - 17 所示）提出了利用两组对称的涡轮组，来利用往复的空气流，其对称涡轮组中间采用锥齿轮传动机构；同时，由于该种涡轮组采用两组对称的涡轮组，当空气吹动一组涡轮旋转做功时，另一组涡轮也跟着做旋转运动而产生斥气损失，导致整个机组损失较大，其透平出口漏气损失也较大，进而导致转换效率降低。为此，在 2010 年，美国专利 US2012038163A1（该专利技术方案如图 4 - 3 - 18 所示）采用特殊设计的导叶使气流几乎只能单向流动，来降低斥气损失，涡轮机具有一级喷嘴叶栅和一级动叶栅，其中喷嘴叶栅和动叶栅的空气进口均大于出口，其机械效率较高，是由于低参数的空气具有可压缩性，渐缩式流道将空气的压力能转化为动能，从而提高了气动效率。

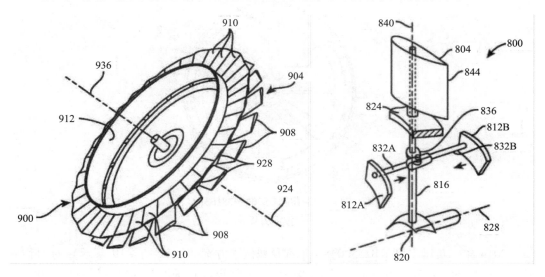

图 4 – 3 – 16　US2013145753A1 技术方案

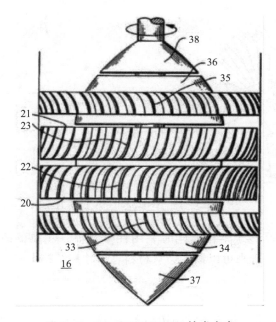

图 4 – 3 – 17　US4271668A 技术方案

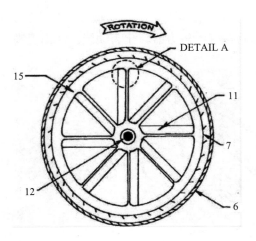

图4 – 3 – 18　US2012038163A1
技术方案

2014 年，英国专利 GB2530048A（该专利技术方案如图4 – 3 – 19所示）对对称涡轮组的叶轮的形状和尺寸进行了进一步的优化，使得双转子涡轮的机械效率最大化。

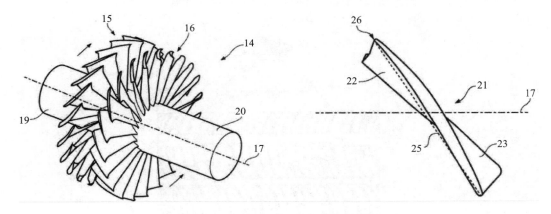

图4 – 3 – 19　GB2530048A 技术方案

双转子涡轮的正反转子结构能同时利用往复气流，主要的改进方向是提高效率，减小斥气和漏气损失，未来可以预期会从材料、尺寸和结构上进行优化。

4.3.2　重点专利

本小节考虑了同族数、技术点、引用频次、企业关注度等多个因素，给出表4 – 3 – 1的重点专利，其中对申请人、技术重点和附图等相关信息都给予注释。

表 4 - 3 - 1　涡轮结构重点专利

公开号	申请日/优先权日	申请人	发明名称	技术重点	附图
EP2047067B1	20060726	PETER BROTHER HOOD LTD（彼得兄弟有限公司）	一种用于双向流的冲击式涡轮	一种双向流冲击式涡轮装置，包括：转子，转子可旋转地安装以围绕所述转子沿轴线旋转，并具有环绕转子沿圆周围设置的多个转子叶片；第一组导向轮叶 140，第一组导向轮围绕轴线沿圆周围设置并位于转子的一个轴向侧上；第二组导向轮叶 142，第二组导向轮叶围绕所述轴线沿圆周围设置并位于转子的相反的轴向侧上；和第二组导向轮叶围绕定限定环形流动通道的第一和第二环形导管，第一和第二环形导管分别设置在第一组导向轮叶与转子之间，用于将流体从第一组导向轮叶引导到转子叶片，其中：所述第一组和第二组导向轮叶被设置在比转子叶片更大的半径处，使得第一组和第二组导向轮叶从所述转子叶片径向偏移，提供振动水柱泵取的反向双 - 向流操作，提供解决当经冲击式涡轮的流周期地反向时，总效率低下的问题	
DE102006057383A1	20061204	WOESE PATENT CO LTD（沃易斯专利有限公司）	利用海浪能量的涡轮机系统	一种利用海浪能量的涡轮机系统，其特征在于，包含：一个腔室，在其下端和上端相应设有一个开口；一个管道 5.1，其两端敞开用于引导空气流；腔室的下端浸入海水中，并且其上端的开口连接管道 5.1 的一个末端；一个喷雾单元 5.5、5.6，其连接一个干溶解盐的液体介质源或液体介质源，并将该喷雾介质施加在转子叶片上，能量单元包括至少一个具有转子叶片的涡轮转子 5.2、5.3 和一个发电机 5.4，发电机同轴安装在转子上并与其驱动连接，通过这种结构提高效率	

续表

公开号	申请日/优先权日	申请人	发明名称	技术重点	附图
CN101749167A	20081210	栎力股份有限公司	正倒虹吸式海浪发电方法及发电机	一种正倒虹吸式海浪发电机，其特征在于包含：一个正倒虹吸管，是由分别装配在两侧的一个正虹吸管和一个倒虹吸管连通组合而成，该正虹吸管伸入海水中；一个双向水轮机，设于该正虹吸管道的较高处，并高于海面，该双向水轮机设有一个承轴；一个发电机设有一个承轴，由所述双向水轮机的轴承驱动。其发电方法具体为：首先利用正倒虹吸管道借助虹吸管原理将一端的海水经较高处再传送到更低的另一端，其高处与高于海浪的起伏状而产生的海水高处的双向水轮机将海水高处的能量转换为动能输出，进而带动发电机发电。该发电机能在提高发电效率、增加经济效益的前提条件下，进一步简化装置，且由于本发明所述的发电机置于高于海水的陆地或船舶等浮体上，更加方便，也不易损坏	
AU2010327325B	20101203	WAVE POWER RENEWABLES LTD	涡轮机中的改进	一种涡轮机，其具体的包括壳体，能量转换单元以及流动控制装置，流动控制装置能够选择性地移动，以便封闭该流动通道的预定部分，以至于该工作流体被引导而作用于该能量转换单元的某一区段，流动控制装置能够在第一构形与第二构形之间移动以对流动通道进行改变，在第一构形中该流动控制装置封闭该流动通道的第一部分，以至于该工作流体能够作用于该能量转换单元的第一运行区段；并且在该第二构形中该流动控制装置封闭该流动通道第二部分以至于该工作流体能够作用于该能量转换单元的第二运行区段。该涡轮机与目前在海浪能量提取系统中使用的涡轮机相比，可有利地实现范围直至约20%的效率的增加	

续表

公开号	申请日/优先权日	申请人	发明名称	技术重点	附图
AU2011318238A1	20111021	WAVE POWER RENEWABLES LTD	涡轮机转子组件	一种涡轮机转子组件,用于从振荡工作流体提取能量,涡轮机转子组件1包括:毂2,能够围绕中心轴3旋转;多个叶片4,能够围绕中心轴安装到毂,每个叶片具有前边缘11和后边缘,其中,前边缘和后边缘被构造成在形状上彼此互补,使得叶片能够以彼此相邻的边缘与边缘紧密配合的方式安装。有利的是,由于如上所述的每个机构,使得涡轮机叶片能够独立,再者,对于两种气流方向控制叶片的桨距控制的吸气周期和排气周期可彼此独立,使得叶片保持关闭直到在气室中达到预定压力为止的幅度,从而增加了提取的气动能量的量并提高了涡轮机的效率	
WO2013/153052A2	20120412	UNIVERSITY OF LIMERCK	带有控制导向叶片机构的脉冲涡轮	一种带有控制导向叶片机构的脉冲涡轮,它包括一套第一导向叶片5及第二导向叶片6、第一导向叶片5安装在带有转子的轴上,第二导向叶片6安装在另一根带有涡轮10的轴上。控制器100接收来自涡轮轴向上的气体流动,驱动装置50用于驱动第一导向叶片和第二导向叶片的转动。控制器驱动第一号导向叶片和第二号导向叶片的转动,进而使第一号导向叶片和第二号导向叶片的角度同步变化;通过使管道内气体方向随喷嘴和扩散器的角度而同步变化式来提高涡轮发电效率	

公开号	申请日/优先权日	申请人	发明名称	技术重点	附 图
ZA201408905 A	20120504	FRIEDENT HAL R	用于产生能量的装置	用于产生能量的装置，其包括：壳体；通道，其延伸穿过壳体，具有第一端和第二端之间的流体流动；以及涡轮机 62，安装在通道内的位置，以用于绕着轴线旋转，该涡轮线在位置大体横向于流体流动路径，并且其中通道成形为：当流体从第一端朝向第二端流动时，引导流体流动上从而导致涡轮机绕着轴线旋转，并且当流体从第二端朝向第一端流动引导流体流动，以引导致涡轮流动到涡轮机上从而导致涡轮机在操作方向上旋转，多个叶片 70 的外缘部分相对于前缘结构是加厚的。该装置拟解决涡轮结构在暴风雨情况下易受损伤和破坏的问题	
IT1413577 B	20120906	ARTEMIO L; D'AMBROSIO G; DAMBROSIO G; LUCIANI A	带有多边截面芯轴的多叶片涡轮机	一种多叶片涡轮机，包括带有旋转转叶片 2 的涡转子，容纳壳 1 用于支撑涡轮机，涡轮有一个带有多边截面的中心芯轴 3，倾斜或弯曲面的壁 4 使流体向涡流方向流动。壁上的槽或凸处以可以提高液体冲击叶片的冲击力，隔板沿着涡轮旋转轴布置并将涡轮转体的体积进行划分，管 8 放置在相应固定的隔室内，用于优化液体中流体流动的开关，固定的传动部件与壁相连接，槽和凸处填充室，减少的叶片通过并且传送到体可提高高流体的速度，液体流到转子，为叶片搭接处和芯轴提供力。该涡轮机能提高高效率	

续表

公开号	申请日/优先权日	申请人	发明名称	技术重点	附图
EP2949920A1	20140530	SENER ING & SISTEMAS SA	利用波浪能的涡轮机	一种利用波浪能的涡轮机，其包括带有外壳 10、内壳 11、定子 13 和转子 14，定子和转子用于形成发电机构，定子 13 上安装有导向叶片 30、转子 14 上安装有转子叶片 20，涡轮机为单方向的，转子的导向叶片 30 可由带有促动器 81 和阻尼 82、83 的半工作促进系统而产生节距变化，进而直接促动至少一个导向叶片 3 或通过使所有的导向叶片 30 的节距角产生振荡的导向机构，促动系统由控制系统控制。该涡轮机能快速响应波浪的变化，能提高对波况适应性能量	
GB2530048A	20160910	Rolls-Royce plc	一种自整流涡轮	一种自整流涡轮，包括两个转子，均安装在管道 8 内的旋转轴 17 上。管内产生振荡轴向流动液体 13 时，每个转子产生独立的转动。每个转子带有多个沿径向均匀分布的转子叶片 21，叶片交错排列，其翼弦线 25 与旋转轴 17 之间呈锐角并沿径向扭转。叶片呈曲面，叶片在截面具有椭圆形的前缘机翼和后缘机翼，转子可以安装在不同转轴 19、20 上，每根轴都驱动单独的发电装置 11 或者每个轴都带有各自的发电装置。涡轮适用于振荡水柱波浪发电系统，发电效率高	

4.4 腔室结构专利分析

腔室结构是振荡水柱式波浪发电装置的主要组成部分，是直接用于第一级吸收波能的结构。本节重点对腔室结构领域的专利技术发展脉络进行分析，对未来技术走向进行预测，为致力于该领域技术研发的国内企业、科研院所等提供相关信息，以期对它们未来的科研、生产提供一定的指导，同时给出重点专利以供国内创新主体参考。

4.4.1 专利技术发展路线

以下对振荡水柱式波浪发电装置的腔室结构领域的专利技术发展路线进行分析，按照横轴为年份、纵轴为主要技术分支绘制了全球腔室结构专利技术发展路线，具体参见图4-4-1（见文前彩色插图第6页）。

从图4-4-1可以看出，就整体专利技术发展路线趋势来看，腔室结构主要集中在腔室与漂浮式海洋工程结合的结构、效率和安全性等方面；另外，展开地对"靠岸安装形式""整流处理方式""多腔布置方式"三个方向的专利技术发展路线进行了具体的阐述。

从图4-4-1大箭头指示的方向看，其体现了腔室结构技术发展的一个整体的情况。

1976年，William的专利GB1580901A提出对振荡水柱整流后的空气质量进行处理。随后，腔室的"整流处理方式"一直在不断地发展和改进。

1982年，专利ES8403550A1提出了与沉箱防波堤相结合的发电结构。此后，"靠岸安装形状"以其安装维护方便，一直受到研究者的青睐。

为了适应波浪的起伏运动，提高波能利用率，1984年，东北电力株式会社的专利JPS6123877A提供了一种水调节导管结构及多腔结构。在此基础上，1997年英国专利GB2325964A提出了腔室结构的改变以适应整体多腔布置。此后，腔室的"多腔布置方式"一直在发展并逐渐趋向大型化。

进入21世纪后，振荡水柱式波浪发电装置主要为漂浮在海面上的装置，以对海港和海岸进行保护，刚性的腔室需要抵制波浪产生的压力，对此需要更加稳定的海洋工程以支撑，经压缩的气体在腔室的阵列中的循环造成振荡水柱式波浪发电装置的气动惯性，不利于其效率；这些腔室还产生水头损失，所述水头损失也不利于装置的总体效率；此外，这种腔室结构相当多地暴露于海洋，因此腔室必须具有非常大的尺寸，即腔室壁的厚度变大等，以适应海水的侵蚀，使其更耐用。

同时，水表面处的涌浪或衍射运动使得水表面处的波浪周期性振动，所有腔室将同时处于超压和真空的环境中。假设振荡水柱式波浪发电装置为浮动式，其承受的风险在于：在涌浪突然出现时波浪发电装置升高而其腔室中的水平面不会改变，这造成效率的降低，因为对于所有的腔室而言，装置是以两个相继的气体进入步骤和气体离开步骤操作，并且空气涡轮发电机上游和下游的收集器由于进入或离开的气体而饱和，而不是在两个收集器之间共享的流动。因此，对漂浮式振荡水柱式波浪发电装置的总效率提出了更高的要求。

2006 年，爱尔兰海事科技有限公司的专利 IE85112B3（该专利技术方案如图 4 - 4 - 2 所示）提出了设置第一稳定板控制壳体的起伏和颠簸运动，其具体结构为一种波浪发电装置包括在前端和后端之间延伸的壳体，三个竖直的腔室设置在该壳体中，并且三个相应的水调节导管从腔室向后延伸并且终止于在后部的水调节开口中，用于当壳体响应通过的波浪由于颠簸而摆动时调节进出该腔室的水；空气调节导管通过歧管与腔室连通，用于当由于壳体摆动腔室中的水位下落和上升时调节进出腔室的空气；设置在空气调节导管中的自调整涡轮机驱动用于发电的发电机，浮力箱设置在壳体上，在腔室后部的水调节导管的上方，用于保持壳体漂浮在水中；沿着大致向前下的方向延伸的第一稳定板在壳体的前端从下部倾斜部分延伸，用于控制壳体相对于波浪运动的颠簸摆动，从而又用于增加由波浪发电装置产生的能量输出。前部压载箱和从壳体向上延伸的一对第二稳定板增强波浪发电装置的稳定性。

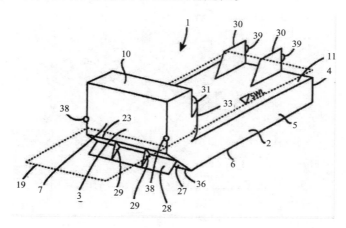

图 4 - 4 - 2　IE85112B3 技术方案

2009 年，为了提高腔室的尺寸，德国专利 DE102009022126A1 提出腔室在竖直方向上分段连接的构思，随后对阵列腔室的海洋工程进行了进一步的改进。同年，美国专利 US2010237623A1（该专利的技术方案如图 4 - 4 - 3 所示）提出了气动稳定海洋工程包括多个下开口的浮力单元和设置在浮力单元之间的无水腔室，能量储存系统不使用或不需要能量时，海洋工程是漂浮式的。

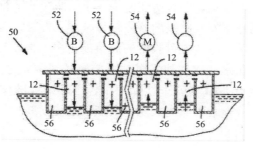

图 4 - 4 - 3　US2010237623A1 技术方案

2012 年，英国专利 GB2504682A（该专利技术方案如图 4 - 4 - 4 所示）提出了改进阵列式腔室的海洋工程，以降低腐蚀，具有适应异常回波的结构。

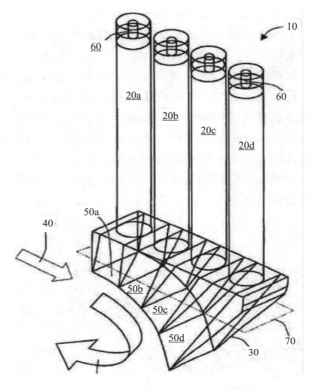

图 4 - 4 - 4   GB2504682A 技术方案

同年，J. L. 施塔内克的发明专利 FR2994463A1（该专利技术方案如图 4 - 4 - 5 所示）对涌浪和波能采集方式作了进一步改进。其具体涉及用于转换涌浪能量和/或波浪能量的系统，所述系统包括水压缩柱的网络，每个柱具有：下方端部，所述下方端部待浸入一定体积的水中，所述下方端部具有开口用于收集柱中的水，从而形成腔室，所述腔室在所述柱的上方部分中包括气体，第一止回阀和第二止回阀，所述第一止回阀从所述柱至所述柱所共享的超压容器流体相通，所述第二止回阀从所述柱所共享的低压容器至所述柱流体相通，其中所述超压容器和所述低压容器通过涡轮机流体连接，并且所述网络的柱毗邻地布置，并且所述网络在至少两个非平行方向上延伸。

可见，从腔室结构技术发展路线的整体趋势来看，漂浮式是未来的一个发展方向。漂浮式的振荡水柱式波浪发电装置可收集的波浪能更多，但是环境相对来说更加恶劣。可以预期，未来对于振荡水柱式波浪发电装置腔室的研究，主要会集中在腔室与漂浮式海洋工程结合结构的开发及其安全性和耐用性、阵列式腔室尺寸及结构优化方面，以后的振荡水柱式波浪发电装置会向大功率大型化继续发展。

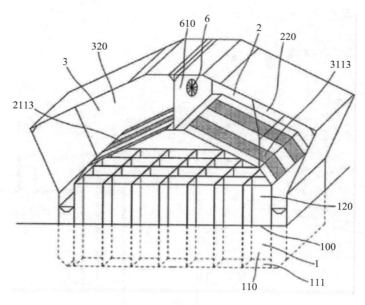

图 4 - 4 - 5　FR2994463A1 技术方案

另外，下文将具体的对腔室结构中"整流处理方式""靠岸安装形式""多腔布置方式"三个方向展开进一步的阐述。

（1）整流处理方式

早期振荡水柱式波浪发电装置的压缩空气的腔室，都是具有独立功能的单腔模式，一般这种腔室都是靠岸安装的，空心腔室下端没入海中，上端开有气流通道，形成一个气室。

工作过程是海浪波峰进入腔内，对腔内气体进行压缩，腔内气压增大，气体通过上端气流通道向外排出；当海浪波谷进入腔内时，腔内气压降低，外面空气通过气流通道进入腔内。然而，这种当水流进和流出腔室时，对应的在腔室中的水位上升和下落，这导致空气通过被顺序地向外和向内推动。根据所用涡轮机的类型，若选择的该涡轮机沿着同一个方向旋转，与空气流动的方向无关，腔室结构也较为简单；或者可选地，被向外或向内推动的空气只沿着一个方向旋转，在这种情况下，一般来说，腔室结构上设置由阀和相应导管构成的系统，以便转换沿着两个方向通过腔室出口的气流，以沿着单一的一致的方向流过涡轮机。

英国专利 GB1580901A、GB2181518A、GB2299833B 和美国专利 US2004163387A1 都是利用单向阀和相应导管构成的腔室来整流压缩空气的气流，使之成为单一方向的流动。

专利 US2004163387A1 的技术方案如图 4 - 4 - 6 所示，描述的是一种腔室的上部具有 T 型结构的空气管道，管道内有单向进口阀和出口阀的结构。专利 GB2181518A（该专利技术方案如图 4 - 4 - 7 所示）是对传统的单向阀进行改进。传统的为瓣阀或片阀，轻质易腐蚀，开启关闭效率低下。而该专利的单向阀具有一个装有液体的腔室，腔室上部具有出口，具有置于液体内的进口管道。

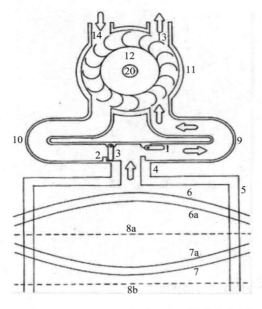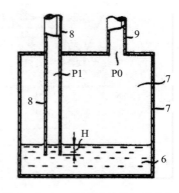

图4-4-6　US2004163387A1 技术方案　　　**图4-4-7　GB2181518A 技术方案**

通常，振荡水柱式波浪发电装置要求其固有周期小于波浪周期，在波浪高度比较高的比较汹涌的水域中，振荡水柱式波浪发电装置发电往往比较不稳定，效率不高。为了达到提高效率的目的，传统的做法是设置接近20m长的腔室结构。美国专利US2010117365A 就描述了一种这样的结构，即利用两个长度很长的腔室来适应波浪的起伏运动。

1980年，Wells 的专利 GB2080437A（该专利技术方案如图4-4-8所示）提出了利用 U 形管结构或者旋绕结构来减少外部尺寸，具有第一个与水直接接触的腔室，其固有频率大于波浪的频率，并且具有第二个管，与第一个管连接，包括第二个液体水

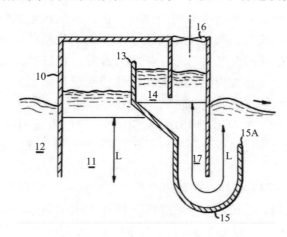

图4-4-8　GB2080437A 技术方案

柱，其固有频率接近波浪的频率，与第一液体水柱协同作用，其中，设置第二 U 形管，其内部水柱波动频率与波浪波动频率几乎相同，与第一管协同作用，从而使得波浪在装置内达到共振，能更好地利用波浪能，甚至在涌浪或者风暴潮等形成的大周期条件下也能适用。

同时为了适应波浪的起伏运动，提高波能利用率的目的，1984 年，东北电力株式会社的专利 JPS6123877A（该专利文献的技术方案如图 4 - 4 - 9 所示）提供了一种水调节导管结构，转换沿着两个方向通过该空气调节导管的气流，使其沿着单一的一致的方向流过涡轮机，并且通常在设置多于一个腔室的情况下，设置相应数目的水调节导管，用于调节进入各对应的空气调节室中的水。

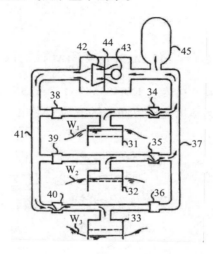

图 4 - 4 - 9　JPS6123877A 技术方案

1995 年，Andrew 的专利 GB2299833B 提出了利用真空接收器连接单向阀来适应波浪频率。

2008 年，海洋运输有限公司的专利 AU2009287351A1（该专利技术方案如图 4 - 4 - 10 所示）提出了利用流动控制段抑制在管道中流动的振荡水柱的湍流的结构。其公开了一种改进的海浪能量提取系统，该系统包括至少一个用于接收振荡水柱的管道，该管道具有第一段、与第一段成横向的第二段以及在第一段和第二段之间的流动控制段，该流动控制段被构造成抑制在管道中流动的振荡水柱的湍流，涡轮与管道的第二段流体连通，使得该涡轮被管道内的振荡水柱的振荡所产生的流体流驱动，涡轮使发电机旋转，由此产生电能。

可见，在未来对腔室的"整流处理方式"的研究主要会集中在各种整流结构的开发和变形方面。

（2）靠岸安装形式

就靠岸安装形式方面，由于其在海岸线旁，安装和维护方便同时，近海设置防波堤的区域波浪一般都较大，振荡水柱式波浪发电装置与沉箱防波堤相结合的形式受到研究人员的广泛青睐。

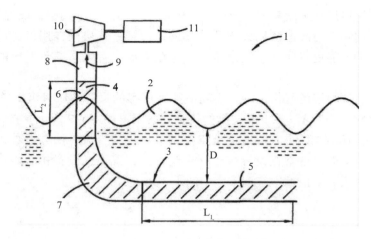

图 4 - 4 - 10　AU2009287351A1 技术方案

1982 年，MUNOZ SAIZ M 的专利 ES8403550A1（该专利技术方案如图 4 - 4 - 11 所示）鉴于腔室要高负荷地运行以应对不间断的波浪，提出了将振荡水柱式波浪发电装置与沉箱防波堤相结合的发电方式。

图 4 - 4 - 11　ES8403550A1 技术方案

为了增强装置的安全性，1984 年，美国专利 US4613252A（该专利技术方案如图 4 - 4 - 12所示）提出了在悬崖的障壁坝后面安装腔室，放大海水的进入开口；1990 年，美国专利 US5191225（该专利技术方案如图 4 - 4 - 13 所示）描述了一种结构，腔室的水进口在水平面以下以使得空气被封闭在腔室中，腔室内波浪周期性的阻尼振动，在出气口处形成周期性的空气流，空气流带动双向涡轮旋转发电。此类结构一般安装在海岸处，腔室被安装在海边的峡谷结构中，陆地维修成本、安装成本较低。然而，由于振荡水柱式波浪发电装置的加入，防波堤结构的稳定性会受到一定的影响；2004 年，英国专利 GB2418960A 提出了将沉箱防波堤上的多个腔室设置为柔性，对其尺寸进行优化，以提高其稳定性和适应性，对防波提起到一定程度的保护。

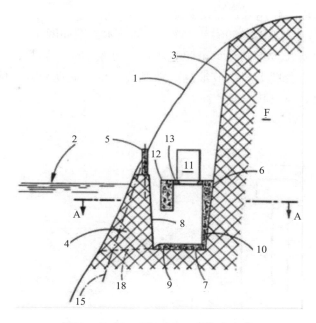

图 4 – 4 – 12　US4613252A 技术方案

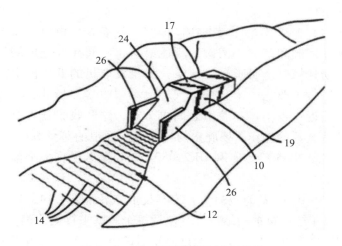

图 4 – 4 – 13　US5191225 技术方案

　　就靠岸的振荡水柱式波浪发电装置研究发展方向来看，一方面要从提高发电效率和消能作用的角度出发，来对装置结构尺寸进行优化；另一方面要对结构的整体安全性、适应性进行分析，研究相应海域最为经济的振荡水柱型防波堤。

　　（3）多腔布置方式

　　振荡水柱式波浪发电装置在将波浪能转换成电能时，其转化效率比较低。故而如何提高装置的转换效率，是科研人员急需解决的问题。早在 1984 年，专利 JPS6123877A 就提到了具有一个或多个腔室，和一个或多个水调节导管，并且通常在设置多于一个腔室的情况下，设置相应数目的水调节导管，用于调节进入各对应的空气调节腔室中的水，通过多个腔室联合作用来提高发电量。

1997年，英国专利GB2325964A（该专利的技术方案如图4－4－14所示）提出了多个腔室的每个具有长度不同，每个腔的尺寸可收缩、可调整，其形状作出直线或者螺旋状等，其一定程度上解决波浪具有随机的高度、周期和方向的问题，多个腔室使得发电效率提高，发电功率变大。

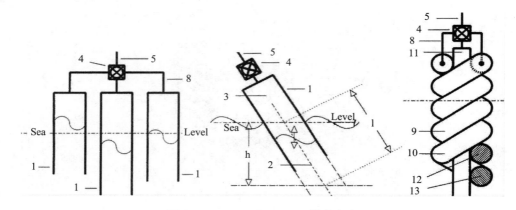

图4－4－14　GB2325964A 技术方案

随后，振荡水柱式波浪发电装置为了适应并网发电需求，通常设置一系列关联的腔室，所述腔室布置成行并且每个柱连接至空气涡轮发电机，每个腔室在其上方部分中包括第一止回阀和第二止回阀，所述第一止回阀允许经压缩气体朝向空气涡轮发电机循环，所述第二止回阀允许从空气涡轮发电机的低压侧引入气体对多个腔室腔的布置形式进行了改进，来自柱的气体流动被收集器捕获，并且气体在通过空气涡轮发电机之后通过收集器在腔室之间再分布，这些收集器以管的阵列的形式实施；事实上，这些装置的操作需要腔室的行相对于涌浪的蔓延方向以特别方式对齐，故而为了便于对齐，2005年，专利DK200501616L提出了将多个倾斜的腔室成浮桥形式布置。

2006年，专利AU2007250539A1（该专利技术方案如图4－4－15所示）提出了并排设置的腔室成浮箱结构布置的结构，其包括多个腔室来接受波浪，第一导管接受第一单向阀出来的空气，第二导管接受经过涡轮后的空气，经第二单向阀流进腔室；英国GB2460303A（该专利技术方案如图4－4－16所示）提出了一种能全方位接受波浪能的装置，即将腔室环形设置。Joseph在专利US7830032B1提出了将腔室纵横向设置。

由此可见，为了实现振荡水柱式波浪发电装置的总效率的提高，多腔布置为主流，振荡水柱式波浪发电装置将逐步走向大型化，实现从千瓦级向兆瓦级的跨越，可以预期在未来的多腔布置形式会侧重在提高总效率方面。

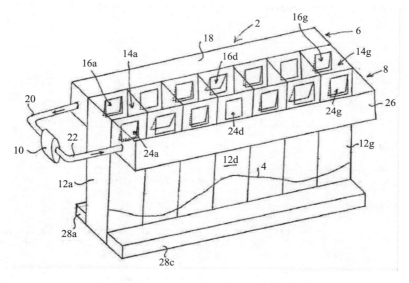

图 4 - 4 - 15 AU2007250539A1 技术方案

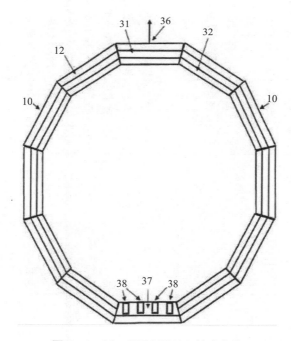

图 4 - 4 - 16 GB2460303A 技术方案

4.4.2 重点专利

　　针对前文检索到的振荡水柱式波浪发电技术的全部专利申请，在综合考虑同族数、被引证次数这两个专利技术重要性影响因素的基础上，获得表 4 - 4 - 1 所示的重点专利申请。其中对申请人、技术重点和附图等相关信息都给予注释。

表4-4-1 腔室结构重要专利

公开号	申请日/优先权日	申请人	发明名称	技术重点	附图
GB2442718A	20061010	ITI SCOTLAND LTD	一种波与风力发电系统	一种波与风力发电系统，包括：一平台与一或多个振荡水柱，其包括一气流控制机构，一控制器用于顶测平台的移动之一气流移动感测器，控制器用于致使气流控制机构之移动，至少部分为制止该平台之不期望的移动，该系统能提高适应各种极端天气的抗能力	
AU2009287351A1	20080901	OCEANLINX LTD	海浪能量提取的改进	一种海浪能量提取系统（1），位于诸如海洋（2）的水体中，包括涡轮（10）、发电机（11），至少一个管道（3），管道用于接收振荡水柱（4），管道具有第一段（5）、第二段（6）和在第一段和第二段之间的流动控制段（7），流动控制段抑制在管道中流动的振荡水柱的端流；涡轮与管道的第二段流体连通，流体流是通过涡轮被来自第二段的流体流驱动，流动水柱的振荡而产生的；发电机由涡轮驱动旋转，以产生电能。该装置降低了波浪对系统效率的影响，降低了端流的强度，使得系统的发电效率更高。并且系统的一个或多个主要构件整个浸在海洋表面之下，使得在很大程度上保护这些构件不受与主流海浪相关的较大的，不一致的力的动态上不可预知的影响从而显著地降低系统的制造、安装和持续维护成本	

续表

公开号	申请日/优先权日	申请人	发明名称	技术重点	附图
GB2463268A	20080905	MCMINN D J W；WALLACE MCMINN D J	流体动力发电机	一种用于自流体流动提取能量的设备，该用于自流体流动提取能量的设备包括：顶部12，和进入流动方向形成开口16的侧壁14；设备10的顶端部分20，在顶部12之下，容纳腔室至配置，顶部12，侧壁14和其他结构部分可由混凝土建造，例如，水封结构的材料，例如，包括钢铁，基部部分30自开口16的底部边缘延伸。于其上时，阀门可操作为渐进地关闭，水封室聚集液体的回流。通过这种方式使得该设备来自压缩室内液体的回流，具有稳定恒定的能量转换效率高，适合定量流动或恒流的情况	
DE102009056596A1	20090831	LAND, Dieter	波浪发电站	一种波浪发电站，该波浪发电站包括：能量存储单元（1）及能量转换单元（4），能量转换单元含压缩气体容器（2），压缩气体容器用于蒸汽和/或压缩气体透平的旋转能。（3）热耦合地保存受压的加热容器与蒸汽容器连接直接用于蒸汽透平（5）和/或压缩气体容器连接的压缩气体透平（6），压缩气体透平用于驱动发电机（7）；波浪发电站采用有浮动平台结合结构设计，是漂浮式结构。能量存储单元具有可透平和飞轮装置（9），飞轮装置用于存储蒸汽透平和/或压缩气体透平的旋转能。（3）的太阳能单元（14）具有可用于接入人的光伏装置（15）。该波浪发电站能有效地利用波浪能发电，解决能量存储问题，达到大约70%的理论上的系统效率，可以减弱海浪并且有助于保护海岸	

续表

公开号	申请日/优先权日	申请人	发明名称	技术重点	附 图
AU2010336038A1	20091224	欧新林克斯有限公司	连接至海上平台的利用振荡水柱的波能提取装置	一种海上平台，包括：一支撑结构，用于将一水体中的工作站支撑在一海上位置处，该支撑结构具有一安装部；及至少一个导管，安装至海上导管设有为用于接收来自该水体的一振荡水柱，其中振荡水柱的振荡产生用于驱动一能量提取组件的一流体流。波能提取装置，包括海上刚性支撑结构，能量提取组件固定安装至振荡水柱导管，涡轮机（12）能够由振荡水柱件具有振荡水柱导管产生的流体流驱动，通过使用一种刚性的大体上固定的支撑结构而方便且更有效地运行，由于其建造和保养起来更简便，而且更靠近海洋表面有利地运行，从而使得在这些深度的能量是可行的	
US20122635 37A1	20110311	雪佛龙美国公司	用于将电力供应到海上设施的系统、方法和组件	一种用于从波浪能产生电力以便用于海上设施的方法，所述方法具体包括以下步骤：a）将与海上设施关联的管状部件定位成与水连通，所述管状部件具有开口以便来自水的波浪进入和离开所述管状部件，水的向内/向外流动升高和降低所述管状部件内的振荡水柱之上的空气的压力变化；b）使用在所述振荡水柱之上的空气的压力变化来驱动与发电装置联接的涡轮机以便生成电力；以及c）使用电力为所述海上设施上的装置提供电力。通过方法系统占用很小的空间和以不挑战在这样的海上平台的方式被使用和定位	

续表

公开号	申请日/优先权日	申请人	发明名称	技术重点	附图
CN102108933 A	20110321	中国水利水电科学研究院	一种参数共振的近岸波能发电系统	一种参数共振的近岸波能发电系统,包括:在最低潮位的岸边水下设立宽大的水口,水口通过外水道与安装有水轮机转子的整流罩的底部连接,整流罩的上部通过内水道截面为矩形的水箱的底部连接,水箱的上部设有与水箱截面同为矩形的压缩气室,压缩气室与水箱之间安装有空气阀;水箱中安装有水位传感器,水位传感器与空气阀控制器电连接,空气阀控制器与空气阀电连接。本发明所述参数共振发电装置的振幅增大一倍,整个波浪这种常规共振的振幅增大一倍,并特别适用于波浪这种频率和振幅变化的自然能量。在外部激励振幅增大的情况下,水位振幅只是小幅度地增加,所述系统具有抗外部大浪能力	
FR2994463 A1	20120807	STANEK J L	用于转换涌浪能量或波浪能量的系统	用于转换涌浪能量和/或波浪能量的系统,所述系统包括水压缩柱(1)的网络,每个柱(1)具有:下方端部(110),所述下方端部(110)待浸入一定体积的水中,其中所述下方端部(110)具有开口(111)用于收集柱(1)中的水,从而形成腔体,所述腔体在所述柱(1)的上方部分(120)中包括第一止回阀(4)、所述第二止回阀(5)、所述第一止回阀(4)和第二止回阀(5),所述第二止回阀(5)至所述柱所共享的超压容器(2)、流体相通,所述第一止回阀(4)从所述柱所共享的低压容器(3)、流体相通,所述低压容器(3)通过涡轮机(6)流体连接,并且所述网络的柱(1)毗邻地布置,并且所述网络至少沿两个非平行方向向上延伸,可靠性和效率高的优点	

4.5　小　　结

关于专利态势分析，振荡水柱式波浪发电装置目前全球的申请量还在稳步增长，其中主要是腔室结构的专利申请，欧洲在振荡水柱式波浪发电装置领域专利申请量方面处于领先地位，其次是日本、美国和中国。中国主要申请人排名靠前的主要是一些科研院校，而国外的大部分是企业。欧洲、日本是全球最大的两个原创地区，对在技术创新方面的投入比较重视。相对而言，中国在专利申请尽管在数量上占绝对优势，但大部分技术都是国内申请，申请质量有待进一步提高，可寻求与国外技术领先国家的国际合作、技术引进等，促成技术进步。

关于涡轮结构，威尔斯涡轮、无阀式冲击式涡轮、变桨叶片涡轮和双转子涡轮是四种代表性的双向涡轮结构。国外对这四种双向涡轮结构研究较早，且技术较为成熟，而中国国内研究相对落后。建议国内企业、科研院校充分地关注研发进展、学习国外基础专利，在此基础上进行研发改进，从细节入手，针对涡轮结构的某个部分或方面进行精细化的研究，寻找出路。

关于腔室结构，通过本章的分析发现，多个腔室阵列结构、腔室与漂浮式海洋工程结合的结构因能提高发电效率受到了全球各大波能研究企业的重视，并在世界范围内申请了专利。近几年，国外申请人开始关注腔室阵列结构、腔室与漂浮式海洋工程结合的结构在海况下的耐用性、安全性等产业链上游部分，而这些方面也是装置能走向商业化必须要解决的技术问题。中国企业在这些产业链上游部分的研究还不够深入。然而，尽管国内研究与国外相差较大，但国外企业也是近些年才开始研究装置耐用性、安全性等，故而，建议国内企业与各大高校和科研院所合作，共同加紧研究，以期在耐用性、安全性等产业链上游部分有所进展和突破。

第5章　波浪发电重要申请人

　　本章主要对业内关注的国内外重要申请人的基本状况、国内外专利布局情况、技术研发特点以及研发合作状况进行分析。在综合考虑专利申请量、同族数量、被引证次数等因素的基础上，选取了西贝斯特、海洋动力技术、星浪能源、中国科学院广州能源研究所等四个申请人作为重点研究的对象。通过对上述重要申请人的分析，能初步构建出国内外重要申请人在专利布局和研发方向的差异和特点，以在研发方向的取舍、产业政策的制定、专利的布局策略、产品的推广应用等方面，为国内研发单位和企业提供一定的参考和指导。

5.1　西贝斯特

5.1.1　申请人概况

　　西贝斯特公司在 2001 年成立于瑞典，创始人 Mats Leijon 为乌普萨拉大学电力学教授，曾任 ABB 公司研发主管；首席执行官 Billy Johansson 曾在 ABB 公司任亚洲市场副总裁❶。西贝斯特公司有四个子公司：SEABASED INDUSTRY AB、SEABASED ENERGY BRITISH AB、SEABASED AFRICA AB 和 SEABASED ENERGY USA AB。该公司的研究重点在于波浪能转换器和波浪能电力输送，自成立以来就一直与各大学之间密切合作，并且非常重视专利保护，一直致力于开发波浪能发电解决方案，拥有强大的 20 多个专利系列产品组合❷。它们设计、建造和安装了完整的、可扩展的并网波浪发电厂，特别适用于热带地区 2 ~ 3m 的波浪环境。西贝斯特公司的技术特点在于：通过众多、小型波能转换器编组发电，克服了传统波能发电技术效率低，发电机庞大、易损，安装、配套和维护费用高等弱点，而且其技术能够实现在海水波动相对温和的海面上产生电能。

　　图 5 - 1 - 1 展示了西贝斯特公司典型的振荡浮子式线性发电机，图 5 - 1 - 2 展示了多个线性发电机并网发电。

---

❶　[EB/OL]．[2017 - 11 - 30]．https：//se. mofcom. gov. cn/aartcle/activities/200809/20080905756640. html.

❷　[EB/OL]．[2017 - 11 - 12]．https：//www. seabased. com/en/.

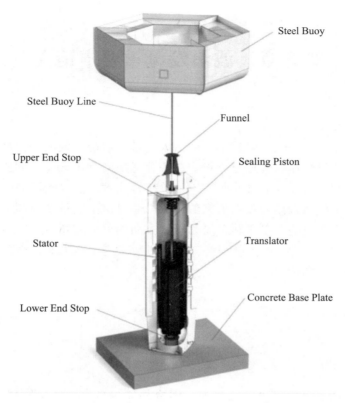

图5-1-1 振荡浮子式线性发电机❶

图5-1-2 并网波浪发电厂❷

---

❶❷ ［EB/OL］.［2007-11-13］. https：//www.seabased.com/en.

2005 年，西贝斯特公司和乌普萨拉大学共同在瑞典西海岸建立了波能发电试验电站，同时与乌普萨拉大学实验室同步研发，并通过无线通讯等手段监控试验电站的发电效率、效果以及对当地环境的影响。

2009 年由西贝斯特公司与伦德鸟岛环保中心有限公司、瑞典瀑布能源公司、挪威电力生产商和分销商塔斯萨卡夫公司共同在挪威伦德鸟岛 400 米处的马伦实验区部署了 2 台线性发电机，单机容量 10kW。

2013 年 5 月，在瑞典索特内斯市斯默根西北约 5 英里，西贝斯特公司着手建设一个大型波浪发电厂。该电厂由西贝斯特公司和 Fortum 建立，由瑞典能源署提供资金支持。2015 年 12 月 16 日，首批 1MW 发电项目顺利实现并网发电。

西贝斯特公司计划在非洲的加纳建设一个装机容量达到 1000MW 的波浪发电项目。2014 年 10 月，西贝斯特与加纳能源集团签署了价值 220 万美元的初步合同。2014 年 11 月，双方继续签订另一个 14MW 波浪发电合同，合同金额达到 5000 万美元。

2015 年 4 月，开始在非洲加纳深海 16 米处建设发电机个数为 6 个的发电厂，单机容量 30kW。

在大多数企业的研发仍依赖于政府政策支持的情况下，西贝斯特公司已经通过相关产品的投产，顺利实现盈利。表 5 - 1 - 1 显示了该公司在 2014 年、2015 年的经营情况。

表 5 - 1 - 1　西贝斯特 2014 年、2015 年的经营情况❶

年份	类别	
	营收 /万瑞典克朗	利润 /万瑞典克朗
2014	8000	600
2015	8800	700

5.1.2　市场布局策略分析

（1）全球申请量变化趋势

西贝斯特公司作为一个比较注重专利保护的企业，其从成立的第二年起，就着眼于申请专利，图 5 - 1 - 3 所示的是西贝斯公司特自 2002 年开始进行专利布局的情况。从整个专利申请趋势来看，2002 ~ 2013 年，每年均有新的技术形成专利申请，并进行了持续的专利布局。其专利申请总体发展趋势分为三个阶段：

第一阶段为 2002 ~ 2006 年，公司刚成立，在研发方面进行了持续的投入，每年的申请量均保持在一个较高且平稳的水平。

第二阶段为 2006 ~ 2010 年，其间，2007 年、2009 年的申请量出现了阶段性的低

---

❶　［EB/OL］．［2017 - 11 - 15］．https：//www.seabased.com/en/newsroom/gallery.

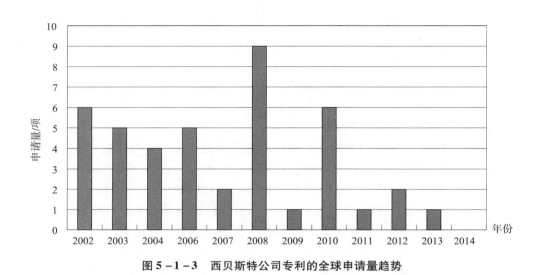

图 5 - 1 - 3　西贝斯特公司专利的全球申请量趋势

谷；然而在两个低谷前后，其申请量分别在 2008 年、2010 年两次达到了高峰。

第三阶段为 2011 年及以后，申请量基本处于下降通道，并在 2014 年开始停止了专利申请。从西贝斯特的发展状况来看，在 2009 年前，其波浪发电大部分处于与各大学进行试验、研究阶段，因此，其专利申请量在每年均处于一个比较稳定的量；而在 2013 年开始，西贝斯特公司开始与如大瀑布电力公司、富腾电力公司等公司进行合作建立波浪发电厂，此处也表明了，西贝斯特公司在波浪发电的关键技术上已经发展得比较成熟，企业的发展重点转向了商业开发，其可能是 2013 年后未有专利申请的一个比较重要的原因。

（2）市场布局情况

图 5 - 1 - 4 显示出了西贝斯特公司在各地区的市场布局策略，可以看出该公司的专利申请主要还是集中在欧洲、美国，并且欧洲是其专利的主要申请地区，而且图 5 - 1 - 4 显示出该公司的专利布局所具有的特点：所囊括的地区和国家比较全面，除了欧洲、美国外，还在中国、日本、加拿大进行了专利布局，且申请的量都比较平均，此外在很多小的国家也都有进行专利布局。

纵观西贝斯特公司专利的国别申请量变化趋势可以看出，其专利申请呈现由单一或者少数国家申请逐步向多数国家进行申请的趋势，尤其是 2006 ~ 2010 年这段时期，该趋势体现得更加明显。

尽管从 2011 年开始，其专利申请开始逐渐下降，但西贝斯特公司于 2010 年和 2012 年向智利以及于 2011 年向哥伦比亚共和国进行了专利申请。智利位于南美洲西南部，西临太平洋，南与南美洲隔海相望，海岸线总长约 1 万公里，而哥伦比亚共和国位于南美洲西北部，北临加勒比海，西濒太平洋，是南美洲唯一拥有北太平洋海岸和加勒比海海岸线的国家，以上两个国家均具有非常丰富的海洋资源，因而，即使总体申请量处于下降阶段，西贝斯特公司依然根据开拓市场的需要进行其专利布局。

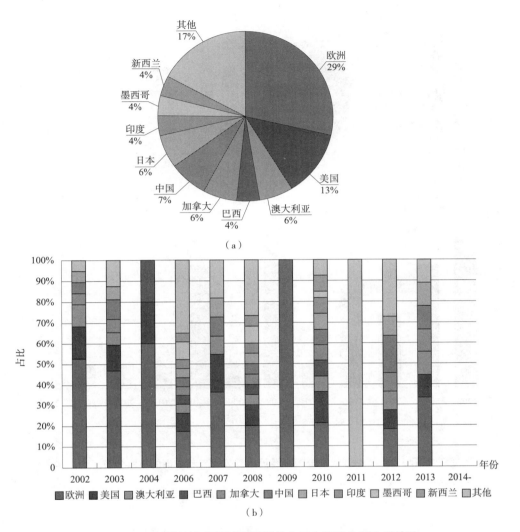

图 5 - 1 - 4 波浪发电领域西贝斯特公司专利的市场布局情况

5.1.3 研发策略分析

图 5 - 1 - 5 显示了西贝斯特公司的专利申请的技术分解,可知振荡浮子一直是其研发重点,其典型产品如图 5 - 1 - 1、图 5 - 1 - 2 所示。该公司自成立之初直到 2009 年,其专利申请均是振荡浮子,2010 年开始涉及其他波浪能发电形式,但在总体上,振荡浮子依然是其主要研发方向,其相关专利申请占比为 80%。

5.1.4 在华布局分析

由图 5 - 1 - 6 可以看出,西贝斯特公司从 2002 年开始向中国进行专利申请,并且在 2002 ~ 2010 年基本上呈现稳步增长的态势,并在 2010 年达到了顶峰,2011 年后并未继续在中国进行专利布局。

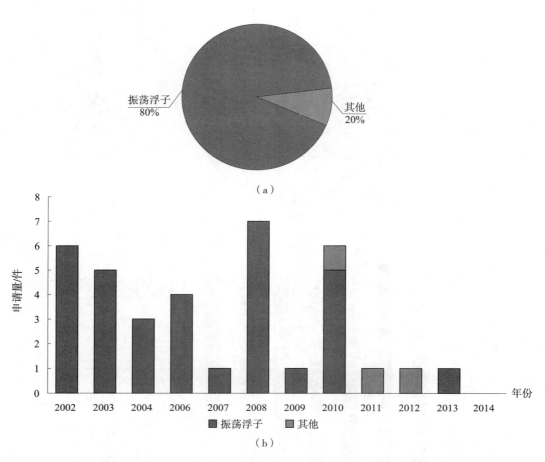

（a）

（b）

图 5 - 1 - 5　波浪发电领域西贝斯特公司专利申请的技术分解

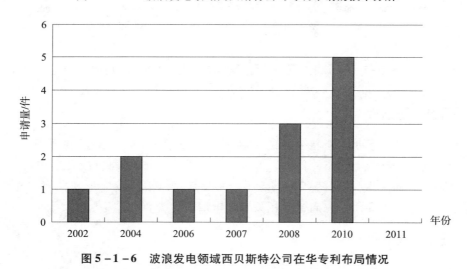

图 5 - 1 - 6　波浪发电领域西贝斯特公司在华专利布局情况

　　图 5 - 1 - 7 显示了西贝斯特公司在华专利申请的法律状态。该公司在中国的发明专利申请共 13 件，所有案件都经过实质审查而授权，目前，11 件维持有效，占比为

85%，2 件因未缴年费而终止失效，占比为 15%。由此可见，西贝斯特公司的在华专利申请均具有较高的技术含量；同时，从其授权后的维持状态来看，该公司对其在华申请均较为重视，虽然在 2011 年后并未继续向中国进行申请，但其在中国的专利申请在授权后均具有较长的权利维持状态。

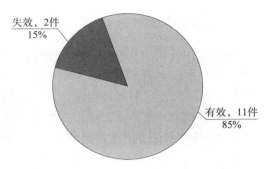

图 5 - 1 - 7　西贝斯特公司
在华专利申请的法律状态

西贝斯特公司在中国的专利申请均为振荡浮子形式。由图 5 - 1 - 8 可以看出，该公司在中国进行的专利申请涉及电磁转换、输配电、海洋工程和浮子结构等四个技术分支，分别占据了 62%、15%、15%、8%，而其中电磁转换是其在中国进行专利布局的重点，在 2002 年、2004 年、2008 年、2010 年均进行了专利布局；其次是涉及输配电和海洋工程的专利，而涉及浮子结构改进的专利申请是最少的。

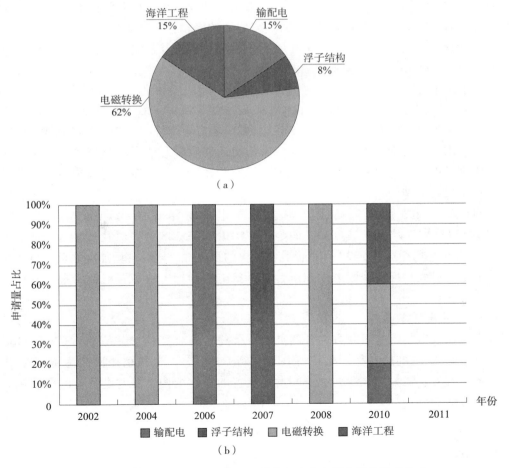

图 5 - 1 - 8　波浪发电领域西贝斯特公司在华专利申请的技术构成

5.1.5　技术发展路线分析

西贝斯特公司的专利申请 80% 为振荡浮子的形式，振荡浮子是其在波浪发电领域的重点研发方向。以下将波浪发电技术划分为浮子结构、能量转换、输配电、海洋工程这四个技术分支，对其在振荡浮子领域的技术发展路线进行分析。按照横轴为年代、纵轴为主要技术分支绘制了该领域的整体技术发展路线图，如图 5-1-9 所示。

5.1.5.1　各技术分支的发展路线

西贝斯特公司率先并重点进行了能量转换方面的研究，在 2002 年对能量转换方式提出了两种解决方案，一种是将浮子的上下运动转化为发电机转子的旋转运动来进行发电（如专利 WO03/058054A1），另一种是浮子直接带动直线永磁电机的转子上下运动并切割磁场线实现发电（如专利 CN1615400A），西贝斯特公司后期选择对后一种方案进行了深入研究。在能量转换的效率上，该公司在 2004 年设置滚动元件来保持发电机转子与定子的间隙（如专利 CN1768202A）、设置电磁阻尼装置（如专利 CN1774575A）以及弹簧装置（如专利 CN1764780A）来提高效率，在 2008 年通过设置密封件（如专利 CN102132032A），以及滚动元件（如专利 CN102137999A）来提升效率，在 2010 年为线缆设置减震器（如专利 CN102959234A）来增加效率。

对于浮子结构，西贝斯特公司开展了环状浮子结构及其制造材料方面的研究（如专利 CN101646861A），目的是提高能量利用的效率。

对于海洋工程，西贝斯特公司通过为发电机开口设置密封件（如专利 CN102132032A）、逐步改善与线缆接触的导向装置（如专利 CN102132033A、CN102933838A）以及设计定子框架结构（如专利 CN102934332A）来提高装置零部件的安全性和可靠性，同时也提高了使用寿命、降低了成本。此外，该公司还通过限定能量转化器的工作路径来降低整体水下电站的塔状高度（如专利 CN102918261A），进而节约建设成本、降低塔顶倾斜量来提高电站的安全性。

对于输配电，西贝斯特公司对海底配电站的组成结构进行改进（如专利 CN101415937A）、增加电站负载（如专利 WO2012/085188A1）以及桥接电路增加电容装置（如专利 CN103249943A）来提升输配电的稳定性。同时，增加电站负载也能避免电路的电流过大，提高输配电的安全性；桥接电路增加电容装置能够实现电共振，提高能量捕获比。

5.1.5.2　主要技术问题

在波浪发电技术的研究方面，西贝斯特公司的核心基础方案是专利 CN1615400A，该专利具有 28 件同族专利，在 17 个国家进行专利布局，其被引用次数达 46 次，是公司中最重要专利之一。该专利对波能发电装置的整体结构、发电设备与电网连接方式均进行了保护。

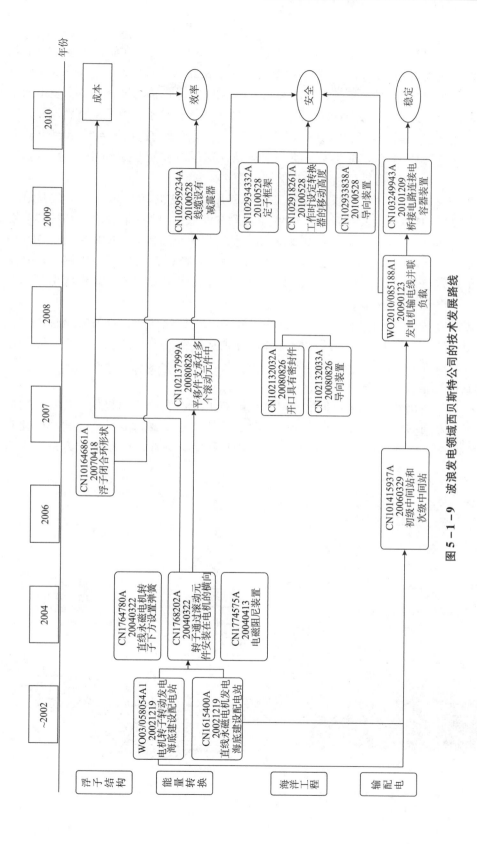

图 5 - 1 - 9　波浪发电领域西贝斯特公司的技术发展路线

如图 5-1-10 所示，在该方案中，波能装置的浮动体 3 设置在海洋表面 2 上，波浪使浮动体 3 往复垂直运动，线性发电机 5 通过固定在底部的基板 8 抛锚在海底，线性发电机的定子 6a、6c 固定在基板 8 上，该定子包括四个垂直的柱状分层体，发电机的转子 7 设置在分层体之间，并通过线缆 4 与浮动体 3 连接，转子 7 由永磁材料制成。当海洋表面 2 中波浪的运动导致浮动体 3 上下运动时，这种运动经线缆 4 传递到转子 7，从而转子 7 在分层体之间实现了等同的来回运动，这样就在定子绕组中产生了电流，拉伸弹簧 11 增加了向下运动的力，一直保持线缆 4 拉紧。

如图 5-1-11 所示，波能发电设备是将具有几个发电机 20、20b、20c 连接在一起，每个发电机均配置有整流器，DC 电流经设置在海底的电缆 39 被传送到配置有变换器 23、变压器 24，以及滤波器 41 的地面站，从这里将电力供应到配电或传输网。将电压供应到位于陆地的接收站，也可能通过中间站，以便被馈送到供电电网，即将多个发电机单元先与开关站电连接，每个单元以低压直流或交流电压形式供应电压，开关站通过输出电缆供应输出直流或交流电压。

在上述核心基础方案的基础上，为进一步提高能量转化效率、提升安全性能、提高输配电稳定性以及降低成本，西贝斯特公司分别从线性发电机结构、线缆、浮子形状以及电气连接等方面进行了研究和改进。

（1）提高能量转化效率

为提高能量转化效率，西贝斯特公司重点研究了线性发电机的机构。首先，发电机转子与定子之间的空气间隙对于精细控制转子运动非常重要。由于空气间隙变化将导致磁力不对称，因此空气间隙要求尽可能的小且稳定。为此，核心基础方案中采用

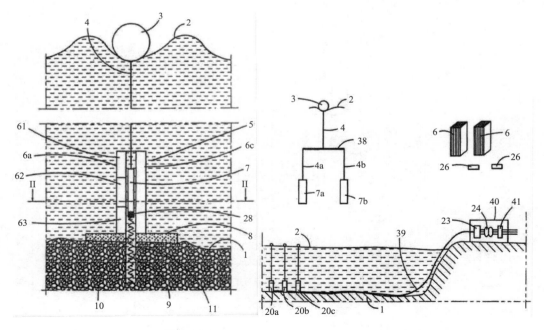

图 5-1-10　波能发电装置示意图　　　图 5-1-11　波能发电设备连网方式

的手段是将转子 7 设计成带斜角的方形横断面，导轨 16a -
16d 设置在每个角处，四个导轨可精确地确保对转子运动
的中心控制，此外也可在转子的中心孔中设置中央导轨，
如图 5 - 1 - 12 所示。2004 年的专利申请 CN1768202A 中转
子 7 通过滚动元件 14 导向，来提高导向的精确性，如图 5
- 1 - 13 所示。2008 年的专利申请 CN102137999A 中转子
被支撑在多个滚动元件 15 中，并限定了间隙 14 的宽度的
变化导致来自转子上的滚动元件 15 的总力的变化，总力大
于由宽度的变化所引起的转子上的总磁力，如图 5 - 1 - 14
所示。

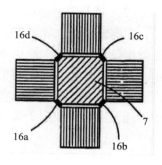

图 5 - 1 - 12　CN1615400A
技术方案

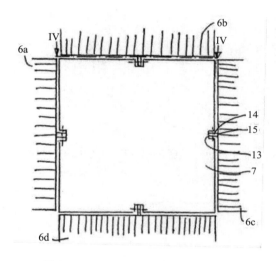

图 5 - 1 - 13　CN1768202A 技术方案

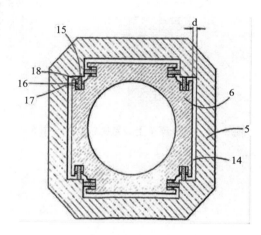

图 5 - 1 - 14　CN102137999A 技术方案

　　另外，核心基础专利中的转子受到脉动的轴向力，从而导致不均匀运动并产
生扰动，也会影响磁力分布。为此，2004 年的专利申请 CN1774575A 中在发电机
上设置电磁阻尼装置，用于使定子施加在转子上的轴向力的脉动保持在较低的程
度，阻尼装置包括定子绕组、定子槽以及转子磁体中的至少某一个所采用的几何
结构。

　　为提高能量转化效率，西贝斯特公司还对连接浮子的线缆进行了研究。为使
线缆的长度适应不同海浪情况，核心基础方案中采用的手段是在浮子上设置圆柱
体 29，圆柱体上可以缠绕部分线缆，如图 5 - 1 - 15 所示；为控制线缆直线运动与
转子直线运动的比例，核心基础方案中采用输入输出比不同的液压缸来传递运动，
如图 5 - 1 - 16 所示。

（2）提升安全性能

在提升安全性能方面，为防止线缆交替受力导致损坏，专利申请 CN102959234A 在线缆中设置至少一个减震器 12，减震器布置为吸收线缆中的张力，如图 5－1－17 所示。此外，理想状况下浮子垂直位于发电机上方，但实际上浮子还承受来自波浪和风产生的横向力，浮子和线缆可能偏离理想位置，从而导致转子产生侧向力，这种情形中的倾向力将导致定子轴颈高负荷影响工作，为此，专利申请 CN102132033A 专门设置

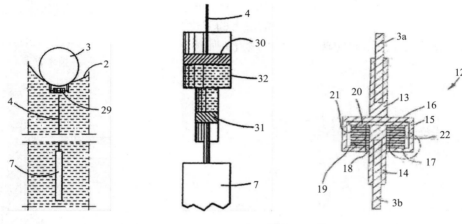

图 5－1－15　浮子上设置圆柱体　图 5－1－16　液压传动　图 5－1－17　CN102959234A
技术方案

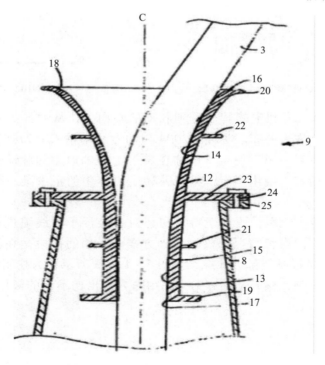

图 5－1－18　CN102132033A 技术方案

导向装置 9，线缆 3 通过导向装置的下部开口 17 和上部开口 18，如图 5 – 1 – 18 所示。然而，前述导向装置可能会导致线缆的磨损，专利申请 CN102933838A 对导向装置又进行了改进，设置引导装置包括多个辊，每个辊能够绕相应的轴线旋转，这样线缆能够在辊上滚动，而不是扫过固定表面，从而显著减少了线缆磨损，具体如图 5 – 1 – 19 所示。

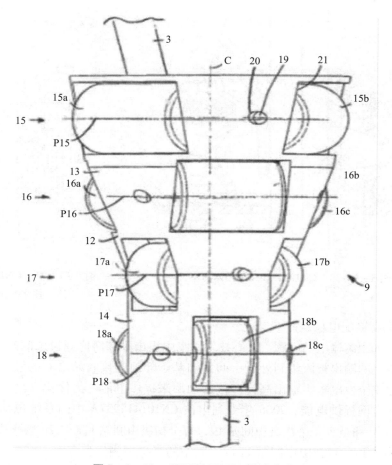

图 5 – 1 – 19　CN102933838A 技术方案

　　为保护发电机不被海水腐蚀，专利申请 CN102132032A 在封装发电机的水密性封套的开口设置密封连接装置 7 的密封件 12，如图 5 – 1 – 20 所示。为降低水下电站的塔状建设高度，也减少塔高倾斜的危险，专利申请 CN102918261A 限定在工作时转换器 6 的一部分移动期间，带有密封件 12 的开口的壁部 8 位于转换器的上端的高度下方的高度处，如图 5 – 1 – 21 所示。

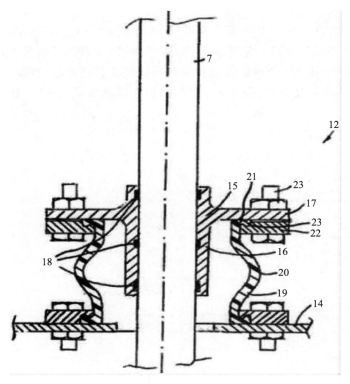

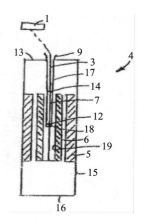

图 5 – 1 – 20　CN102132032A 技术方案　　　　图 5 – 1 – 21　CN102918261A
技术方案

（3）提高输配电稳定性

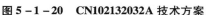

为解决远距离输电的问题，核心技术方案中提出了在海底建设中间站的解决方案，多个发电机组的输出被收集到处于中间站和基于陆地的接收站之间的缆线中，该方案能够输出比单个发电机组输出高许多倍的功率来提供电能。为优化大量发电机组的系统、向商业电网提供电能，2006 年专利申请 CN101415937A 中的系统包括多个初级中间站 17a～17c 和至少一个次级中间站 19，每个初级中间站 17a～17c 均连接到多个所述开关设备 1a～1c，且初级中间站 17a～17c 中的至少一些位于海中，至少一个次级中间站 19 连接到多个所述初级中间站 17a～17c 和基于陆地的电网，且其中次级中间站 19 中的至少一个位于海中，具体如图 5 – 1 – 22 所示。为防止发电机产生的电能在缆线传输时电流过大出现故障，2009 年专利申请 WO2010/085188A1 中在发电机的输电线路上可选择性增加负载，在电流较大时可以利用负载进行保护。此外，机械共振和电共振均能实现高的功率捕获比，2010 年专利申请 CN103249943A 中对电共振进行了研究，在与绕组 12 连接的电桥接电路 400 中设置电容器装置 401、402，电容器装置具有适于与绕组的阻抗产生共振的电容，该方案可提高功率捕获比，采用的电共振相比机械共振更加简单，具体如图 5 – 1 – 23 所示。

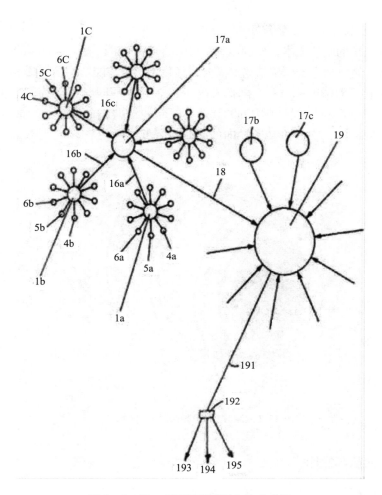

图 5 - 1 - 22　CN101415937A 技术方案

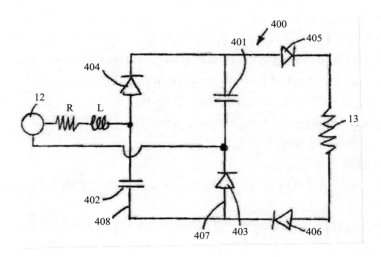

图 5 - 1 - 23　CN103249943A 技术方案

（4）降低成本

为降低发电机的制造成本，专利申请CN102934332A中设置防水壳体的一部分用作定子框架，消除了对单独定子框架结构的需要，优化了定子装配结构，如图5−1−24所示。此外，前述申请CN102918261A在降低发电机建造高度的同时还节约了建设材料成本；前述申请CN102132033A和CN102933838A在改善线缆磨损的同时也降低了维护成本；前述申请CN1768202A在改进转子导向的同时也降低了运行成本。

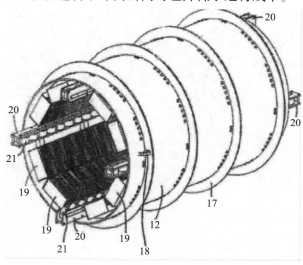

图5−1−24　CN102934332A技术方案

5.1.6　研发团队与合作

5.1.6.1　研发团队

图5−1−25显示了西贝斯特公司的主要研究团队关系，从图中可以看出，该公司主要研发团队的核心人物为：Mats Leijon（公司创始人），他与公司的其他发明人均存在合作，几乎参与了公司所有专利申请的研发和创造，共计有27项专利。另外，该研发团队中最重要的发明人还包括：Bernhoft Hans、Stromstedt Erland、Gustafsson Stefan、Thorburn Karin，其中，Bernhoff Hans和Mats Leijon两人合作完成了10项专利，Bernhoff Hans还单独完成了1项专利，Bernhoff Hans是公司专利拥有量排名第二多的发明人；Stromstedt Erland、Gustafsson Stefan、Thorburn Karin三人分别完成了8项、6项和4项专利申请，他们也是公司重要的发明人之一。

5.1.6.2　合作成果

下面着重介绍下西贝斯特公司由Mats Leijon及其他重要发明人共同完成并进入中国的一些重要专利。

（1）一种波浪发电设备（申请号：CN200880130890.0，申请日：2008年8月26日，发明人：Mats Leijon；Magnus Stalberg；Andrej Savin）

如图5−1−26和图5−1−27所示，该方案的波浪发电设备包括：浮体1，所述浮

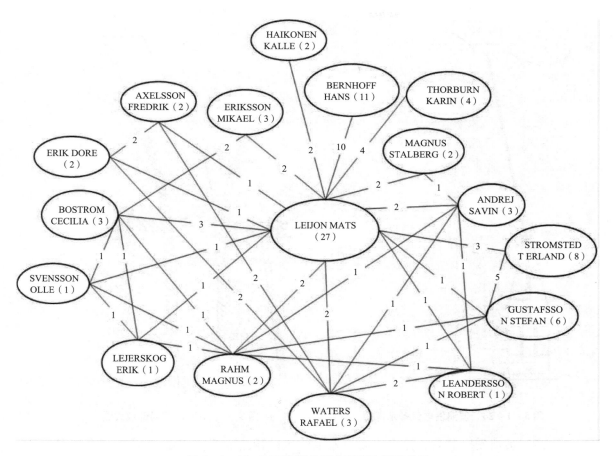

图 5 - 1 - 25 西贝斯特公司主要研究团队关系

体被设置成漂浮在海上；和直线发电机 2，具有定子 5 和沿中心轴线往复运动的平移件 6，所述定子 5 被设置成锚固在海床中并且所述平移件 6 通过挠性连接装置 3 与所述浮体 1 连接，所述波浪发电设备包括导向装置 9，所述连接装置 3 被设置成通过所述导向装置的下部开口 17 和上部开口 18，所述连接装置的暂时位于所述开口之间的部分被限定为被导向部分，所述下部开口 17 被设置成使得靠近所述下部开口的被导向部分与所述中心轴线对齐，并且所述上部开口 18 被设置成允许靠近所述上部开口的被导向部分与中心轴线形成一角度。该波浪发电设备及产生电力的方法，其发电机将不受浮体的相对横向位置影响而正常工作。

上述波浪发电装置的工作原理为：当浮体 1 由于海面的波浪运动被迫向上移动时，浮体将拉动下面的平移件 6 向上；此后当浮体向下移动时，平移件 6 将通过重力向下移动；平移件 6 能够在直线发电机 2 带有线圈的定子 5 内往复上升和下降从而在定子线圈中产生电流，电流通过电缆 11 传输至电网。

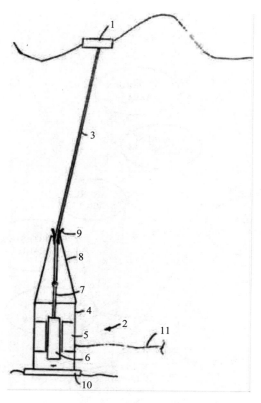

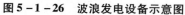

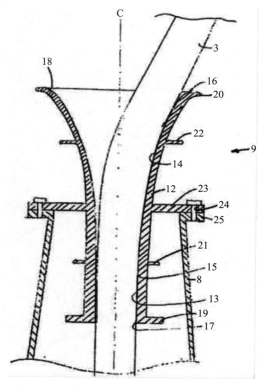

图5-1-26　波浪发电设备示意图　　　　图5-1-27　左图局部放大图

（2）波浪发电装置、浮子、波浪发电装置的用途和生产电能的方法（申请号：CN200780052623.1，申请日：2010年2月10日，发明人：Mats Leijon；Stromstedt Erland）

如图5-1-28和图5-1-29所示，该方案的波浪发电装置包括：适于在水表面上漂浮的浮子，适于固定在海床上的发电机5和将所述浮子连接到所述发电机5的机械连接装置4、12、13，所述浮子当漂浮在水表面2上并在垂直于所述水表面2的方向上看时，具有围绕内开口14的闭合环的形状，所述开口没有与所述波浪发电装置有关的物体，所述浮子包括具有围绕内开口14的闭合环的所述形状的漂浮体，所述漂浮体包括彼此直接连接的多个区段15，各个所述区段15是直管15，且各个管15水密地连接到相邻管，且所述漂浮体是中空的。该方案的权利要求还对浮子材料、横截面形状以及直管数量进行限定和保护。该波浪发电装置的浮子机械强度高且移动速度快，实现了高效率的波浪能量转化为可用机械能。

上述波浪发电装置的工作原理为：当浮子3由于海洋表面2的波浪的运动而上下移动时，该运动经缆线4传输到转子7，因此获得层叠堆叠件间的等效往复运动，这样在定子绕组中产生电流，凹孔9允许转子在其向下运动中通过整个定子，张力簧11为向下运动提供额外力，以便缆线4在每时每刻都保持拉紧。

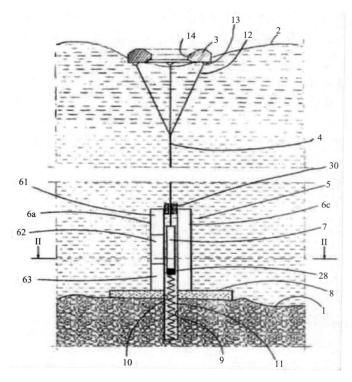

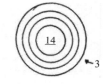

图 5 - 1 - 28　波浪发电装置示意图　　　图 5 - 1 - 29　浮子的俯视图

（3）用于水下线性发电机的定子框架（申请号：CN201080067079.X，申请日：2010 年 5 月 28 日，发明人：Mats Leijon；Erik Dore；Axelsson Fredrik；Waters Rafael）

如图 5 - 1 - 30 和图 5 - 1 - 31 所示，该方案涉及用于波浪发电设备的水下线性发电机，包括：定子框架 12，定子框架 12 包括金属圆柱形管，安装装置用于将定子封包 19 安装至所述管的内壁，当装配所述线性发电机 6 时，所述管还形成所述线性发电机 6 的外周向壁。该装置所需要的发电机的部件的数量较低，消除了对单独的定子框架结构的需要。

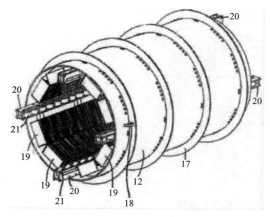

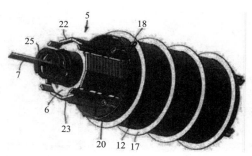

图 5 - 1 - 30　定子框架的立体图　　　图 5 - 1 - 31　定子框架内的转换器

（4）具有引导装置的波浪发电单元（申请号：CN201080067107.8，申请日：2010年5月28日，发明人：Mats Leijon；Andrej Savin；Leandersson Robert；Waters Rafael；Rahm Magnus）

如图5－1－32和图5－1－33所示，该方案涉及用于波浪发电设备的波浪发电单元，包括水下站、至少一个浮体1以及柔性连接装置3，水下站包括具有往复式转换6的线性发电机2，其设置为锚固在海底，至少一个浮体设置成漂浮在海面上，柔性连接装置将至少一个浮体连接至转换器，转换器的移动方向限定了中心轴线C，线性发电机包括用于柔性连接装置的引导装置9，引导装置包括多个辊15a－18c、定位于通道的上端上方的固定引导工具91、92，每个辊能够绕相应的轴线旋转，辊被设置为形成用于柔性连接装置的通道，通道具有上端和下端。该波浪发电单元减少了连接装置与固定引导工具之间的压力，显著减少了缆线上的磨损，故障风险也就越小。

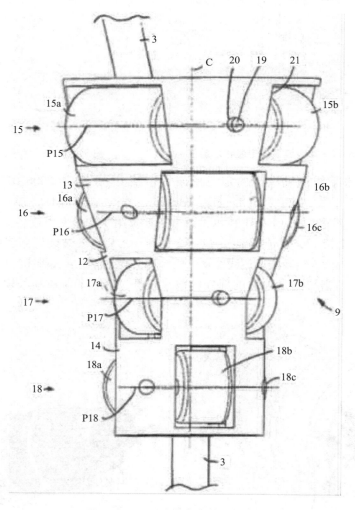

图5－1－32　波浪发电单元示意图

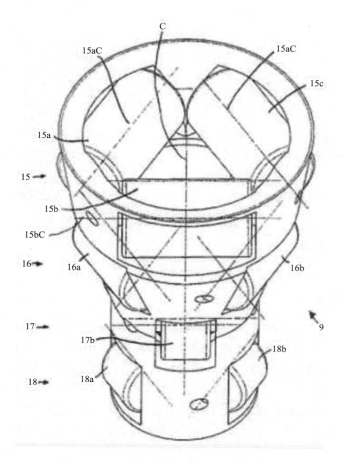

图 5 - 1 - 33　波浪发电单元的细节放大图

（5）用于波能设施的电气设备及方法（申请号：CN201080070590.5，申请日：2010 年 12 月 9 日，发明人：Mats Leijon；Bostrom Cecilia；Eriksson Mikael）

如图 5 - 1 - 34 和图 5 - 1 - 35 所示，该方案涉及一种电气设备，包括电绕组、用于在所述电绕组中感应电流的装置以及电桥接电路，其中，所述电桥接电路包括电容器装置，所述电容器装置具有适于与所述电绕组的电感产生共振的电容，所述电桥接电路 400 包括连接至电负载 13 的第一分支 407 和第二分支 408，所述第一分支 407 具有第一电容器 401 和第一半导体 403，所述第二分支 408 具有第二电容器 402 和第二半导体 404，所述电绕组 12 在所述第一电容器 401 与所述第一半导体 403 之间连接至所述第一分支 407 并且在所述第二电容器 402 与所述第二半导体 404 之间连接至所述第二分支 408，并且其中，所述第一分支 407 和所述第二分支 408 通过第三半导体 405 和第四半导体 406 形式的半导体装置连接至所述电负载，所述第一电容器 401 和所述第二半导体 404 通过所述第三半导体 405 连接至所述电负载 13，并且所述第一半导体 403 和所述第二电容器 402 通过所述第四半导体 406 连接至所述电负载 13。该电气设备可提高功率捕获比，采用的电共振相比机械共振更加简单。

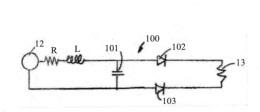

图 5 - 1 - 34 桥接电路

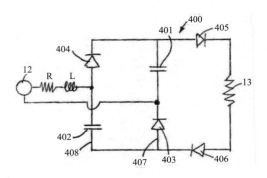

图 5 - 1 - 35 另一实例的桥接电路

5.2 海洋动力技术

5.2.1 申请人概况

海洋动力技术公司（OPT）于1984年在美国新泽西州成立，于1994年开始经营业务，并于2007年在特拉华州重新注册成立，2007年4月24日在美国纳斯达克上市，股票代码OPTT，目前市值1500万美元。该公司目前拥有五家全资附属公司：位于英国的OCEAN POWER TECH.，位于美国的REEDSPORT OPT WAVE PARK LLC、OREHON WAVE ENERGY PARTNERS I，LLC，以及位于澳大利亚的OCEAN POWER TECH.（Australasia）Pty Ltd（OPTA）。该公司的主要研发方向和产品是海上浮标式波浪发电装置，其海上浮标式发电装置可以广泛应用于海上设备的供电，例如海上浮标、海洋监测设备、海上通信设备、海上油气开采设备等。图5-2-1显示了该公司的成熟产品PB3的海上运行状态，PB3的单机容量为15kW。

图 5 - 2 - 1 OPT 的产品 PB3❶

---

❶ ［EB/OL］.［2017-11-17］. http：//www.oceanpowertechnologies.com/pb3/.

OPT 在世界各地具有多个合作项目。

（1）美国海军

2001 年 9 月，OPT 与美国海军研究办公室签署一系列在夏威夷瓦胡岛海军陆战队基地开发和建造波浪发电系统的合同。

2007 年 6 月，获得了美国海军 170 万美元的合同，将 PowerBuoy 技术应用于海洋数据采集项目，作为海军深水声波探测系统的动力源。

2008 年 10 月，获得了美国海军的一份价值 300 万美元的合同，为海军的作战需求建立自主 PowerBuoy 的高级版本。

在 2009 年 9 月和 2010 年 9 月，分别从美国海军获得 240 万美元和 275 万美元，以开发一个沿海远征自主 PowerBuoy（LEAP）样机。

2010 年 9 月，与美国海军和夏威夷电力公司合作，PowerBuoy 在夏威夷上网，位于夏威夷海军陆战队基地的 40kW PowerBuoy 成为美国第一个并网波浪能设备。

2011 年，在美国新泽西州沿海部署和运行了一个自主的原型 PowerBuoy（APB - 350），其是为美国海军沿海远征自主 PowerBuoy（LEAP）沿海安全和海上监视合同设计和制造的。

（2）美国能源部

2010 年 4 月，获得了美国能源部 150 万美元的奖励，用于发展下一代 500kW PowerBuoy 波浪发电系统，PB500（Mark 4 PowerBuoy）。

（3）洛克希德马丁

2004 年，与洛克希德马丁公司签订了首个开发和建造合同，用于开发和建造原型示范自主 PowerBuoy 系统。

2012 年 7 月，与洛克希德马丁公司达成了一项合作协议，目标是在澳大利亚维多利亚州开发一个 19MW 的波浪能源项目。

（4）新泽西州

从 2005 年 10 月到 2006 年 10 月，根据与新泽西州公用事业委员会签订的合同，在新泽西州沿海地区运营了一个示范 PowerBuoy 系统，其最高峰值或额定输出功率为 40kW。

（5）俄勒冈州

2007 年 8 月，从俄勒冈州的电力合作公司 PNGC Power 获得 50 万美元的合同，为在俄勒冈州里兹波特制造和安装 150kW 的 PowerBuoy 系统提供资金。

2008 年 10 月和 2010 年 9 月，分别获得了美国能源部 200 万美元和 240 万美元的赠款，用来帮助资助在里兹波特工厂安装的第一台 PowerBuoy 的制造和工厂测试，以及最终组装，部署和海洋试验。

2010 年 2 月，向美国联邦能源管理委员会（FERC）提交了完整的申请，以建立，部署和连接 10 - PowerBuoy 阵列（1.5MW）的电网。

（6）西班牙

2006 年 7 月，与 Iberdrola S. A. 和 Total S. A. 公司和西班牙两家政府机构签署了第一份商业建筑合同，在西班牙 Santona 海岸制造和部署一台 40kW 的 PowerBuoy 系统，以连接 9 台额外的 150kW PowerBuoy 系统，这些系统一起构成一座 1.39MW 的波浪发电站。

2010 年 3 月，由欧盟委员会（EC）负责新能源和可再生能源、能源效率和创新的欧盟委员会第七框架计划（FP7）提供 220 万欧元奖金，用于在一个名为 WavePort 的项目下交付 PowerBuoy 波浪能设备，具有创新的波浪预测能力和"波浪式"调整系统。

（7）英格兰

2006 年 2 月，获得英格兰西南地区发展局的批准，在英格兰康沃尔海岸附近安装一个 5MW 的示范波浪发电站。

（8）苏格兰

2007 年 3 月，获得由苏格兰行政机构海浪及潮汐能源支持计划的 180 万美元合同，以在苏格兰奥克尼欧洲海事能源中心（EMEC）设计、制造和安装一台 150kW 的 PowerBuoy 系统。

2008 年，与 EMEC 签署了泊位协议，规定了 PowerBoyys 的部署和运行，以及它们与已经安装并连接到苏格兰电网的波能停泊专用 2MW 海底电缆的连接。

（9）澳大利亚

2009 年 11 月，与 Leighton 合作获得了澳大利亚联邦政府的 6646 万澳元的赠款，用于在澳大利亚维多利亚州沿海建设 19MW 的波浪发电项目。

（10）日本

2011 年，与三井造船公司（MES）签订了 22 万美元的合同，为 PowerBuoy 开发了新的系泊系统。

2013 年，与三井造船公司（MES）签订了 7000 万日元（约合 70 万美元）的合同，为 PowerBuoy 的改进提供后续工作。

在 2014 年和 2015 年，与三井造船公司签订价值约 280 万美元合同，以加强 PowerBuoy 技术应用于日本的海况，分析了最大化浮标能量捕获的方法，进行了建模和波浪罐测试，评估了新的系泊策略。随后于 2016 年 5 月 31 日，与 MES 订立合共 975，587 美元的合约。❶

5.2.2 市场布局策略分析

（1）全球申请量变化趋势

OPT 作为波浪发电领域发明专利申请量最大的企业，自 1995 年开始进行专利的布局。图 5-2-2 显示了其专利申请量的年际变化情况，其总体发展趋势分为三个阶段。

第一阶段为 1995～2000 年，申请量处于缓慢增长阶段。

第二阶段为 2001～2011 年，虽然其间个别年份的申请量较低，但 OPT 的申请量总体处于活跃时期，其中，2004～2006 年达到了高峰。

第三阶段为 2012 以后，申请量下降较快。

---

❶ [EB/OL]. [2017-11-16]. http://oceanpowertechnologies.gcs-web.com/news-releases/.

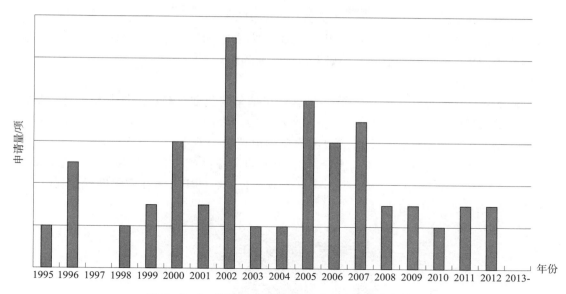

图 5 - 2 - 2 波浪发电领域 OPT 专利申请量变化情况

OPT 在 2013 年以后专利申请量下降较快，大致可以从其近年来的财报中寻找出一些原因。

OPT 在 2014 年财务分析报告上指出，截至 2014 年 4 月 30 日，公司累计赤字为 1.516 亿美元。公司自成立以来一直没有盈利且不知道是否或何时能够盈利，因为在新兴的可再生能源市场上成功商业化 PowerBuoy 系统的能力方面存在重大的不确定性。

2010 年 4 月获得由美国能源部资助 150 万美元用于下一代 500kW PowerBuoy 波浪发电系统——PB500（Mark 4 PowerBuoy）的发展计划，但在 2014 年，经过技术和市场研究后，OPT 得出的结论是 PB500 在技术上不可行或在经济上不可行，并宣布停止 PB500 的开发。

此外，2014 年 3 月，OPT 宣布放弃在俄勒冈州里兹波特建立 10 - PowerBuoy 阵列的一期工程的许可证，并于 2014 年 4 月宣布与美国能源部结束这项工程。

2014 年 7 月 31 日，与欧盟委员会（EC）关于 WavePort 计划的合同到期并不予延期。

在 2014 财年，与英格兰西南部的 WaveHub 站点的承诺协议已经过期，没有续约或延期。

2016 年、2017 年第一季的经营情况如表 5 - 2 - 1 所示。

表 5 - 2 - 1 OPT 2016 年、2017 年第一季度的经营情况 单位：万美元

	营收	利润
2017 年第一季度	19.50	-266.30
2016 年	84.30	-1018.40

综上，在2013年后，专利申请量减少，原因可能在于：一方面，多个合同终止，合同积存量减少，导致资金困难；另一方面，新系统PB500的开发受阻，新技术未显示出显著的可行性，导致新技术的研发出现了瓶颈期。

（2）市场布局情况

图5－2－3显示了OPT在全球各地区的申请量变化变化趋势，其专利布局主要集中在北美（US，CA）、欧洲（EP，ES，NO，PT）、大洋洲（AU，NZ）和日本等海洋资源丰富的国家或地区，以上四个地区的总体申请量相差不大。图5－2－3所反映的专利布局情况，与本小节5.2.1所介绍的OPT的产品投产和合作区域，是相适应的，显示了OPT对上述四个地区的市场均较为重视。但是，OPT并未在中国进行专利申请，相关产品也未进入中国市场。

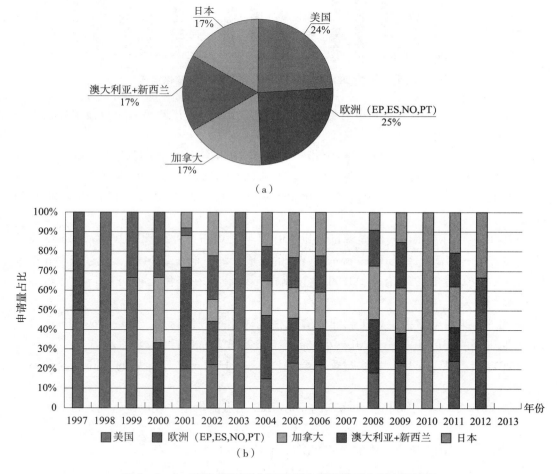

图5－2－3　波浪发电领域OPT的专利的全球市场布局情况

5.2.3　研发策略分析

图5－2－4显示了OPT的专利申请的技术分布情况。其中，振荡浮子式发电装置

占绝大多数，占比为70%，其余的自由浮子、叶轮、摆式、其他等形式占比分别为13%、9%、4%、4%。从各技术分支在不同年份的分布情况可以看出，OPT的申请量随时间推移呈现起伏状态，其中申请量的高峰出现在1996年、2000年、2002年、2005～2007年，以2002年为最高峰值。从整体来看，OPT的研发方向最早为振荡浮子式和自由浮子式，在1999～2003年其他方式的专利申请量增多，说明该时期OPT尝试了将研发方向扩展到发展摆式、叶轮式以及其他方式的技术，尤其在2002年的专利申请中在以上技术方向上均有涉及，其可能的原因在于2001年OPT与美国海军签订了开发和建造波浪发电系统的合同，为该公司的波浪发电系统技术的研发和可行性实践提供了契机。然而在2004年以后，OPT不再申请关于摆式、叶轮式的申请，而是回归到传统优势技术——振荡浮子式和自由浮子式为主的研发策略中。

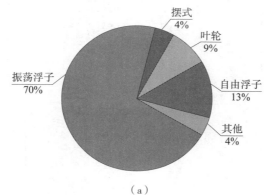

（a）

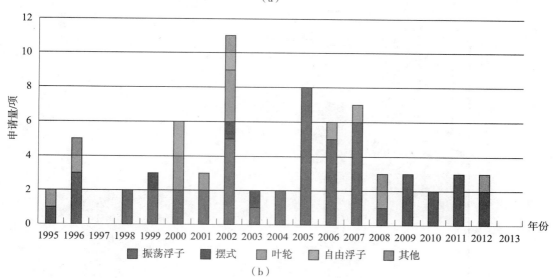

（b）

图5-2-4　波浪发电领域OPT的专利申请的技术分布情况

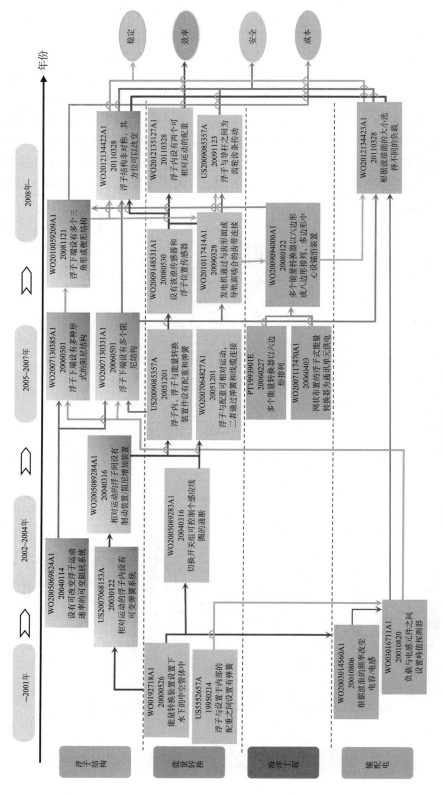

图 5-2-5 波浪发电领域 OPT 的技术发展路线图

　　尽管 OPT 的专利申请中涉及到多种方式的波浪发电技术，然而从该公司进行专利布局的年份开始，振荡浮子式装置几乎存在于每个时期的专利布局中，且占比基本上大于总申请量的 50%，在 2002 年、2005～2007 年，振荡式浮子装置的专利申请处在高峰，说明 OPT 在此期间的振荡式浮子装置在技术上有了一定的突破。事实上，在 2005～2007 年，OPT 对外签订了多个合同，根据合同在新泽西州、英格兰西南地区、西班牙、苏格兰等地开展部署 PowerBuoy 系统工作，且同时加大了研发投入并在 2007 年宣布在设计 150kW Power-Bioy 系统方面取得实质性进展，振荡浮子式技术的发展高峰可能与上述原因有关。

　　综上，OPT 的研究策略是延续传统优势，以核心技术——振荡浮子技术为主不断进行研究，此外对其他技术适当投入研究，并且技术研究与商业活动紧密联系。

5.2.4　技术发展路线分析

　　图 5-2-5 展示了 OPT 的重点专利和技术发展路线。从整体的分布可以发现，OPT 在浮子结构、能量转换、海洋工程、输配电这四个技术分支均有专利布局。而根据布局数量可以知道，OPT 的主要技术集中在浮子结构的改进和能量转换上，且在时间上连续性较强。

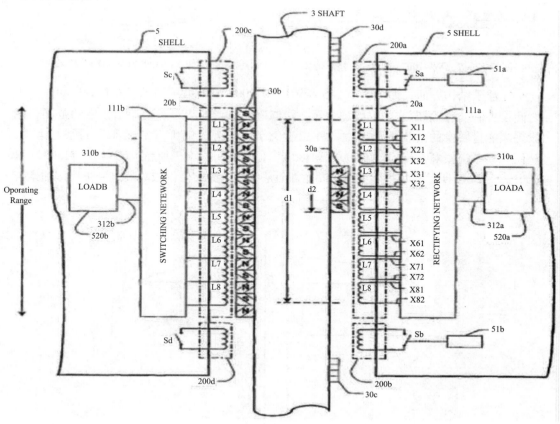

图 5-2-6　WO2005089284A1 技术方案

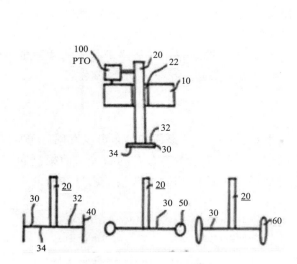

图 5 - 2 - 7　WO2007130385A1 技术方案　　　图 5 - 2 - 8　WO2007130331A1 技术方案

在浮子结构方面，如图 5 - 2 - 6 所示，WO2005089284A1 揭示了在相对运动的浮子之间设置制动装置和/或阻尼增加装置，能够避免二者的相对运动超出预定的范围，能投提高能量转换的过程的稳定性，并能避免暴风雨等极端天气造成浮子的剧烈运动，从而导致系统损坏。专利 WO2007130385A1 （如图 5 - 2 - 7 所示）、WO2007130331A1（如图 5 - 2 - 8 所示）均揭示在浮子端增加阻尼结构，能够使得减小发电系统周围的紊流

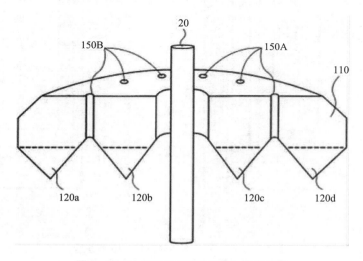

图 5 - 2 - 9　WO2010059209A1 技术方案

对系统的冲击，提高系统的稳定性和安全性。专利 WO2010059209A1，（如图 5 - 2 - 9 所示）揭示了浮子下端可以设置多个三角形或楔形结构 120a - 120d，三角形或楔形结构能够切割冲向浮子底部的波浪，同时浮子上设置有垂直贯穿的泄压孔 150A、150B，从而降低波浪对浮子的冲击，提高浮子的寿命和发电的稳定性。

在能量转换方面，早期专利 US5552657A（优先权日 1995 年 2 月 14 日）揭示了通过浮子内由压电材料制造的弹簧 30 的伸缩来产生电力，通过改变配重 34 的重量或电磁铁 54 的磁力，能够使得系统适应不同的波浪状况，提高系统的稳定性，具体如图 5 - 2 - 10 所示，该专利是 OPT 早期核心专利，被引证次数达到 58 次。

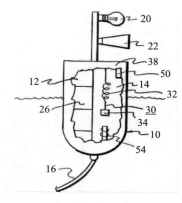

图 5 - 2 - 10　US5552657A
技术方案

如图 5 - 2 - 11 所示，WO0192718A1 揭示了在水面以下设置一中空管体 10 内，中空管体 10 上下两端形成压差，中空管体 10 内部设置活塞、叶轮等装置作为能量转换装置；并且，中空管体 10 在水下的位置可以根据波浪的压力变化而变化，甚至可以倾斜，以提高所捕获的能量。在后续的申请 WO2002057623A1 中，申请人还揭示了通过选择合适的中空管体的长度，能够提高发电的效率。

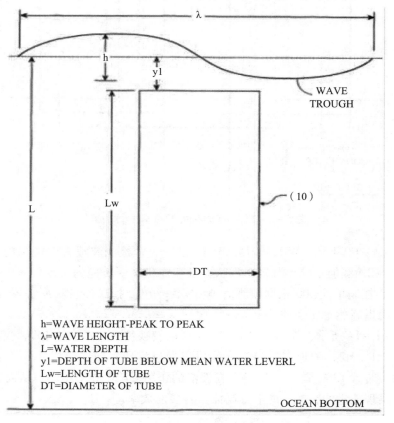

h=WAVE HEIGHT-PEAK TO PEAK
λ=WAVE LENGTH
L=WATER DEPTH
y1=DEPTH OF TUBE BELOW MEAN WATER LEVERL
Lw=LENGTH OF TUBE
DT=DIAMETER OF TUBE

OCEAN BOTTOM

图 5 - 2 - 11　WO0192718A1 技术方案

如图 5 - 2 - 12 所示，专利 WO2005089283A1 揭示了相对运动的浮子与轴之间分别设置有感应线圈组件 20（线圈 L1 - L8）和永久磁铁组件 30，在浮子与轴相对运动时，切换开关 S1 - S8 使得靠近永磁组件 30 的感应线圈接通，而使得剩余的感应项圈断开或者短路，减小线圈的电阻和阻抗，从而提高能量转换的效率。

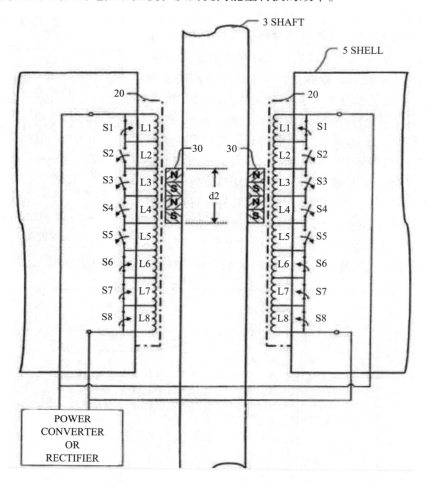

图 5 - 2 - 12   WO2005089283A1 技术方案

如图 5 - 2 - 13 所示，WO2009148531A1 设置一个检测波浪有效能量的传感器 500（预测信号）和检测能量转换装置中环状浮子和棒状浮子质检的实际位置的传感器 800（实际信号），控制单元 400 根据预测信号和实际信号，控制能量转换装置（PTO）300 的工作，从而提高能量转换的效率。

如图 5 - 2 - 14 所示，WO2012135127A1 中的转换装置包括壳体 100，壳体 100 内设有两个配重 M1、M2，配重 M1、M2 之间可以通过液压、输送带、杠杆等多种方式连接，动力输出装置 120，配重 M1、M2 在波浪的作用下产生相对运动，从而带动动力输出装置 120 实现能量的转换，能够提高能量转换的效率。

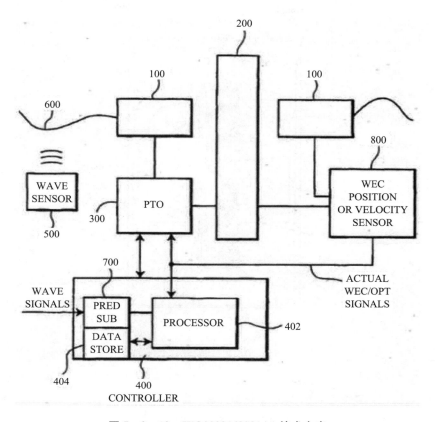

图 5 – 2 – 13　WO2009148531A1 技术方案

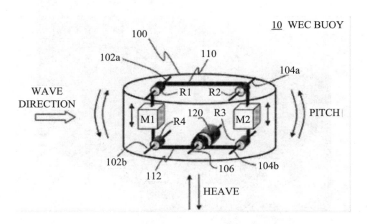

图 5 – 2 – 14　WO2012135127A1 技术方案

WO2011062576A1、WO2010117414A1 揭示了可以通过齿轮齿条、齿带等实现传动，以提高系统的稳定性和效率，具体如图 5 – 2 – 15 和图 5 – 2 – 16 所示。

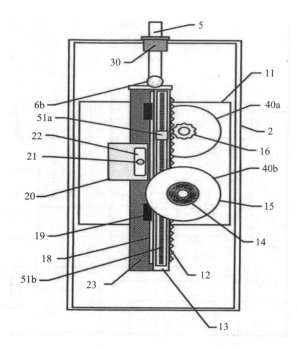

图 5 – 2 – 15　WO2011062576A1 技术方案

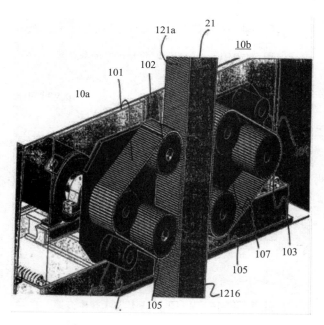

图 5 – 2 – 16　WO2010117414A1 技术方案

　　在海洋工程方面，PT1993901E 揭示了多个能量转换装置 10 可以以六边形布置，可以节约锚泊的成本，具体如图 5 – 2 – 17 所示。WO2009094000A1 进一步揭示了多个能量转换装置 B 可以以六边形、八边形布置，锚泊装置 A 设置在各多边形的中心处，在节约锚泊的成本同时，提高锚泊的稳定性，具体如图 5－2－18 所示。

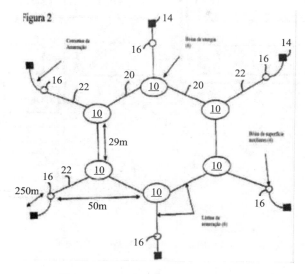

图 5－2－17　PT1993901E 技术方案

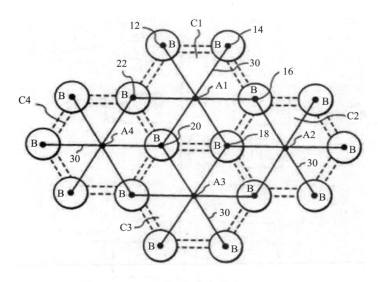

图 5－2－18　WO2009094000A1 技术方案

在输配电方面，WO03016711A1 发电电路具有智能开关 24，智能开关 24 连接在电容压电振荡器和电感器之间，负载 37 通过微控制器连接在峰值检波器 34 和电感器 26 之间，当电容压电振荡器产生最强电信号的时候智能开关会接通一定的时间，使得电力输出稳定，并能获得较高的发电效率，具体如图 5－2－19 所示。

如图 5－2－20 所示，WO2012134423A 设有切换电路，能够感知波浪能大小的情况下，选择不同的有效负载 600，提高系统的安全性和能量转换效率。

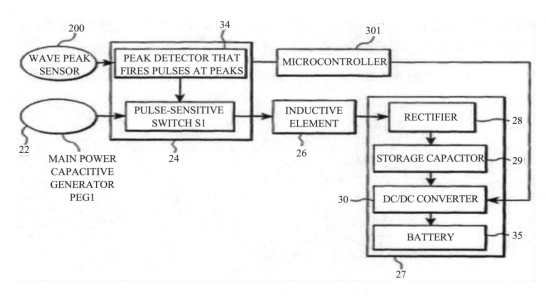

图 5 – 2 – 19　WO03016711A1 技术方案

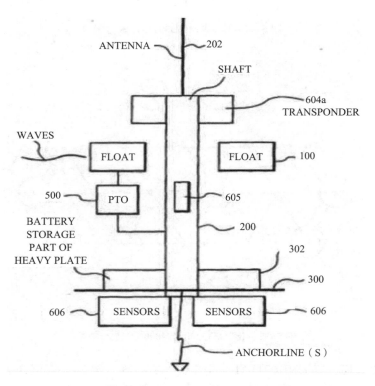

图 5 – 2 – 20　WO2012134423A1 技术方案

5.2.5　研发团队与合作

图 5 – 2 – 21 展示了 OPT 专利申请中的发明人分析，其中，图中重点标记的为涉及专

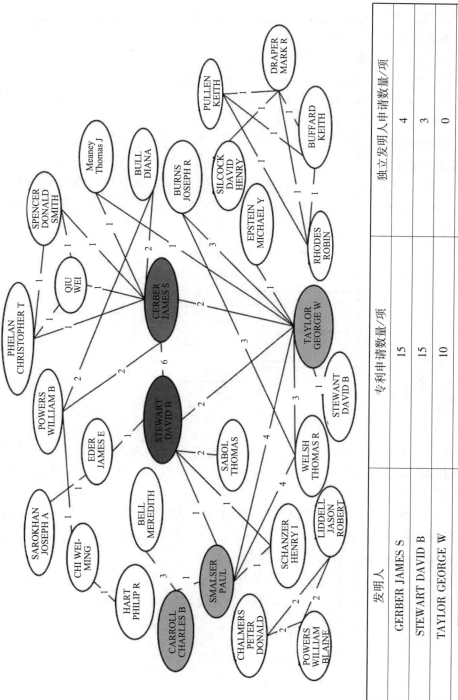

图 5 - 2 - 21 OPT 研发团队信息

发明人	专利申请数量/项	独立发明人申请数量/项
GERBER JAMES S	15	4
STEWART DAVID B	15	3
TAYLOR GEORGE W	10	0
SMALSER PAUL	7	1
CARROLL CHARLES B	6	2

利申请数量较多的发明人，分别为 GERBER JAMES S、STEWART DAVID B、TAYLOR GEORGE W、SMALSER PAUL、CARROLL CHARLES B，其涉及的专利申请数量也列举在表内。可以发现，OPT 在波浪发电领域中的主要研究团队涉及约30人，主要的发明人均与5至8人存在合作关系，其中，GERBER JAMES S 和 STEWART DAVID B 共同合作的专利申请为6项，均分别占据其个人申请数量总数的40%。

下面将介绍 OPT 由以上重要发明人参与完成的一些重要专利。

（1）申请号 US08/404，186，公开号 US5814921A，独立发明人：CARROLL CHARLES B，被引用次数59，非被自引用次数57。

设置有由压电材料制造的悬臂式结构10，悬臂结构10呈两侧相对排列，凸轮组16设置在两侧的悬臂结构10之间，凸轮组16下端与浮子42连接，浮子42带动凸轮组16上下运动，使得凸轮组16轮番挤压两侧的悬臂结构10，压电材料制造的悬臂结构10发生形变，从而实现发电。通过上述结构，能够提高低频海浪的发电效率，具体如图5-2-22所示。

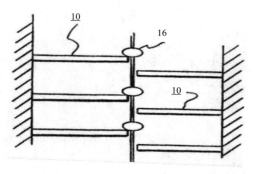

图5-2-22　US5814921A 技术方案

（2）申请号 US08/388，557，公开号 US5552657A，发明人：EPSTEIN MICHAEL Y，TAYLOR GEORGE W，被引用次数58，非被自引用次数57，拥有2个 WO 同族和一个 AU 同族。

如图5-2-23所示，中控的浮子10内设置有由压电材料制造的弹簧30，弹簧30下设置有中空的配重34，当配重34余浮子10产生相对运动时，压电材料制造的弹簧

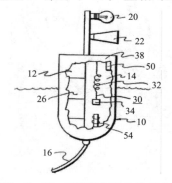

图5-2-23　US5814921A 技术方案

30 的产生伸缩变化，从而产生电力。通过改变配重的重量或电磁铁 54 的磁力，能够使得该系统更根据波浪的状态改变其自身的自然频率，从而更好地适应不同的波浪状况。

（3）申请号 US09/303，418，公开号：US6300689B1，独立发明人：SMALSER PAUL，被引用次数 47，非被自引用次数 44。如图 5 - 2 - 24 所示。

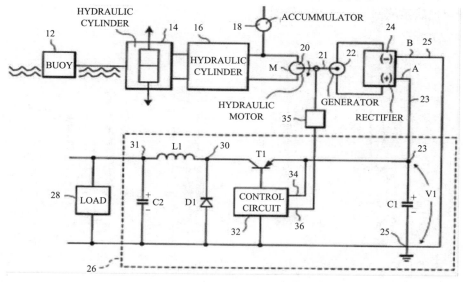

图 5 - 2 - 24 US6300689B1 技术方案

（4）申请号 US09/429，419，公开号 US6617705B1，发明人：SMALSER PAUL，CARROLL CHARLES B，被引用次数 32，非被自引用次数 30。

如图 5 - 2 - 25 所示，在浮动壳体和棒状浮体之间设置制动装置和/或阻尼增加装置，避免二者的相对运动超出预定的范围（例如暴风雨天气）。

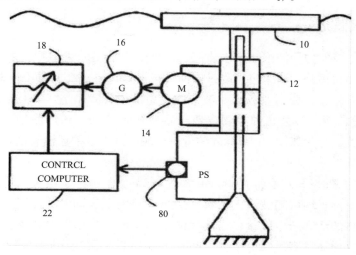

图 5 - 2 - 25 US6617705B1 技术方案

（5）申请号 US11/081900，公开号 US2006208839A1，发明人：TAYLOR GEORGE W，STEWART DAVID B，被引用次数 25，非被自引用次数 23，拥有一个 US 同族。

如图 5 - 2 - 26 所示，随着壳体 10 和柱件 12 之间的相对运动，线性发电机 20 直接产生电力，永久磁体 22 和电磁线圈 24 被布置在一起，能够提高系统的紧凑性，降低成本，相对液压系统，具有更高的稳定性。

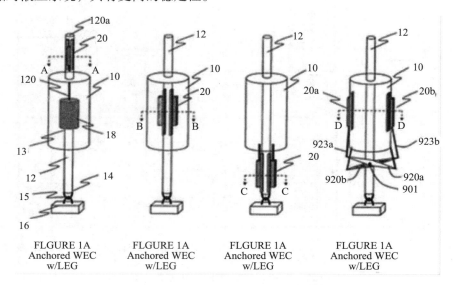

图 5 - 2 - 26　US2006208839A1 技术方案

5.3　星浪能源

5.3.1　申请人概况

星浪能源主要致力于波浪能技术研究，地址位于丹麦的哥本哈根夏洛滕隆（Charlottenlund）地区，该公司由来自丹麦丹佛斯公司（Danfoss A/S）的 Per Resen steenstrup 和 Mads Clausen 创立，公司业务涵盖波浪能设备的设计、制造、安装，以及零部件和电力的仿真模拟等❶。该公司的主要技术产品为 Wave Star，该产品是一种振荡浮子式波浪能发电装置，专为离岸 10～20km 的近海区域设计，目前还没有消息显示其已用于商业发电。

目前在研的 Wave Star 设备（600kW）是由 20 个振荡浮子组成，均匀分布在主结构的两侧，每个浮子均可随波浪上下移动。当波浪向上运动时，浮子上升并通过驱动液压泵和发电机的活塞产生能量；当波浪向下运动时，浮子下降并通过双向的液压活塞产生能量；这样通过多次浮动振荡，Wave Star 可以多次从相同的波浪能中持续制造

---

❶　[EB/OL]．[2017 - 11 - 18]．https：//da. wikipedia. org/wiki/Wave_Star.

和收集能量。

Wave Star 概念最初是由帆船爱好者 Niels Arpe Hansen 和 Keld Hansen 兄弟在 2000 年提出，并申请了专利（最早申请：DK200000162，申请日：2000 年 5 月 8 日；DK200000163，申请日：2000 年 5 月 8 日）。实际上在 2001 年，Wave Star 机器还只被称为 Tusindben（丹麦语：蜈蚣），不过该机器在丹麦还鲜为人知。2003 年，在看到波浪能巨大的商业潜力后，Per Resen steenstrup 和 Mads Clausen 购买了 Hansen 兄弟关于机器的专利技术，并成立了星浪能源，而 Hansen 兄弟目前仍然是星浪能源的顾问❶。

从 2003 年开始，在奥尔堡大学建立了一台 1/40 比例样机并对其进行了全面测试和深入研究，如图 5-3-1 所示。研究人员在大型水池中模仿北海（North Sea：丹麦临海）的波浪，并针对不同浮子、浪高以及波浪类型进行了 1300 多次测试，最终验证了机器结构、优化了能量输出、以及验证了与水动力模型相比的动力行为❷。

图 5-3-1 1/40 比例样机以及不同浮子形状❸

2005 年，在水池试验研究的基础上，星浪能源设计制造了可并网接入的 1/10 比例样机（5.5kW），并于 2006 年在丹麦 Nissum Bredning 测试中心安装运行。由于 Nissum Bredning 测试中心的波浪实际与北海的波浪类型接近，因此此次测试是为了获取实际海上运行经验。该样机的系统包含全天候无人值守工作所需的所有仪器和控制系统，在运行时具有正常工作时的普通工作模式（如图 5-3-2 所示）和在风暴恶劣天气下自我保护的风暴保护模式（如图 5-3-3 所示）。该样机在完成测试后已于 2011 年 11 月停止运行，运行时间超过 15000h，遭遇了 15 次风暴而没有损坏。

❶ [EB/OL]. [2017-11-16]. https：//da. wikipedia. org/wiki/Wave_Star.
❷ [EB/OL]. [2017-11-13]. http：//WAVE STARenergy. com/projects.
❸ [EB/OL]. [2017-11-14]. http：//WAVE STARenergy. com/sites/default/files/Wave%20Star%20Bremerhaven%20Kramer. pdf.

图 5 - 3 - 2　1/10 比例样机普通工作模式❶

图 5 - 3 - 3　1/10 比例样机风暴保护模式❷

2009 年 9 月，星浪能源在汉斯霍尔姆（Hanstholm）海边建造了 1/2 比例的 Wave Star 设备（110kW），该设备仅由 2 个浮子组成，但其浮子尺寸与具有 20 个浮子的全比例设备（600kW）尺寸相同，如图 5 - 3 - 4 和表 5 - 3 - 1 所示。2010 年 2 月起，该 1/2 比例的 Wave Star 设备实现并网发电（如图 5 - 3 - 5 所示）。为连接和访问设备，还建造了一座长 300m 高 4m 的桥梁（如图 5 - 3 - 6 所示），普通游客还可以 50 克朗（丹麦货币）的价格在令人印象深刻的波浪能设备上进行 1.5 ~ 2h 的旅游。

---

❶❷　［EB/OL］．［2017 - 11 - 21］．http：//WAVE STARenergy. com/sites/default/files/Recent_Developments_of_ Wave_Energy_Utilization_in_Denmark. pdf.

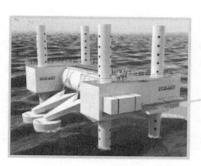

（a）1/2比例Wave Star设备　　　　　　　（b）全球比例Wave Star设备

图 5 - 3 - 4　1/2 比例 Wave Star 设备（左图）和全比例 Wave Star 设备（右图）❶

表 5 - 3 - 1　1/2 比例 Wave Star 设备和全比例 Wave Star 设备参数表❷

参数	1/2 比例 Wave Star 设备	全比例 Wave Star 设备
浮子数量	2	20
浮子尺寸	∅5m	∅5m
臂长	10m	10m
重量	1000ton	1600ton
名义发电量	110kW	600kW

图 5 - 3 - 5　1/2 比例的 Wave Star 设备❸　　图 5 - 3 - 6　与桥梁连通的设备❹

❶❷　［EB/OL］.　［2017 - 11 - 30］. http：//WAVE STARenergy. com/sites/default/files/WAVE STAR%20prototype%20at%20Roshage%20 - %20performance%20data%20for%20ForskVE%20project%20no%20. pdf.

❸❹　［EB/OL］.　［2017 - 11 - 18］. http：//WAVE STARenergy. com/sites/default/files/WAVE STAR%20prototype%20at%20Roshage%20 - %20performance%20data%20for%20ForskVE%20project%20no%20. pdf.

星浪能源的目标是制造第一台能够系列生产的 1MW 波浪发电机器，并计划在 2017 年上市销售。之后，再进一步将机器的尺寸翻倍，使其能够处理比原来高两倍的波浪高度，这也将使每台机器的发电量增加到 6MW，使一台机器能够为 4000 个家庭提供能源❶。

图 5 - 3 - 7 是 Wave Star 设备的能耗路线图，横轴代表时间年份，纵轴代表每生产 1kW·h 能量所付出的成本。由图可见，随着时间的推移，星浪能源的波浪能发电装置的效益逐渐上升，生产每单位能量所付出的成本呈逐年下降趋势。在 2010 年，生产 1kW·h 电能的成本约为 1 欧元，到 2014 年，生产 1kW·h 电能的成本能下降到 0.48 欧元左右，预计到 2021 年，生产 1kW·h 电能的成本维持在 0.05 欧元左右。

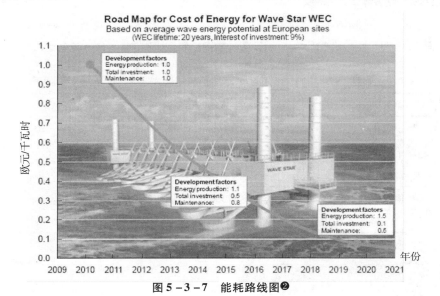

图 5 - 3 - 7　能耗路线图❷

5.3.2　市场布局策略分析

（1）申请量变化趋势

星浪能源在 2001 ~ 2013 年内共计申请了 15 项专利，而在 2014 年及之后暂停了专利布局，图 5 - 3 - 8 显示了其专利申请量的年际变化情况，其总体发展趋势大致可划分为四个阶段：

第一阶段为 2001 ~ 2002 年，当时最初的申请人是 Hansen 兄弟，他们率先发明了形似"蜈蚣"的波浪发电设备并申请了 4 项专利，星浪能源后来通过购买方式获得了这些专利权。

第二阶段为 2003 ~ 2005 年，2003 年星浪能源看中了 Hansen 兄弟的波浪发电专利

---

❶　[EB/OL].　[2017 - 11 - 30].　http：//WAVE STARenergy. com/vision.

❷　[EB/OL].　[2017 - 11 - 15].　http：//WAVE STARenergy. com/sites/default/files/Wave%20Star%20Energy%20presentation%20ICOE%202010%20UPDATED%20After%20Conference. pdf.

技术，投资并购买了 Hansen 兄弟的专利权；在 2003 ~ 2005 年，星浪能源在奥尔堡大学进行了 1/40 比例样机的试验研究，申请了 2 项专利，此阶段专利申请量增长缓慢。

第三阶段为 2006 ~ 2008 年，2006 年星浪能源在丹麦 Nissum Bredning 测试中心安装 1/10 比例样机并网进行研究，该阶段共申请了 8 项专利，达到了其专利申请的顶峰。

第四阶段为 2009 以后，在该阶段仅在 2013 年进行了 1 项专利申请。

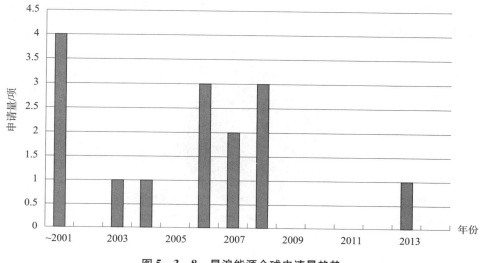

图 5 - 3 - 8　星浪能源全球申请量趋势

（2）市场布局情况

从星浪能源专利各地区申请量比例来看，一方面，星浪能源进行专利申请的地区较多，不仅在公司所在国丹麦有申请，而且在各大洲的沿海国家或地区也有申请，例如欧洲有欧洲专利局、德国、挪威、奥地利、葡萄牙、西班牙，北美洲有美国、加拿大、墨西哥，南美洲有巴西，亚洲有中国、中国香港、印度、韩国、日本，澳洲有新西兰、澳大利亚，非洲有南非，即其专利申请地区几乎涵盖了全球各大洲的主要沿海国家，可见，星浪能源认为这些地区或国家均有发展和应用波浪发电的条件和潜在需求，也是未来市场产品的主要投放对象。另一方面，从各地区的申请数量来看，欧洲占比较大，达到 37%，其次，亚洲占比 25%，北美洲占比 14%，澳洲占比 11%，如图 5 - 3 - 9 所示。在各地区和国家所申请的专利数量比较均衡，大多数在 3 ~ 5 项，如图 5 - 3 - 10 所示；而其 WO 国际专利申请的数量却达到了 8 项，同时，结合同族分析可知，上述地区和国家的专利大多是通过 PCT 专利合作条约途径申请的，因此，这 8 项国际专利申请自然成为所有专利申请之中的重要专利。

5.3.3　研发策略分析

由第 5.3.2 小节分析可知，星浪能源的专利申请大多是通过 PCT 专利合作条约途径进入的，因此，星浪能源的 WO 国际专利申请属于所有专利申请中的重要专利，其具体情况如下表 5 - 3 - 2 所示：其中，专利申请 WO2001092644A1 为早期产品，方案重点在于装置一侧具有两排浮子、采用机械齿轮传递运动、和具有防暴风雨的安全模式；序号2-6的专利申请实际是一个系列申请，特点是同族专利数量多、同族被引用次数也多，是星浪能源现行产品的主要专利技术，每件申请权利要求的保护侧重点又不同，构成了其产品的较为全面专利防御网；序号7的专利申请是对支撑平台的结构进行改进，由序号2-6方案中的浅海海域支撑平台设计改进为依海岸而建的海岸支撑平台；序号8的专利申请暂未进入任何国家，该专利方案采用电磁转换的能量转换形式来提高了能量转换效率。

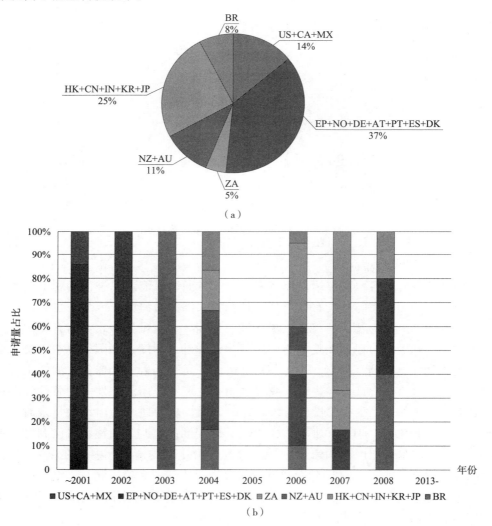

图5-3-9　波浪发电领域星浪能源专利在各地区申请量比例

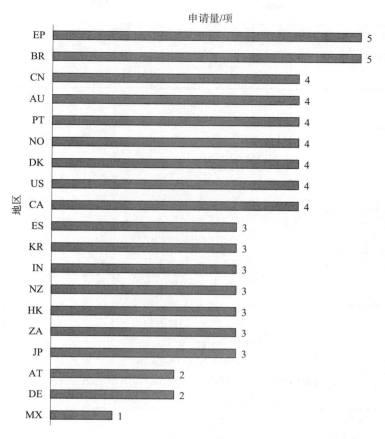

图 5－3－10　波浪发电领域星浪能源专利在各地区的申请量

表 5－3－2　星浪能源的重要专利表

序号	公开号	发明名称	技术重点	同族专利数量	同族被引用次数
1	WO2001092644A1	WAVE POWER MACHINE	装置一侧有两排浮子、采用机械齿轮传递运动，具有安全模式	11	31
2	WO2005038245A1	A WAVE POWER APPARATUS COMPRISING A TRUSS STRUCTURE WHICH IS ANCHORED TO THE SEA FLOOR	装置涉及浅海支撑平台、浮子结构	52	76
3	WO2005038246A1	A WAVE POWER APPARATUS HAVING AN ARM CARRYING A FLOAT, AND A PAIR OF BEARINGS FOR SUPPORTING THE ARM	同上	52	76

续表

序号	公开号	发明名称	技术重点	同族专利数量	同族被引用次数
4	WO2005038247A1	A WAVE POWER APPARATUS COMPRISING A PLURALITY OF ARMS ARRANGED TO PIVOT WITH A MUTUAL PHASE SHIFT	同上	52	76
5	WO2005038248A1	A WAVE POWER APPARATUS HAVING A FLOAT AND MEANS FOR LOCKING THE FLOAT IN A POSITION ABOVE THE OCEAN SURFACE	装置涉及浮子结构、采用液压转换保证能量输出恒定	52	76
6	WO2005038249A1	A WAVE POWER MACHINE	同上	52	76
7	WO2006108421A1	AN INSTALLATION COMPRISING A WAVE POWER APPARATUS AND A SUPPORT STRUCTURE THEREFOR	涉及位于海岸的支撑平台以及液压转换	25	49
8	WO2014094778A1	POWER TAKE – OFF WITH INTEGRATED RESONATOR FOR ENERGY EXTRACTION FROM LINEAR MOTIONS	涉及浮子运动的电磁转换结构	1	3

5.3.4　技术发展路线分析

图5－3－11是星浪能源的技术发展路线图，其代表性产品 Wave Star 设备属于振荡浮子式的波浪发电设备。星浪能源是从2000年开始对其装置及原理进行研发，分别从浮子结构、能量转换以及海洋工程方面一步步改进和提高设备的安全性、效率和稳定性。在安全性方面，2001年装置（WO2001092644A1）的浮子结构一侧具有两排长短不一、两侧对称设置的浮子结构，三个支撑平台设置为星型连接，具有暴风雨下的安全模式；2004年装置（WO2005038245A1、WO2005038246A1、WO2005038247A1）的浮子结构定型为一侧具有一排浮子结构、两侧对称设置、排与排之间并联连接的结构，安全性能得到逐步提升。在能量转换方面，2001年（WO2001092644A1）采用机械齿轮传动方式将浮子随波浪的上下运动转换为发电机转子的转动，2004年（WO2005038248A1、WO2005038249A1）采用液压传动方式来传递和转化浮子的上下运动，2013年底（WO2014094778A1）又提出了电磁转化的方式，目的是提高发电效率和发电稳定性。在海洋工程方面，2001年（WO2001092644A1）和2004年（WO2005038245A1、WO2005038246A1、WO2005038247A1）浮子的支撑平台设置距离海岸不远的浅海中，2006年（WO2006108421A1）的支撑平台设置于海岸边上，提高了装置的稳定性，更加方便保养维修。

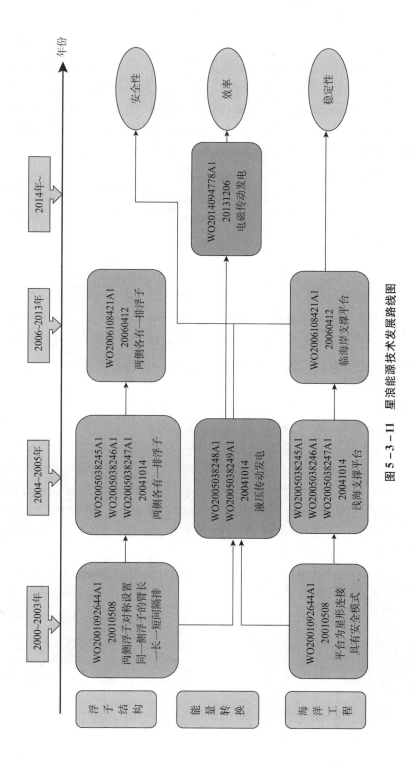

图 5 - 3 - 11 星浪能源技术发展路线图

5.3.5 研发团队与合作

5.3.5.1 研发团队

图 5-3-12 是星浪能源的主要研究团队关系图，其中，椭圆框内代表研究者，数字和连线表示两两研究者之间合作的专利申请数量，由此可见，Hansen Niels Arpe、Hansen Keld 以及 Per Resen Steenstrup 是研究团队中的核心人物，几乎公司所有专利发明都是这三位核心人物创造，且 Per Resen Steenstrup 还单独申请了 25 项专利。而位于图中靠下位置的团队仅有一项申请，是涉及 2014 年申请的电磁转换结构。

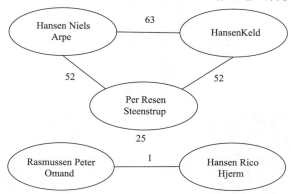

图 5-3-12　星浪能源的主要研究团队关系

5.3.5.2 合作成果

上述研发团队所合作的重要技术方案如下。

（1）WAVE POWER MACHINE（公开号：WO2001092644A1）

如图 5-3-13～图 5-3-15 所示，该技术方案是：波浪发电设备的浮子由于受到波浪作用向上运动从而带动摇臂绕驱动轴旋转，接着驱动轴的旋转运动通过齿轮变速箱传动来驱动发电机发电。3 台波浪发电设备可以组合连成一个星形结构，以便 3 台波浪发电设备的力可以集中在星形结构中的齿轮变速箱中驱动发电机发电。6 台波浪发电设备可以组合连成一个六边形结构。波浪发电设备具有暴风雨恶劣条件下的安全模式。

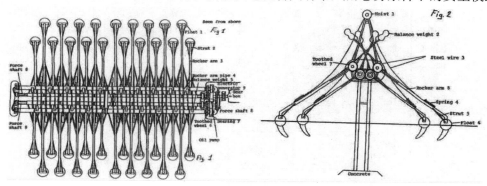

图 5-3-13　波浪发电设备

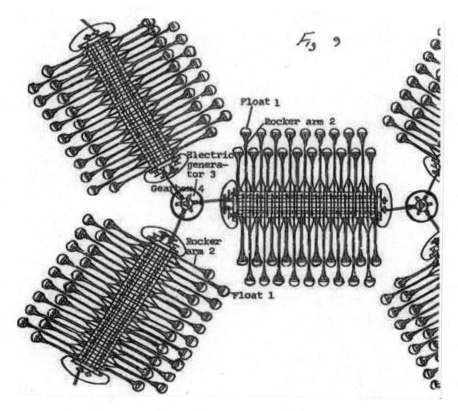

图 5 - 3 - 14　星形连接结构

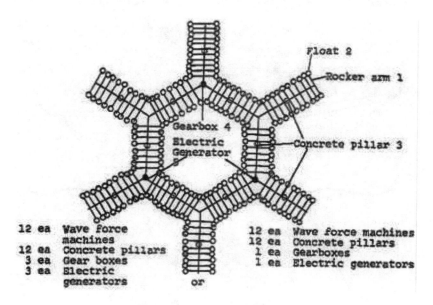

图 5 - 3 - 15　六边形连接结构

（2）A WAVE POWER APPARATUS COMPRISING A TRUSS STRUCTURE WHICH IS ANCHORED TO THE SEA FLOOR（公开号：WO2005038245A1）

如图5-3-16和图5-3-17所示，该技术方案是：该波浪发电设备的功率转换装置采用液压转换方式，具体是浮子受到波浪作用向上运动从而带动摇臂摆动，由于液压缸的活塞杆连接在摇臂上，因此摇臂的摆动就被转化为活塞杆在液压缸的运动，进而通过液压变化驱动液压发电机发电。

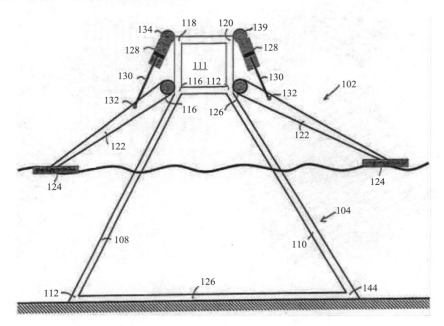

图5-3-16 正常工作模式

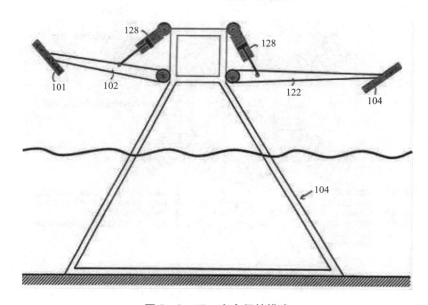

图5-3-17 安全保护模式

（3）AN INSTALLATION COMPRISING A WAVE POWER APPARATUS AND A SUP-PORT STRUCTURE THEREFOR（公开号：WO2006108421A1）

如图 5 - 3 - 18 所示，该技术方案是：波浪发电设备包括多个可旋转摆动的摇臂，每一个摇臂自由端设有浮子，浮子受到波浪作用而上下运动从而带动摇臂摆动。该装置包括液压系统的能量转换装置，多个能量转换装置被布置成一排，使得多个能量转换装置模拟波的上下波动。该波浪发电设备的支撑装置依靠海岸而建。

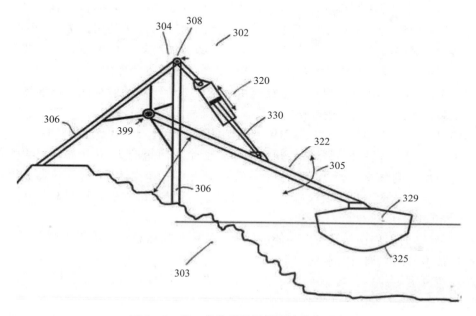

图 5 - 3 - 18　临海岸设置的波浪发电设备

（4）POWER TAKE - OFF WITH INTEGRATED RESONATOR FOR ENERGY EX-TRACTION FROM LINEAR MOTIONS（公开号：WO2014094778A1）

如图 5 - 3 - 19 所示，该技术方案是：该方案涉及一种将直线运动转换成旋转运动的磁齿轮，可将其应用在波浪发电设备上，能够将缓慢的不规则线性振荡运动转换成高速轴上的旋转运动，为发电机提供动力。

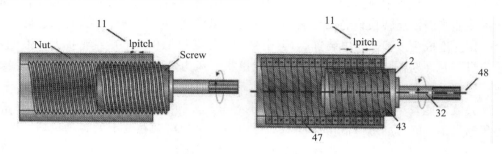

图 5 - 3 - 19　电磁转换装置

5.4 中国科学院广州能源研究所

5.4.1 申请人概况

中国科学院广州能源研究所成立于1978年，前身为1973年成立的广东省地热研究室。1998年4月，原中国科学院广州人造卫星观测站并入中国科学院广州能源研究所。广州能源研究所定位是新能源与可再生能源领域的研究与开发利用，主要从事清洁能源工程科学领域的高技术研究，并以后续能源中的新能源与可再生能源为主要研究方向，兼顾发展节能与能源环境技术，发挥能源战略的重要支撑作用。

1995年，由日本机械行星株式会社提供经费、本所研制的波浪能发电装置，经日本海上试验在相同波况下发电量相当于日本同类装置的10倍；

2010年9月，中国－丹麦高效MW级波浪能发电装置研究项目通过验收。

2010年11月，由中国科学院广州能源研究所牵头申报的2010年海洋可再生能源专项资金项目"南海海岛海洋独立电力系统示范工程"和"20kW海洋仪器波浪能动力基站关键技术研究"获得财政部、（原）国家海洋局批准立项，项目总经费分别为3000万元和300万元。

2011年12月，中国科学院广州能源研究所所承担的国家863课题"漂浮直驱式波浪能利用技术研究"通过科技部的验收。

2012年4月，中国科学院广州能源研究所与广州中船龙穴造船有限公司举行了"100kW鸭式波浪能发电装置制作合同"签字仪式。

2015年11月，中国科学院广州能源研究所在珠海市万山岛海域顺利投放了鹰式波浪能发电装置"万山号"。

2017年1月7日，中国科学院广州能源研究所研建的1kW自航式波浪能小型样机在广东顺德容奇西江河面航行试验成功。

目前，中国科学院广州能源研究所已经成功开发出鹰式波浪能发电装置"万山号"，正处于第一阶段海试阶段，并未投入商业化运营。鹰式装置"万山号"是由2013年国家海洋可再生能源专项资金资助研建的，该装置长36m，宽24m，高16m，为半潜驳船与波浪能转换设备的结合体，其既可以像船舶一样停泊、拖航，也可以下潜至设定深度成为波浪能发电装置。"万山号"前期装机120kW，后续将扩大波浪能发电装机量，并计划在装置顶部加装太阳能发电板、风力发电机和海水淡化装置，最终建成一座漂浮式多功能互补发电制淡平台。

鹰式波浪能发电装置"万山号"配备了储电池、逆变器、数据采集与监控设备、卫星传输设备，既可通过海底电缆向海岛供电，也可为搭载在其上的各种仪器、设备提供标准电力，同时能通过卫星天线实现海上设备与陆上控制中心的双向数据传输。目前"万山号"已满足在其顶部平台上安装仪器开展海洋环境测量工作，或搭载通讯设备作为海上移动基站使用。

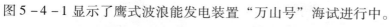

图 5 - 4 - 1 显示了鹰式波浪能发电装置"万山号"海试进行中。

图 5 - 4 - 1　鹰式波浪能发电装置"万山号"海试进行中❶

5.4.2　市场布局策略分析

作为中国较早进入波浪发电领域的研究机构，中国科学院广州能源研究所自 1985 年开始进行专利布局。

图 5 - 4 - 2 显示了中国科学院广州能源研究所的专利申请量从 1985 年到 2016 年的年际变化情况，其总体发展趋势分为三个阶段：

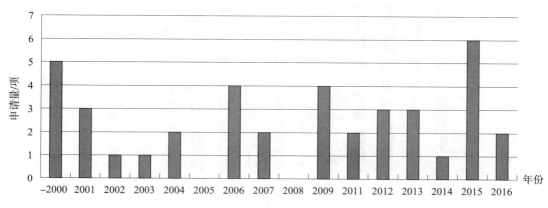

图 5 - 4 - 2　波浪发电领域中国科学院广州能源研究所的专利申请量变化趋势

第一阶段为 1985～2000 年，申请量处于缓慢增长阶段。

第二阶段为 2001～2013 年，虽然个别年份的申请量较低，但专利申请总体处于活跃时期。

---

❶　[EB/OL]．[2017 - 11 - 13]．http：//www. cas. cn/syky/t20151123_4471381. shtml.

　　第三阶段为 2014 年以后，2014 年的申请量较 2013 年有所下降，但在 2015 年迎来了专利申请的高峰。

　　中国科学院广州能源研究所的专利申请主要集中在中国。直到 2012 年，该研究所提交了一份 PCT 申请（国际专利公开号 WO2013/170496A1，优先权号 CN201210148948.2），开始国际化布局尝试。该 PCT 申请涉及一种具有半潜船特征的漂浮鹰式波浪能发电装置，分别进入了美国、澳大利亚、英国，并分别在上述三个国家以及中国获得授权保护。

5.4.3　研发策略分析

　　图 5-4-3 分别显示了中国科学院广州能源研究所的专利申请的各技术分支的占比情况以及各技术分支在历年申请的分布情况。从图 5-4-3（a）可知，振荡浮子和振荡水柱占比分别为 54% 和 28%，二者占其总申请量的 82%，其余的自由浮子、可变形式、其他等形式占比分别为 8%、2%、8%。

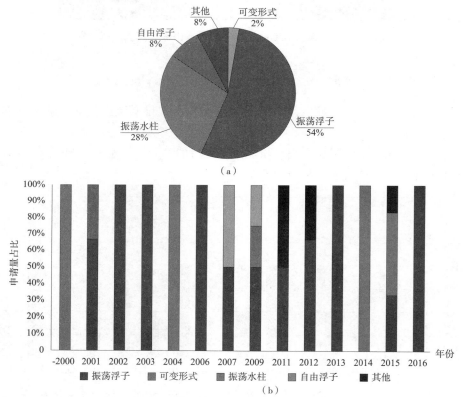

（a）

（b）

图 5-4-3　波浪发电领域中国科学院广州能源研究所专利申请的技术分布情况

　　从图 5-4-3（b）的百分比堆积图中可以进一步分析得到，中国科学院广州能源研究所在 1985～2000 年波浪能发电装置的研发方向较为单一，相关专利申请均是涉及振荡水柱，而 2001 年后，其研发变得多元化，开始探索荡浮子、自由浮子、可变形式等研发方向，并基本确立振荡浮子和振荡水柱两大主流研究方向。

5.4.4　重点专利和技术发展路线分析

　　由表 5-4-1 和图 5-4-4 可以看出，中国科学院广州能源研究所在波浪发电领域涉及的重点专利技术，从刚开始的振荡水柱单一形式逐步扩展为振荡水柱、振荡浮子、自由浮子等多种形式，技术发展主要围绕着如何提高转换效率和降低成本。近年来，研发方向尤以振荡水柱和振荡浮子为主。在振荡水柱方面，中国科学院广州能源研究所仅在 1996 年（CN1170084A）、2015 年（CN104595735A）进行了专利申请；而在振荡浮子方面，从 2001 年开始（参见图 5-4-3）进行了持续的研发（CN100462554C），尤其是从 2009 年开始，研究重点集中在具有"鹰形"浮子结构的振荡浮子式波浪发电装置（CN101737242A），并且 2012～2013 年进行了专利布局，涉及浮子结构的运动形式（CN102661231A）、浮子布置方式（CN103452742A）以及具备"鹰形"浮子结构的振荡浮子与其他发电装置的结合（CN103523183A）。其中，以 CN102661231A 作为优先权所提交的 PCT 申请，在中国、美国、澳大利亚、英国均获得授权。2016 年继续对具备"鹰型"浮子结构的振荡浮子进行改进，使其能够与深海养殖、防波堤相结合。

表 5-4-1　重点专利列表

申请号	发明名称	技术重点	法律状态
96119107.4	收缩后伸型弯管波力发电浮标	涉及发电装置中振荡水柱结构	失效
200610124328.X	漂浮式双浮体海洋波浪能发电装置	涉及发电装置中振荡浮子运动形式	失效
200910213820.8	一种强容错、高效漂浮式波浪能利用装置	涉及发电装置中自由浮子式结构	专利权维持
201210148948.2	一种具有半潜船特征的新型漂浮鹰式波浪能发电装置	涉及发电装置中振荡浮子浮子结构（鹰型）	专利权维持
201310064084.4	带铰接斜滑杆振荡浮子波浪能装置	涉及发电装置中振荡浮子浮子（鹰型）运动方式	专利权维持
201310410555.9	一种半潜式多浮子波浪能转换装置	涉及发电装置中振荡浮子浮子（鹰型）布置方式	专利权维持
2013104560453.5	可移动半潜浮式多功能海上能源供应平台	涉及波浪发电装置（浮子结构为鹰型）与其他发电装置的结合	专利权维持
201510198423.3	一基多体漂浮式波浪能转换装置	涉及多个浮体（鹰型）结合后的波浪发电装置具体结构	专利权维持
201510260254.1	一种鲸鱼形波浪能发电装置	涉及波浪发电振荡水柱形具体结构	专利权维持
201610362637.4	依附于防波堤的波浪能转换装置	涉及振荡浮子（鹰型）应用场景	在审

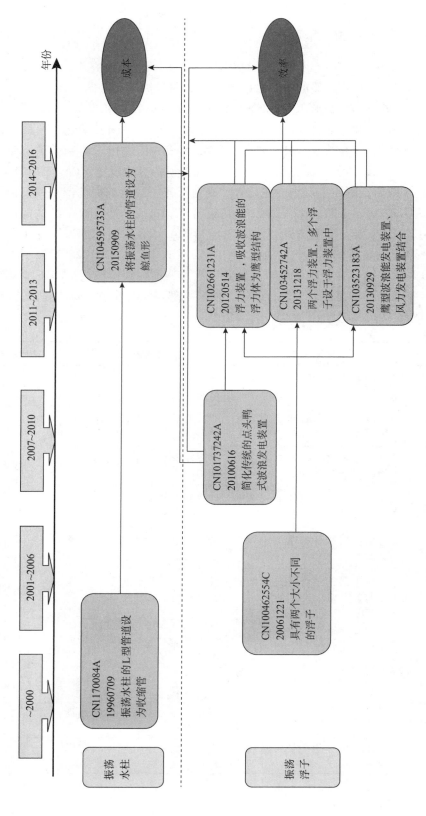

图 5 - 4 - 4　波浪发电领域中国科学院广州能源研究所技术发展路线图

5.4.5 研发团队与合作

5.4.5.1 研发团队

图5-4-5显示了中国科学院广州能源研究所主要的研究团队关系，由图中可以看出该研究所主要研发团队的核心人物为：游亚戈和盛松伟，他们作为发明人的专利申请分别达到62件和39件。

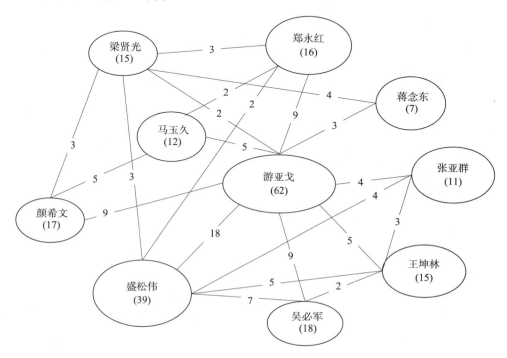

图5-4-5 波浪发电领域中国科学院广州能源研究所主要研究团队关系

5.4.5.2 合作成果

下面着重介绍下中国科学院广州能源研究所的一些重要专利。

（1）一种具有半潜船特征的新型漂浮鹰式波浪能发电装置（CN201210148948.2，国际专利公开号WO2013/170496A1）

如图5-4-6所示，发电装置包括浮力仓17，鹰头型吸波浮体1通过门型支撑臂2铰接在浮力仓17上，鹰头型吸波浮体1一端连接钢索13，钢索另一端连接液压缸14，发电装置在发电时，由鹰头型吸波浮体1跟随波浪进行上下浮动，从而带动钢索13移动，最后带动液压缸14运动，再转换为电能。

具体工作原理为：在波浪作用下，鹰头型吸波浮体1通过门型支撑臂2绕第一铰链3往复旋转运动，当波浪由波谷变为波峰的过程中，波浪推动鹰头型吸波浮体1绕第一铰链3向上旋转，同时鹰头型吸波浮体1拉动钢索13向上运动，钢索13绕过滑轮12牵引液压缸14的活塞杆向外运动，液压缸14有杆腔内的液压油被挤压进入蓄能器，用以发电或做其他形式的功；当波浪由波峰变波谷的过程中，鹰头型吸波浮体1失去波浪推力，其在重力作用下绕第一铰链 3 向下旋转，钢索 13 不再具有向上的牵引力，液压缸 14 的活塞杆在外力作用下复位，并为有杆腔补充油液，为下次波浪推动鹰头型吸波浮体 1 向上旋转做功做好准备。

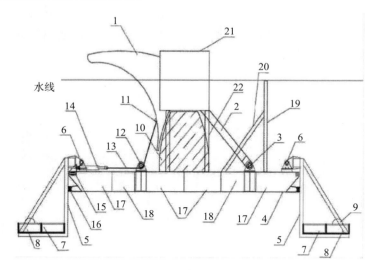

图 5 - 4 - 6　CN201210148948.2 技术方案

（2）可移动半潜浮式多功能海上能源供应平台（CN201310456045.5）

如图 5 - 4 - 7 所示，该供应平台，包括船体 1，在船体 1 上设置有风力发电机 12、太阳能发电板 11 和包括鹰头型波能吸收浮体 5 的波浪能发电装置，该平台可以利用潮流能转换装置在海流的推动下做功发电、波浪能转换装置在波浪的推动下做功发发电、

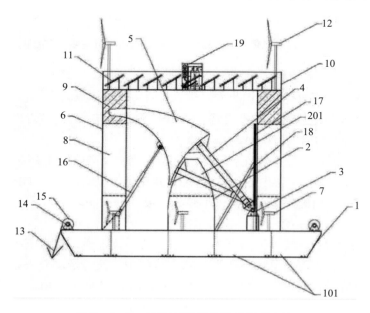

图 5 - 4 - 7　CN201310456045.5 技术方案

风力发电机在风力的推动下做功发电、太阳能板在太阳光的照射下将太阳能转换为电能，以上各种电能储存于蓄电池组内，蓄电池组连接水密电缆接头可向外输送电力，海水淡化装置，利用波浪能、风能或潮流能提供的动力抽取海水，并将其压入反渗透膜制造淡水。该平台将四种不同发电设备发出的电能转换为直流电后统一存储在蓄电池组中，蓄电池组中存储的电能可通过水密电缆接口向外输出电。

5.5　小　　结

本章选取了西贝斯特、海洋动力技术、星浪能源、中国科学院广州能源研究所等四个申请人作为重点研究的对象。

在专利布局方面，海洋动力技术于 1995 年便已经开始了专利布局，而西贝斯特的专利申请始于 2002 年。西贝斯特、海洋动力技术、星浪能源等三个外国申请人在 2013 年后便基本暂停了专利布局，尤其是西贝斯特和海洋动力技术，其重点转向了产品的商业运营方面。在中国国内，西贝斯特和星浪能源均有一定程度的专利布局，但暂未在中国进行产品的投放或相关的合作。作为中国国内重要申请人的代表，中国科学院广州能源研究所自 1985 年便开始专利布局，专利布局起步相对较早，但其专利申请主要集中在中国，直到 2012 年才开始有国际化的布局尝试；总体上，中国国内的波浪发电项目仍处于政府资助的研发阶段，与商业化运营仍有一定的距离。

在技术研发方向上，不难发现这四个申请人均以振荡浮子式发电技术为其核心。由此也可以看出，凭借着较高的能量转换效率以及在布置和维护方面所具备的简易性和灵活性，振荡浮子在今后的一段时间内，仍是全球波浪发电领域研发的主流方向。其他技术方向如振荡水柱式、自由浮子式，虽然在申请量上不如振荡浮子式，但仍有一定的研发和可布局的空间。

在商业运营方面，具有一定的不确定性。虽然，西贝斯特公司和海洋动力技术的技术均已商业化，且海洋动力技术的商业合同多于西贝斯特并多次得到美国、欧洲的资金支持，但是从近年的经营情况可以发现，海洋动力技术尽管专利申请量较大，各地的合作不断，但是自企业成立以来一直处于亏损状态，而西贝斯特已经连续两年处于营利状态。可见，从技术积累转化为市场和利润，仍需要克服不少的困难。

第6章 波浪发电技术人才分析

技术人才从专利的角度来分析，则主要体现在发明人上，发明人及其研发团队是技术创新的源泉，对技术领域中的发明人和研发团队的分析能够发现在本领域具有重大影响力的技术人才。

挖掘出行业内重要发明人或研发团队后，可以结合其在行业内各技术分支上的专利申请量、申请的时间跨度来展示发明人及其研发团队所关注过的技术领域、最近研发方向等；对比不同发明人在各技术分支上申请量的差异，可以分析出各发明人在行业内所处的位置；通过对发明人信息的收集，能够发现领域内技术人员的流动情况、研究成果等。

6.1 发明人总体情况分析

6.1.1 国内主发明人排名

对国内主发明人（第一发明人）在波浪发电领域的专利申请量按专利项数进行统计，排名前20的国内主发明人如图6-1-1所示。

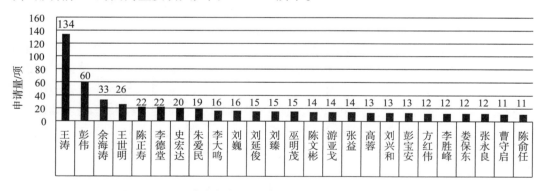

图6-1-1 波浪发电领域国内主发明人申请量排名情况

由图6-1-1可以看出，在国内，发明人王涛的专利申请量最多，为134项，远多于排在第二的彭伟（60项），排名第三位的余海涛为33项，而第四名之后的发明人专利申请量则较为接近。

6.1.2　国外主发明人总体排名

由图6－1－2可以看出，在国外，发明人 Nik Scharmann 的专利申请量最多，为45项，远多于排在第二的 ROKOPIV OLEG IVANOVICH（23项），且排名第二至第十位发明人的专利申请量都比较接近。

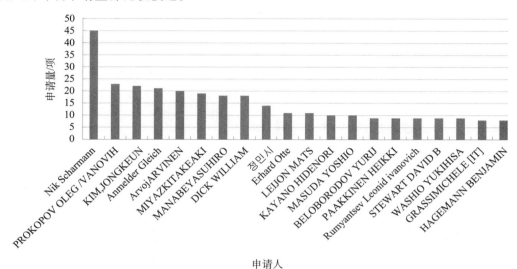

图6－1－2　波浪发电领域国外主发明人申请量排名（1～20）情况

6.1.3　主要发明人的专利申请趋势

6.1.3.1　国内前1～10位主发明人申请趋势

对主发明人申请趋势进行分析，能够了解技术人员研发活动的活跃时间和强度，国内前10名的主发明人申请趋势如图6－1－3和图6－1－4所示。

年份	2007	2008	2009	2010	2011	2012	2013	2014	2015	2016
王涛	0	0	0	0	0	0	36	68	12	15
陈正寿	0	0	0	0	0	0	4	4	3	11
彭伟	0	0	0	0	0	0	0	52	6	2
余海涛	2	2	2	1	1	0	9	10	4	2
王世明	0	0	0	4	4	4	3	1	6	4

——王涛　—■—陈正寿　—◆—彭伟　—✕—余海涛　—＊—王世明

图6－1－3　波浪发电领域国内前五名发明人专利申请趋势

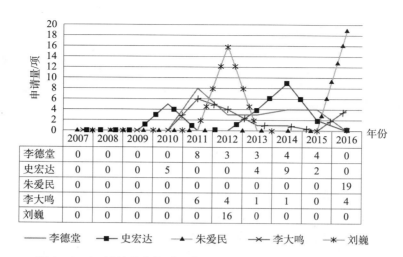

图6-1-4 波浪发电领域国内前6~10名发明人专利申请趋势

从图6-1-3和图6-1-4可以看出，国内排名前1~10的主发明人专利申请起步比较晚，2007年以后才开始进行专利申请，2012年以后才申请较多专利，并在2013和2014年时专利申请量大幅度增长，这也与国内在波浪发电领域专利申请量总体趋势在2013年和2014年达到高峰一致。

6.1.3.2 国外前1~10位主发明人申请趋势

国外前1~10名的主发明人申请的时间分布如图6-1-5和图6-1-6所示。从图6-1-5和图6-1-6可以看出，国外的专利申请起始时间比较早，时间跨度大，有部分发明人的专利申请主要集中在2000年以前，如申请量排名第二的PROKOPOV OLEG IVANOVICH，他的申请都集中在20世纪80年代，还有发明人MIYAZAKI TAKEAKI和MANABE YASUHIRO的专利开始布局的时间也较早，而且早期申请量也较大，在2000年后，这两位发明人的专利仍有一定量的申请；申请量排名第一的Nik Scharmann从2008年开始进行专利申请，虽然起点较晚，但最近几年都有大量的专利申请。

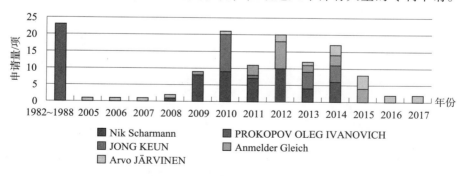

图6-1-5 波浪发电领域国外前五名发明人专利申请趋势

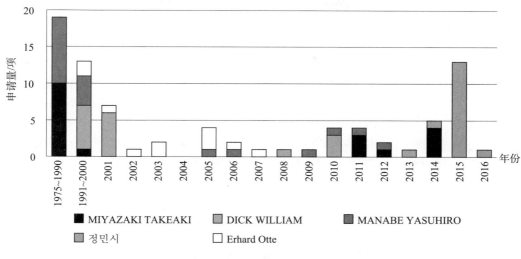

图6-1-6 波浪发电领域国外前6~10名发明人专利申请趋势

6.2 国内外专利技术人才分布分析

本小节对发明人的发明专利项数进行统计,筛选排名靠前的发明人,得到国内外波浪发电各领域的专利技术人才分布信息。

(1)振荡浮子式

振荡浮子式的技术分支包括浮子结构、液压转换、电磁转换、机械转换、输配电和海洋工程。表6-2-1为振荡浮子式各技术分支的主要专利技术人才分布情况。

表6-2-1 波浪发电领域国内外振荡浮子式专利技术人才分布

振荡浮子式	浮子结构	艾伦·罗伯特·伯恩斯、肖恩·D. 穆尔、王涛、王天泽、罗杰·G. 海因、米乐·德拉季奇、彼得鲁·廷克、马特·基思、C. 奥尔森、P. 麦克沃伊、G. 科鲁斯、T. D. 菲尼根、R. 希利、C. A. 冈萨雷斯托罗、弗莱德·奥尔森、汉斯·欧伊哥顿、H. 厄伊加德纳、J. C. 托尔维斯塔德、G. 格林斯潘、R. 坎普、扎卡里亚·卡里尔·多尔、W. S. 甘齐加、A. 格林斯潘、G. 阿尔特、A. L. 赛特斯特拉、叶雪峰、张浩源、G. A. 阿杜塞、埃兰·斯特伦斯泰特、彭伟、P. F. 让、马茨·莱永、赵义鹏、J. 波拉克、阿基·考哈宁、蒂莫·西尔塔拉、罗伯特·利姆、娄保东、赵东哲、乔斯·安东尼奥·鲁伊斯迪茨、M. 斯塔米尔斯基、亚历山大·韦杰费尔特、乔治·格林斯潘、汉斯·克努森、迭哥·鲁伊斯、史宏达、PAAKKINEN HEIKKI、约翰·F. 安德烈森、亚利山大·格林斯潘、何塞-安东尼奥·鲁伊斯-迭斯、S. 格特勒、吉恩·奥特、高超

振荡浮子式	液压转换	小 K. W. 韦尔奇、C. J. 罗蒂、H. L. 罗蒂、肖恩·D. 穆尔、阿尔文·史密斯、什穆埃尔·奥瓦迪亚、P. R. 斯滕斯特鲁普、乔纳森·皮埃尔·菲耶韦、费尔南多·格雷西亚洛佩兹、艾伦·罗伯特·伯恩斯、劳伦斯·德鲁·曼、丹尼尔·布莱恩·泰勒、罗伯特·蒂洛森、N. 伯默尔、约瑟夫·穆尔塔、扎卡里亚·卡里尔·多尔、G. 库切、A. 库切、C. 埃尔米尼、李德堂、张益、郎达尔、威廉·丹·瓦尔特斯、索姆森、厄尼斯托·布兰科、马里亚·朱利亚纳·伊尔蒂、扬·彼得·佩科尔特、詹姆斯·W. 希利、黄子鸿、马春翔、汤姆·J. 温德尔、布莱恩·T. 坎宁安、M. 西登马克、格雷厄姆·戴维·福斯特、加雷思·伊恩·斯托克曼、丹尼尔·C. 莫利、郑茂琦、约翰·克里斯托弗·查普曼、约翰·F. 安德烈森、MANABE YASUHIRO、W. 哈曼、达格芬·罗伊塞特、K. 施莱默、汉斯·克努森、张吉林、D. 图尔、张慧杰、F. 福克斯舒默、F. 黑罗尔德、卓小勤
	电磁转换	马茨·莱永、王涛、斯特凡·古斯塔夫松、王天泽、汉斯·伯恩霍夫、肖恩·D. 穆尔、埃兰·斯特伦斯泰特、芒努斯·斯塔尔贝格、STEWART DAVID B、格雷格·约翰·艾伦、鲁德·卡尔乔、肯尼思·奥奇杰、拉斐尔·沃特斯、埃里克·多尔、马库斯·穆勒、卡勒·海科宁、休–彼得·格兰维尔·凯利、余海涛、Phillips；Reed E.、南璐、林健一、比江岛慎二、Nair、Balakrishnan
	机械转换	罗杰·G. 海恩、德里克·L. 海恩、约瑟夫·D. 里兹、库尔特·A. F. 基索、罗伯特·伯查姆、STEWART DAVID B、因格维尔德·斯特劳梅、王涛、米乐·德拉季奇、C. 奥尔森、成庸准、金正熙、李东建、M. 西登马克、M. 德拉吉奇、格雷厄姆·福斯特、马茨·莱永、李东仁、康斯坦丁诺斯·A. 哈齐拉克斯、汉斯·伯恩霍夫、埃斯科·赖卡莫、AKERVOLL OLAF、纳德·哈萨马瑞、维托里奥·佩雷格里尼、H. 厄伊加德纳、王天泽、金变洙、保罗·格雷科、达理奥·戴斯姆布里诺、□刮□、马尔库·奥伊卡里宁、戈拉尔多·阿尔法拉诺、多美尼科·卡姆帕纳勒、张益、KIM, JONG KEUN、约尔根·哈尔斯·托塔尔肖格、C. H. 布瑞克、S. 科克伦、GERBER JAMES S、西尔弗特·斯特劳梅、M. 斯登马克、文辉安、黄德中、T. 安德斯森、张吉林
	输配电	马茨·莱永、拉斐尔·沃特斯、卡林·托尔布恩、切奇莉·博斯特伦、米卡埃尔·埃里克松、埃里克·多尔、弗雷德里克·阿克塞尔松、安德烈·萨文、罗伯特·莱安德松、芒努斯·拉姆、K. E. 韦尔克

续表

振荡浮子式	海洋工程	肖恩·D. 穆尔、格雷厄姆·福斯特、弗里德克·雷克兰、吉恩·简·利、迈克尔·科莱、爱德华·梅科克、马丁·肖、理查德·耶姆、S. D. 亨里克森、扎卡里亚·哈利勒、多莱、拉尼·扎卡里亚·多莱、约翰·道格拉斯·洛克、若泽·安东尼奥·鲁伊斯迪耶、维托里奥·佩雷格里尼、托马斯·雅基耶、保罗·格雷科、达理奥·戴斯姆布里诺、让－吕克·阿夏德、戈拉尔多·阿尔法拉诺、多美尼科·卡姆帕纳勒、耶罗尼莫·扎内特、米乐·德拉季奇、H. 维勒、扬·彼得·佩科尔特、S. 布罗、巫明茂、布莱恩·T. 坎宁安、D. J. 罗伊赛斯、J. A. 鲁伊斯迪耶、丹尼尔·C. 莫利、加雷思·斯托克曼、亚利山大·格林斯潘、何塞－安东尼奥·鲁伊斯－迪茨、乔治·格林斯潘、马哲、HANSEN KELD、吉恩·奥特

（2）振荡水柱式

振荡水柱式的技术分支包括腔室结构和涡轮结构。表6－2－2为振荡水柱式各技术分支的专利技术人才分布情况。

表6－2－2　波浪发电领域国内外振荡水柱式专利技术人才分布

振荡水柱式	腔室结构	马茨·莱永、王涛、王天泽、乔纳森·皮埃尔·菲耶韦、劳伦斯·德鲁·曼、彭伟、格雷格·约翰·艾伦、艾伦·罗伯特·伯恩斯、小K. W. 韦尔奇、C. J. 罗蒂、H. L. 罗蒂、G. L. 比恩、肖恩·D. 穆尔、STEWART DAVID B、Nik Scharmann、Benjamin Hagemann、王世明、汉斯·伯恩霍夫、史宏达、罗杰·G. 海恩、刘臻、德里克·L. 海恩、库尔特·A. F. 基索、鲁德·卡尔乔、戴维·克塞尔、奈杰尔·拉克斯通、斯特凡·古斯塔夫松、拉斐尔·沃特斯、罗杰·G. 海因、韦恩·F. 克劳斯、张浩源、余海涛、李德堂、H. 厄伊加德纳、邓志辉、游亚戈、迪尔瓦·布拉克斯兰、安德烈·萨文、T. D. 菲尼根、埃兰·斯特伦斯泰特、约瑟夫·D. 里兹、高超、罗伯特·伯查姆、威廉姆·A. 斯图兹、S. D. 亨里克森、J. 波拉克、林东、米乐·德拉季奇、Anmelder Gleich、秋元博路、黄长征、陈正瀚
	涡轮结构	克里斯托弗·弗里曼、斯蒂芬·詹姆斯·赫里、凯文·班克斯、汤姆·丹尼斯、威廉·肯尼思·偶兹、珍妮特·里斯、ARLITT RAPHAEL、斯科特·汉特、阿里－默罕默德·B. 楠阿卡安、雷金纳德·弗里登塔尔、WEILEPP JOCHEN、STARZMANN RALF

（3）其他类型

表6－2－3为摆式、叶轮式、可变形式、越浪式、自由浮子式的专利技术人才分布情况。

表 6 - 2 - 3　国内外其他形式的波浪发电相关专利技术人才分布

摆式 （左右/来回摆动）	G. L. 比恩、彭伟、Arvo JÄRVINEN、T. D. 菲尼根、WATABE TOMIJI、Rauno Koivusaari、KOIVUSAARI RAUNO、拉缪尔·玛拉玛拉、汉斯 - 奥拉夫·奥特森、佩尔·雷森斯泰恩 - 斯特卢普、威廉·约翰·道格拉斯·贝特曼、尼尔斯·阿尔佩汉森、凯尔德·汉森、蒂莫·西尔塔拉、王涛、J. 埃斯佩达尔、Yrjö TUOKKOLA、王天泽、罗伯特·伊维斯、林焰、金涛、YANO KENJI
叶轮式 （360 度旋转）	Benjamin Hagemann、Nik Scharmann、韦恩·F. 克劳斯、林东、黄长征、陈正瀚、保罗·瓦伊格斯、M. 格拉西、徐虔诚、约翰·彼得雷、BOLIN WILLIAM D、T. 亨利、沃尔特·M. 普雷斯、弗雷德里克·D. 弗格森、迈克尔·J. 沃勒、巴里·V. 戴维斯、提姆·科尔内留斯、以马列·格里洛斯、王天泽、约翰·基尔、斯蒂芬·阿利森、迪尔瓦·布拉克斯兰、王涛、丹尼尔·法伯、朱爱民、詹姆斯·G. P. 德尔森、王穆、詹姆斯·B. 德尔森、亚历山大·弗莱明、M. 兰德贝里、李·阿诺德、亚历山大·M. 戈尔洛夫、P. 罗伯茨、S. D. 亨里克森、迈克尔·约翰·厄奇、诺曼·佩纳、汤姆·丹尼斯、秋元博路、本杰明·荷斯坦、D. E. 鲍尔三世、维托里奥·佩雷格里尼、赛波·瑞纳内恩、王世明、Alexander PODDEY、本杰明·帕勒索普、N. R. 汉森、米科·瑞纳内恩、D. 巴赫塔尔、A. 希尔克
可变形式	让·巴蒂斯特·德勒韦、王涛、肖恩·D. 穆尔、王天泽、G. L. 瑞安、S. K. 瑞安、海吉·帕金恩、董万章、P. F. 吉恩、A. 佛蒙、王桂林、约恩·赫格默、B. P. 菲拉尔多、刘翔宇、塞伊德·穆罕默德·格豪斯、H. 维勒、S. 布罗、BELLAMY NORMAN WEST、C. 谢尔文、A. 罗思、J. B. 德勒韦、J. 波拉克、P. F. 让、王苗
越浪式	韩磊、拉斯·维冈、戴锦华、布赖恩·巴纳德、刘臻、迈克尔·霍伊尔、史宏达、安德鲁·格里德希尔、大卫·科尔顿、陈鹤、SKAARUP ERIK、GHOUSE SYED MOHAMMED、SKAARUP ERIK［DK］、Bowers、Jeffrey A.、李大鸣、Caldeira、Kenneth G.、Chan、Alistair K.、赵环宇、吕小龙、Hyde、Roderick A.、Ishikawa、Muriel Y.、李彦平、Kare、Jordin T.、曲娜、Latham、John、宋京晖、Myhrvold、Nathan P.、Salter、Stephen H.、Tegreene、Clarence T.
自由浮子式	小 K. W. 韦尔奇 C. J. 罗蒂、H. L. 罗蒂、G. L. 比恩、M. J. M. 麦卡锡、M. M. 惠兰、邓志辉、刘巍、池末俊一、安永健、太田真、韩晓、朱坤、宋洁、史蒂文·C. 亨奇、王涛、胡里奥·德·拉·克鲁兹·布拉兹古斯、王天泽、J - L. 朗格罗切、林健太郎、达利博尔·弗尔图尼克、陈世雄、乔治·布拉夫利、P. 马加尔迪、周露露、三浦正美、鹰本靖欣、米凯莱·格拉西、徐浩钟、朱石、P. A. 托马斯、IMRAN MIR、布律诺·拉里文、E. 赖卡莫、陈文美、CLEMENT ALAIN［FR］、F. 莱萨尔、亚历山大·拉里文、曾舒颖、奥利维耶·拉里文、梁富琳

6.3 主要发明人分析

本小节以主发明人（第一发明人）为入口，分别对国内外排名前10位的发明人的专利技术构成进行分析，了解其技术构成，并对发明人技术构成占比最高的技术领域进一步地分析其技术组成，分析发明人的技术专长，为波浪发电领域的技术人才引进和技术合作研发提供有效参考。

6.3.1 国内发明人分析

6.3.1.1 王 涛

王涛：1989年哈尔滨工业大学机械制造及自动化专业，硕士研究生毕业，工学硕士，1990～1996年任冶金部吉林冶金机电设备厂冶金电气传动设计研究所，副所长、所长，高级工程师；1996年应聘到河北工业大学机械系，副教授；2000年春考取天津大学精仪学院"姚建铨院士"的博士研究生；2009年12月25日，中国科学院姚建铨院士科研工作组与天津大学激光所联合创立了激光与光电子高新技术企业"无锡津天阳"，其中王涛为法定代表人。

在无锡津天阳的技术人员中，院士1位，长江学者1位，教授4位，博士和硕士多位。目前该公司自身并没有将波浪发电相关的专利技术进行商业转化。

从表6-3-1可以看出，王涛和王天泽的专利申请量最多，是该研发团队的核心成员，其次是高超、张浩源和南璐，这三人均是王涛在校所教的研究生，其他的技术人员也多是王涛的学生。

表6-3-1 发明人王涛研发团队

主发明人	研发团队成员	数量/项
王涛（134）	王天泽	127
	高 超	33
	张浩源	33
	南 璐	29
	赵东哲	24
	赵义鹏	22
	李雪松	19
	刘翔宇	16
	张月静	13

如图6-3-1所示，主发明人王涛的专利申请共134项，其专利权分别归属无锡津天阳和河北工业大学，其专利申请占比情况如下：

在这134项专利申请中，失效专利（包括撤回和无效专利）共58项，占比44%。在这

58 项失效专利中，实用新型 45 项，属于申请人有选择的放弃专利权，如图 6 - 3 - 2 所示；发明人截止到检索日王涛尚无授权专利，可以优先对王涛撤回的发明专利申请加以关注。

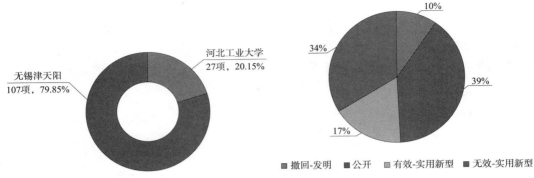

图 6 - 3 - 1　发明人王涛专利的申请人构成　　　　图 6 - 3 - 2　发明人王涛专利法律状态

进一步对其 134 项专利申请进行技术分析，其专利技术构成如图 6 - 3 - 3 所示。

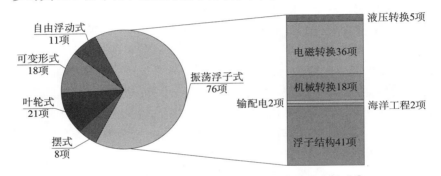

图 6 - 3 - 3　波浪发电领域发明人王涛专利技术构成❶

由图 6 - 3 - 3 可以看出，王涛的专利技术主要集中在作为波浪发电主流技术领域的振荡浮子式方面，共有 76 项，占比 56.72%，其次是叶轮式和可变形式，分别为 21 项和 18 项，占比 15.67% 和 13.43%。在可变形式和叶轮式方面发明人王涛也进行了不少的专利申请。

更进一步对王涛专利技术集中的振荡浮子式 76 项专利进行技术分析，在振荡浮子式技术分支下，涉及浮子结构和电磁转换的最多，分别为 41 项和 36 项，其次是机械转换 18 项，其余的振荡浮子式相关技术则申请较少。

对王涛各技术分支的申请趋势进行统计，如图 6 - 3 - 4 所示，可以看出，振荡浮子式属于王涛团队持续关注技术分支，而可变形式和自由浮动式的专利申请量持续减少，属于发明人团队减少投入的技术分支。

---

❶　右侧图分项之和大于其左侧图中总量，原因在于，一项专利可能涉及多个技术，故在分项统计时进行了重复计数，以下类似情况不再赘述。

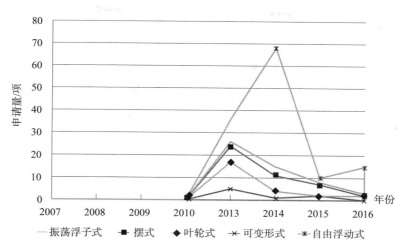

图 6 - 3 - 4　波浪发电领域发明人王涛专利技术申请趋势

6.3.1.2　彭　伟

彭伟：男，硕士，就读于长沙理工大学水利工程学院。

表 6 - 3 - 2　彭伟研发团队

主发明人	发明人	数量/项
彭伟（60）	刘志远	3
	范亚宁	2
	张继生	2
	张志坤	2
	狄宇伦	1
	孙婉秋	1
	徐　宁	1
	张文盛	1
	左正钧	1

从表 6 - 3 - 2 可以看出，彭伟专利申请量最多，是该研发团队的主要成员，其中徐宁曾就读于长沙理工大学水利工程学院。

主发明人彭伟的专利申请共 60 项，其中 58 件项专利权归属于长沙理工大学、2 项归属于河海大学。如图 6 - 3 - 5 所示，截止到检索日在这 60 项专利申请中，失效专利（包括撤回和无效专利）共 56 项，视为撤回的专利申请非常多，有 49 项，其中不乏具有授权前景的发明申请，说明申请人对于专利重视不够，相关方可以对其失效专利加以利用。剩余 4 项处于公开状态。对其 60 项专利申请进行技术分析，其专利技术构成如图 6 - 3 - 6 所示。

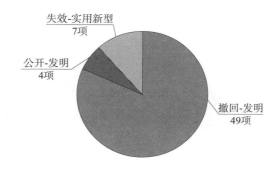

图6－3－5　波浪发电领域发明人彭伟专利法律状态

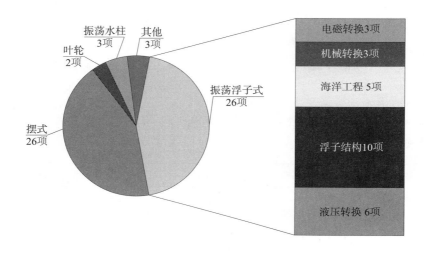

图6－3－6　发明人彭伟专利技术构成❶

　　由图6－3－6可以看出，彭伟专利技术主要集中在振荡浮子式和摆式，分别为26、26项。在振荡浮子式中，彭伟主要对浮子结构做了改进，其次是液压转换和海洋工程。

　　对彭伟各技术分支的申请趋势进行统计，如图6－3－7所示，可以看出，振荡浮子式属于彭伟团队持续关注技术分支，而可变形式和自由浮动式的专利申请量持续减少，属于发明人团队减少研发投入的技术分支。

6.3.1.3　余海涛

　　余海涛：男，东南大学教授，博士生导师，能源学会理事，从事直线电机与控制技术、波浪发电、电机优化设计、工程电磁场理论在电气中应用等研究，主持参与国家"863计划"、国家支撑计划子课题、国家自然科学基金、国家海洋能专项、国防基础研究项目、江苏省科技支撑等多项课题。担任美国《机械工程进展》"海洋能发电"专刊编委，其中SCI收录20多篇，获得教育部自然科学一等奖和湖北省自然科学二等奖。

---

❶　因一项专利可能包括多种技术分支，故汇总时存在分项之和大于总数的情况，特此说明，以下不再赘述。

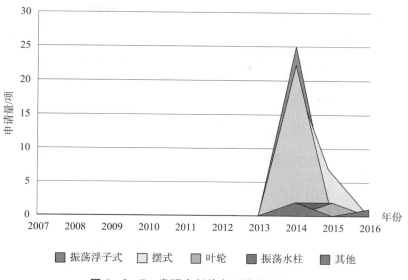

图6-3-7 发明人彭伟专利技术申请趋势

从表6-3-3可以看出，余海涛、胡敏强和黄磊是该研发团队的主要成员。其中胡敏强从事大型电机设计和运行、电机物理场和电气故障诊断的教学和科研工作；黄磊研究方向为直线电机设计与优化及控制系统研究。其余四人均就读或工作于东南大学。

表6-3-3 余海涛研发团队

主发明人	发明人	数量/项
余海涛（33）	胡敏强	25
	黄 磊	18
	陈中显	7
	孟高军	6
	闻 程	5
	封宁君	5

主发明人余海涛的专利申请共33项，专利权均归属于东南大学。在这33项专利申请中，失效专利（包括驳回、撤回和无效专利）共12项，占比38.2%。目前有效专利有21项，占比68%，如图6-3-8所示，可见，专利权人对主发明人余海涛的专利比较重视以及专利有效性维持比较好。

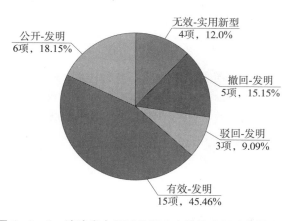

图6-3-8 波浪发电领域发明人余海涛专利法律状态

245

对其 33 项❶专利申请进行技术分析，其专利技术构成如图 6-3-9 所示。

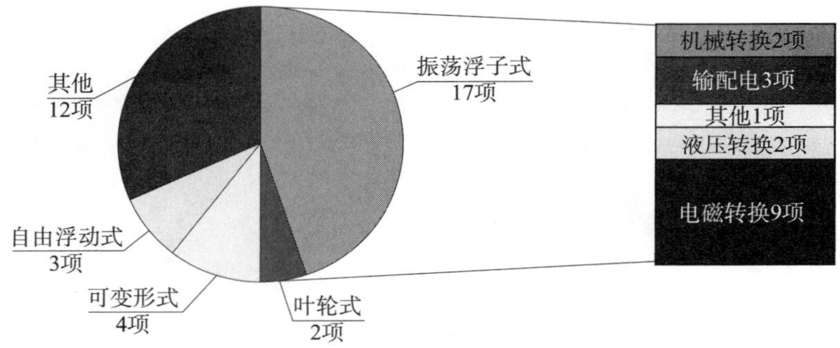

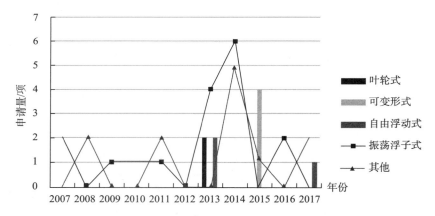

图 6-3-9　波浪发电领域发明人余海涛专利技术构成

由图 6-3-9 可以看出，余海涛专利技术主要集中在振荡浮子式，有 17 项关于振荡浮子式的专利申请。在振荡浮子式中，余海涛主要对波浪发电的电磁转换做了改进，其次是输配电方面。

对余海涛各技术分支的申请趋势进行统计，如图 6-3-10 如示，可以看出，振荡浮子式属于余海涛团队持续关注技术分支，且在 2013～2014 年关于振荡浮子的申请量较往年有明显增长。

图 6-3-10　发明人余海涛专利技术申请趋势

主发明人余海涛从事直线电机与控制技术、波浪发电、电机优化设计、工程电磁场理论在电气中应用等研究，对波浪发电的研发主要集中于振荡浮子式，研发时间至少为 10 年，经验较丰富，且研发团队的实力也较强，拥有胡敏强这样的电机专业教授。建议与其进行合作研发。

---

❶　正文中的专利申请量小于相应图中的总量，原因在于同一专利可能涉及不同技术分支，故在分项统计时进行重复计数，以下不再赘述。

6.3.1.4　王世明

王世明：教授，博士后，博士生导师，天津市华祥电子机电元件有限公司经理助理，主要研究方向：车辆和海洋工程的先进设计制造及职能控制，曾在一拖集团公司担任高级工程师，在西安交通大学担任机电研究所副所长；主持过多项省部级重大攻关课题，在主持和参加的项目中，获得省部级奖1项，其他奖6项，在国内外核心期刊上以第一作者名义发表科研论文50余篇，其中多篇被三大检索系统检索。

从表6-3-4可以看出，王世明是该研发团队的核心成员，其他成员大多都是王世明的在校研究生。

表6-3-4　王世明研发团队

主发明人	研发团队成员	数量/项
王世明（26）	胡海鹏	7
	蔡　男	6
	雷道涛	6
	吴爱平	6
	李　晴	6
	艾显著	5
	李成龙	5
	汪亚南	5
	姜琳琳	5

如图6-3-11所示，主发明人王世明的专利申请共26项，其专利权归属于2个专利权人，分别是上海海洋大学以及王世明本人，其专利权占比情况如下：

如图6-3-12所示，在26项专利中，失效（包括撤回和无效）专利超过一半，在失效专利中，实用新型为11项，占比近50%；在11项有效的专利中，实用新型的为7项，可见，发明人王世明的专利技术多是以实用新型的方式加以保护的，相关方对其技术的需求可以通过购买的方式实现。

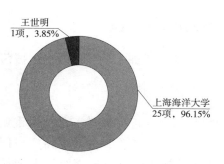

图6-3-11　波浪发电领域发明人
王世明专利的申请人构成

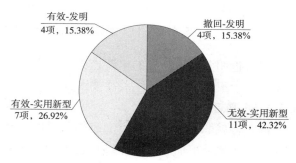

图6-3-12　波浪发电领域发明人
王世明专利法律状态

对王世明的 26 项专利申请进行技术分析，其专利技术构成如图 6 - 3 - 13 所示。

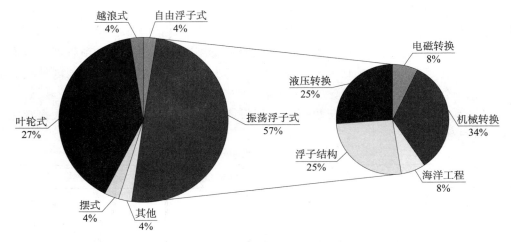

图 6 - 3 - 13　波浪发电领域发明人王世明专利技术构成

由图 6 - 3 - 13 可以看出，王世明专利技术主要集中在振荡浮子式，共有 15 项，占比 57%，其次是叶轮式，有 7 项，占比 27%。在叶轮式波浪发电方面发明人王世明进行了不少的专利申请。

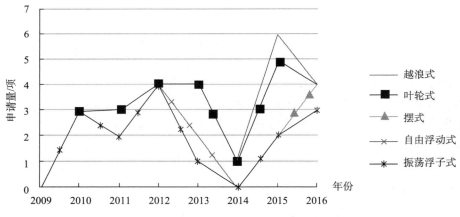

图 6 - 3 - 14　波浪发电领域发明人王世明专利技术申请趋势

对王世明各技术分支的申请趋势进行统计，如图 6 - 3 - 14 如示，可以看出，振荡浮子式属于王世明团队持续关注技术分支。

6.3.1.5　陈正寿

陈正寿就职于浙江海洋大学船舶与机电工程学院和浙江省近海海洋工程技术重点实验室，主要从事船舶与海洋结构物结构与水动力分析的研究工作，先后主持完成国家自然科学基金、浙江省自然科学基金、浙江省科技厅公益项目等省部级以上课题 8 项。

表6-3-5 陈正寿研发团队

主发明人	发明人	数量/项
陈正寿（22）	孙 孟	9
	刘 羽	3
	赵 陈	3
	赵宗文	3
	张国辉	2
	程枳宁	1

从表6-3-5可以看出，陈正寿和孙孟是该研发团队的核心成员，其次是刘羽、赵陈和赵宗文，该团队的成员均就读于浙江海洋大学。

如图6-3-15所示，主发明人陈正寿的专利申请共22项，其专利权归属于浙江海洋学院和浙江海洋大学，浙江海洋学院是浙江海洋大学的前身。在这22项专利申请中，失效专利（包括撤回和无效专利）共1项，占比4%。且该项失效专利为实用新型，其余有效专利均为发明申请。

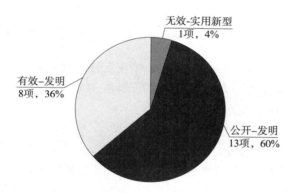

图6-3-15 波浪发电领域发明人陈正寿专利法律状态

对陈正寿的22项专利申请进行技术分析，其专利技术构成如图6-3-16所示。

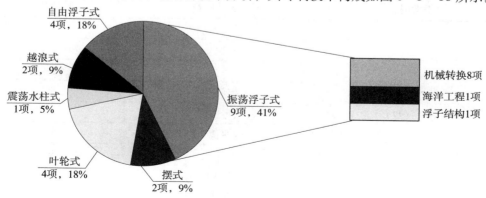

图6-3-16 波浪发电领域发明人陈正寿专利技术构成

由图 6 - 3 - 16 可以看出，陈正寿专利技术主要集中在振荡浮子式，共有 9 项，占比 41%，其次是叶轮式和自由浮动式，分别为 4 和 4 项。在振荡浮子式中，陈正寿主要对机械转换做了改进，相关专利有 8 项。

对陈正寿各技术分支的申请趋势进行统计，如图 6 - 3 - 17 所示，可以看出，陈正寿团队于 2013 年开始申请波浪发电专利，2013 ~ 2017 年涉及波浪发电的技术很广泛，从 2013 年的振荡水柱式和越浪式至 2016 年的振荡浮子式、摆式和叶轮式。

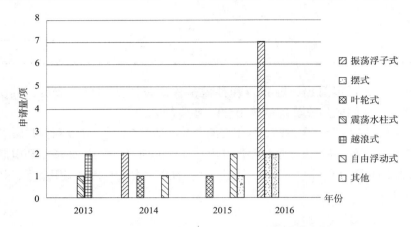

图 6 - 3 - 17　波浪发电领域发明人陈正寿专利技术申请趋势

综上所述，主发明人陈正寿主要从事船舶与海洋结构物结构与水动力分析的研究工作，对波浪发电的研发集中在振荡浮子式，其次为叶轮式和自由浮动式，其研发时间从 2013 年开始。建议相关方与其合作研发。

6.3.1.6　李德堂

李德堂：浙江海洋大学教授，长期从事海洋工程的设计与研究，承担部级以上课题 10 项，主持了 3 座海洋石油平台轮机系统设计。参加"浅海桶形基础采油平台研制"和九五重大装备项目"胜利作业三号平台"，成果均达到国际先进水平，已在海上应用产品化。

表 6 - 3 - 6　李德堂研发团队

主发明人	研发团队成员	数量/项
李德堂（22）	谢永和	12
	邵龙	8
	白兴兰	6
	郭欣	5
	王晋宝	4
	张兆德	3
	王伟	3
	高华喜	3
	任永华	3

从表 6 - 3 - 6 可以看出，李德堂和谢永和是该研发团队的核心成员，其中谢永和也是海洋工程系的老师，其次是邵龙和白兴兰，这两人也均是李德堂在校所教的研究生，其他的技术人员也多是李德堂的学生。

研发团队主要其他发明人介绍：

谢永和，浙江海洋大学科研处处长，教授，船舶与海洋结构物设计制造学科带头人，从事船舶与海洋工程专业的教学和科学研究工作，先后主持或参与了国家自然科学基金、国家 "863 计划"、国家科委重大专项、国家星火计划、浙江省重大科技攻关等省部级课题 10 余项。

如图 6 - 3 - 18 所示，主发明人李德堂的专利申请共 22 项，其专利权归属于浙江海洋大学。在这 22 项专利申请中，失效专利共 13 项，占比约 59%，其中驳回 2 项、撤回 3 项、无效 8 项。在这 13 项失效专利中，实用新型有 6 项，其中，2011 年的发明专利全部属于无效或撤回。

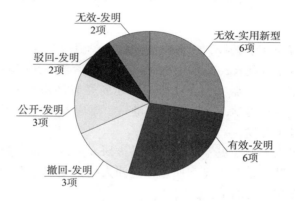

图 6 - 3 - 18　波浪发电领域发明人李德堂专利法律状态

在这 22 项专利申请中，振荡浮子式有 16 项，占比高达 73%，可见，李德堂专利技术主要集中在振荡浮子式，其他部分则主要为用于实现波浪发电的零部件，如海上平台、储能装置等。从图 6 - 3 - 19 可以看出，振荡浮子式的专利主要集中在液压转换技术方面，其次是海洋工程。

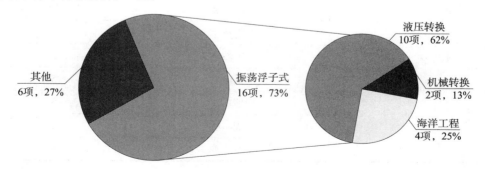

图 6 - 3 - 19　波浪发电领域发明人李德堂专利技术构成

对李德堂各技术分支的申请趋势进行统计，如图 6 - 3 - 20 所示，可以看出，振荡浮子式属于李德堂团队持续关注技术分支。

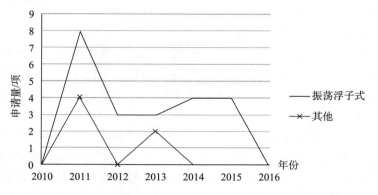

图 6 - 3 - 20　波浪发电领域发明人李德堂专利技术申请趋势

6.3.1.7　史宏达

史宏达：中国海洋大学教授，现任中国海洋大学党委研究生工作部部长、研究生院常务副院长，工程学院院长，兼任中国可再生能源学会海洋能专业委员会副主任委员、海洋工程山东省重点实验室常务主任、山东省暨青岛市海岸工程学会副秘书长。研究方向为海洋环境水动力学，港口物流，港口、海岸及近海工程专业，海洋可再生能源利用及实用化技术开发。

从表 6 - 3 - 7 可以看出，史宏达和刘臻是该研发团队的核心成员，其中刘臻也是海洋工程系的老师，其次是曹飞飞和曲娜，这两人均是史宏达在校所教的研究生，其他的技术人员也多是史宏达的学生。

表 6 - 3 - 7　史宏达研发团队

主发明人	研发团队成员	数量/项
史宏达（20）	刘　臻	20
	曹飞飞	12
	曲　娜	12
	赵环宇	6
	王鸿旭	5
	刘娅君	5
	邵　萌	5
	刘　栋	5
	黄　燕	5

研发团队主要其他发明人介绍：

刘臻，中国海洋大学工程学院副教授，主要研究方向：1. 海洋可再生能源开源及利用；2. 海洋与海岸工程试验与数值模拟研究。

主发明人史宏达的专利申请共 20 项，其申请人均为中国海洋大学，专利权人却为 2 个，分别是中国海洋大学和青岛海大海洋能源工程技术股份有限公司，可见，已经有 1 项专利实现了发明专利权的转让，得到了实际应用，专利权占比情况如图 6 - 3 - 21 所示。

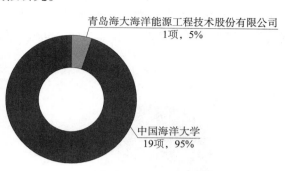

青岛海大海洋能源工程技术股份有限公司
1项，5%

中国海洋大学
19项，95%

**图 6 - 3 - 21　波浪发电领域发明人
史宏达专利的申请人构成**

如图 6 - 3 - 22 所示，在这 20 项专利中，有 12 项实用新型专利，其中只有 3 项实用新型专利处于有效状态，其他 9 项实用新型专利均属于无效状态；另外 8 项为发明专利，其中处于有效状态的发明专利高达 6 项，其他 2 项目前还处于公开状态，因为目前为止还没有驳回的专利，而其实用新型专利的无效大多数属于申请人有策略的放弃专利权。可见，发明人史宏达的研究是属于相对较高的水准的。

对史宏达的 20 项专利申请进行技术分析，其专利技术构成如图 6 - 3 - 23 所示。

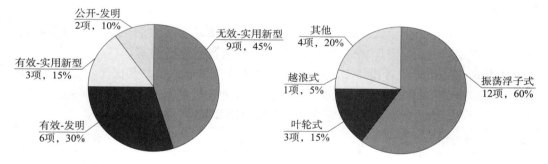

公开-发明
2项，10%

无效-实用新型
9项，45%

有效-实用新型
3项，15%

有效-发明
6项，30%

其他
4项，20%

越浪式
1项，5%

振荡浮子式
12项，60%

叶轮式
3项，15%

**图 6 - 3 - 22　波浪发电领域发明人
史宏达专利法律状态**　　　　**图 6 - 3 - 23　波浪发电领域发明人
史宏达专利技术构成**

由图 6 - 3 - 23 可以看出，史宏达专利技术主要集中在振荡浮子式，共有 12 项，占比 60%，而振荡浮子式也是波浪发电领域的主流技术。

6.3.1.8　朱爱民

主发明人朱爱民的专利申请共 19 项，集中于 2016 年申请，其专利权归属于句容市万福达工艺品厂。

如图 6 - 3 - 24 所示，在这 19 项专利申请中，有 9 项有效实用新型专利，10 项发明专利处于公开状态。

对其 19 项专利申请进行技术分析，其专利技术构成如图 6 - 3 - 25 所示。由图 6 - 3 - 25 可以看出，朱爱民专利技术主要集中在叶轮式，共有 16 项，占比 84%，其次是可变形式，有 2 项，占比 11%，可见，发明人朱爱民的主要研究方向是叶轮式波浪发电。

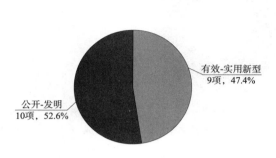

图 6 - 3 - 24　波浪发电领域发明人
朱爱民专利法律状态

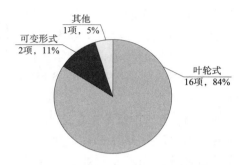

图 6 - 3 - 25　波浪发电领域发明人
朱爱民专利技术构成

主发明人朱爱民所有专利申请均集中在 2016 年，属于最新参与波浪发电领域的申请人，其主要研发方向为叶轮式。朱爱民为句容市万福达工艺品厂的法人代表，可寻求从其购买专利或者合作开发。

6.3.1.9　李大鸣

李大鸣，博士，天津大学教授，博士生导师，主要从事水力学与河流动力学研究，就职于天津大学建筑工程学院暨港口与海洋工程教育部重点实验室。

从表 6 - 3 - 8 可以看出，李大鸣是该研发团队的核心成员，其次是王志超、白玲和李晓瑜，前两人是李大鸣在校所教的研究生，其他的技术人员也多是其学生。

表 6 - 3 - 8　李大鸣研发团队

主发明人	发明人	数量/项
李大鸣（16）	王志超	5
	白　玲	4
	李晓瑜	4
	王　笑	3
	范　玉	2
	李彦卿	2
	甄　珠	2
	罗　浩	2
	唐星辰	2

如图 6 - 3 - 26 所示，主发明人李大鸣的专利申请共 16 项，其专利权均归属于天津大学。在这 16 项专利申请中，失效专利（包括撤回和无效专利）共 8 项，占比 50%。

在这 8 项失效专利中，实用新型 6 项。

对李大鸣的 16 项专利申请进行技术分析，其专利技术构成如图 6 - 3 - 27 所示。

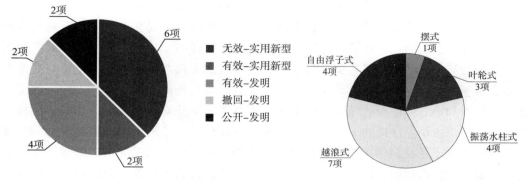

图 6 - 3 - 26　发明人李大鸣专利法律状态
图 6 - 3 - 27　波浪发电领域发明人
李大鸣专利技术构成

由图 6 - 3 - 27 可以看出，李大鸣专利技术主要集中在越浪式，共有 7 项，占比 31%，其次是自由浮动式和振荡水柱式，均为 4 项，同时在叶轮式和摆式分别申请了 3 项和 1 项。

对李大鸣各技术分支的申请趋势进行统计，如图 6 - 3 - 28 所示，可以看出，在 2011 ~ 2012 年申请量较多，集中在叶轮式、越浪式和自由浮动式，随后减少，在 2016 年主要涉及关于振荡水柱式和越浪式。

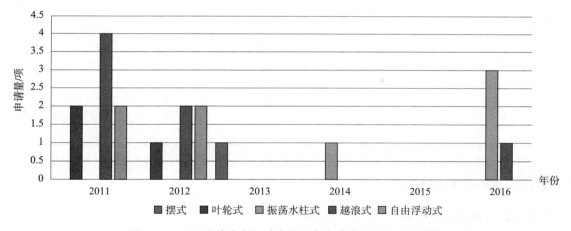

图 6 - 3 - 28　波浪发电领域发明人李大鸣专利技术申请趋势

李大鸣主要从事水力学与河流动力学研究，波浪发电的研发集中在越浪式，其次为自由浮动式和振荡水柱式，研发团队成员多为天津大学研究生，研发时间从 2011 年开始。建议与其合作开发。

6.3.1.10　刘　巍

刘巍：河海大学讲师，主要从事能源与环境工程、太阳能利用技术研究。

从表 6 - 3 - 9 可以看出，刘巍、韩晓等 8 人均属于该研发团队，其中韩晓、宋洁曾就读于河海大学机电工程学院。

主发明人刘巍的专利申请共 16 项，均为有效的发明专利，其专利权均归属于河海大学。该 16 项专利申请均为 2012 年 12 月 5 日申请的同日系列申请。

该系列申请的技术领域均属于自由浮动式，其发明点主要在于筒体具有封闭的内腔，第一弹性板和第二弹性板均连接在筒体上，且均在动子、定子的一侧布置，连接杆的杆身与第一弹性板和第二弹性板装连，连接杆的下端与动子相连，定子与筒体相固定，定子的至少一个侧面与动子的侧面相靠近。当装置随波浪上下浮动时，动子在第一弹性板和第二弹性板的导向作用下与定子发生上下相对运动，从而切割磁感线达到发电目的。由于连接杆的下端与动子相连，连接杆及动子均由第一弹性板和第二弹性板导向，动子悬在筒体内腔中，因此，无摩擦、损耗小，无需润滑。同时连接杆的杆身与第一弹性板和第二弹性板固定连接，第一弹性板和第二弹性板能够使连接杆上下竖直运动，因此，运动轴心稳定。

主发明人刘巍主要从事能源与环境工程、太阳能利用技术研究，对波浪发电的研发时间不长，于 2012 年集中申请 16 项，后续未见发明专利申请，且该 16 项专利申请是基于同一个发明点。刘巍为河海大学的讲师，专利权归属于河海大学，可寻求从河大大学购买关于上述专利申请的专利权。

表 6-3-9　刘巍研发团队

主发明人	发明人	数量/项
刘巍（16）	韩　晓	16
	宋　洁	16
	曾舒颖	16
	郑长锐	16
	周露露	16
	朱　坤	16
	朱　石	16

6.3.2　国外发明人分析

6.3.2.1　Nik Scharmann（尼克·沙尔曼）

Nik Scharmann（尼克·沙尔曼）：罗伯特·博世企业研究首席专家，2002～2005 年，在罗伯特·博世的力士乐公司负责液压控制；2005～2007 年，担任罗伯特·博世力士乐公司总裁助理；2007～2011 年，负责波浪和潮汐能转换器项目；2011 年至今，在罗伯特·博世力士乐主导一个长期的可再生能源发电高级工程项目。

从表 6-3-10 可以看出，Nik Scharmann（尼克·沙尔曼）和 Benjamin Hagemann 是该研发团队的核心人员，其次是 Alexander Poddey、Christian Langenstein 和 Jasper Behrendt。

表 6-3-10　发明人 Nik Scharmann 的研发团队

主发明人	研发团队成员	数量/项
Nik Scharmann（尼克·沙尔曼）（45）	Benjamin Hagemann	37
	Alexander Poddey	9
	Christian Langenstein	9
	Jasper Behrendt	8
	Michael Hilsch	7
	Daniel Thull	5
	Markus Perschall	5
	Yukio Kamizuru	4
	Zimmermann Stefan	4

如图 6-3-29 所示，主发明人 Nik Scharmann（尼克·沙尔曼）的专利申请共 45 项，其专利权归属于 27 个专利申请人，分别是罗伯特·博世占 44 项、Nik Scharmann 占 11 项、Benjamin Hagemann 占 6 项、Christian Langenstein 占 4 项、Zimermann Stefan 占 4 项、FASS ULRICH 占 2 项、VATH ANDREAS 占 2 项、Jasper Behrendt 占 2 项、福博克斯公司占 1 项，其他 18 个专利申请人均为个人，各占 1 项，申请人之间存在大量的共同申请导致专利权人非常多。

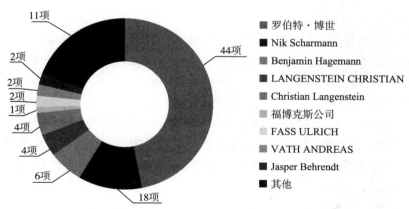

图 6-3-29　波浪发电领域发明人尼克·沙尔曼专利的申请人构成

如图 6-3-30 所示，在这 45 项专利申请中，只有 8 项获得专利授权，2 项在审和 2 项公开，失效专利多达 33 项，其很多专利由于保护年限过长，维护费用过高而未缴纳年费失效，Nik Scharmann 对其专利的保护非常有层次，值得国内企业借鉴。

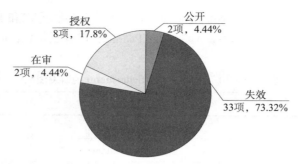

图 6 - 3 - 30　波浪发电领域发明人尼克·沙尔曼专利法律状态

对 45 项专利申请进行技术分析，其专利技术构成如图 6 - 3 - 31 所示。

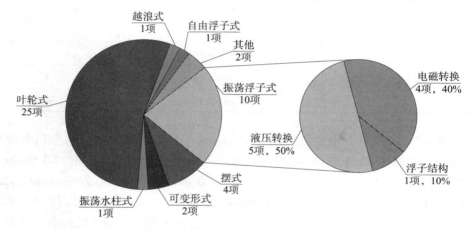

图 6 - 3 - 31　波浪发电领域发明人尼克·沙尔曼专利技术构成

由图 6 - 3 - 31 可以看出，尼克·沙尔曼专利技术主要集中在叶轮式，共有 25 项，占比 55.6%，其次是振荡浮子式和摆式，分别为 10 项和 4 项，占比 22.2% 和 8.9%。

进一步对振荡浮子式的 10 项专利进行技术分析，在振荡浮子式技术分支下，其中液压转换有 5 项、电磁转换有 4 项和浮子结构有 1 项。

对尼克·沙尔曼各技术分支的申请趋势进行统计，如图 6 - 3 - 32 所示，其中 2009 年有 4 项关于振荡浮子式的发明专利、2012 年有 7 项关于叶轮式的发明专利申请，说明该发明人 2010 年之前关注于振荡浮子式的研发、2010 年之后关注于叶轮式的研发。

在这 45 项专利申请中，只有 29 项具有同族，其他没有进行同族布局，该 45 项专利申请的同族占比如图 6 - 3 - 33 所示。

发明人尼克·沙尔曼的同族分布情况如图 6 - 3 - 34 所示，从图中可以看出其同族布局的布局区域广阔，主要集中在欧洲和美国，其中德国一国就申请了 26 项，其次为欧洲专利局 18 项和美国 10 项，同时在英国、澳大利亚等国家也有申请。

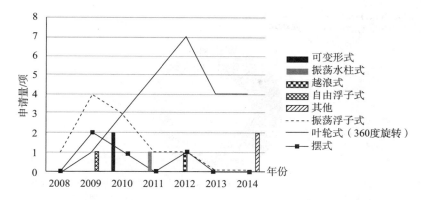

图 6 - 3 - 32　波浪发电领域发明人尼克·沙尔曼专利技术申请趋势

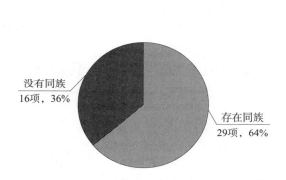

图 6 - 3 - 33　波浪发电领域发明人
尼克·沙尔曼专利同族占比

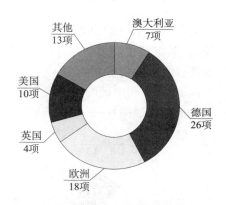

图 6 - 3 - 34　波浪发电领域发明人
尼克·沙尔曼专利同族分布

　　尼克·沙尔曼从 2007 年开始负责罗伯特·博世负责关于波浪和潮汐能转换器项目，对波浪发电的研发主要集中在叶轮式，其次是振荡浮子式和摆式。波浪发电的研究时间较长，至少从 2007～2014 年，经验丰富，且其研发团队成员具有实力较强的 Benjamin Hagemann。尼克·沙尔曼（Nik Scharmann）以及其团队中的 Benjamin Hage-mann，均具有丰富的波浪发电开发经验，可考虑人才引进。

6.3.2.2　Prokopov Oleg Ivanovich（普罗科普·奥列格·伊万诺维奇）

　　发明人 Prokopov Oleg Ivanovich（普罗科普·奥列格·伊万诺维奇）的专利申请共 23 项，其专利权归属于 2 个专利申请人，BASHKIRSKIJ ORDENA TRUDOVOGO KRAS-NOGO ZNAMENI SELSKOKHOZYAJSTVENNYJ INSTITUT 拥有 9 项，BASHKIRSKIJ SELS-KOKHOZYAJSTVENNYJ INSTITUT 有 14 项，其专利权占比情况如图 6 - 3 - 25 所示，而这两公司实际为一家公司。

BASHKIRSKU ORDENA TRUDOVOGO KRASNOGO
ZNAMENI SELSKOKHOZYJSTVENNYJ INSTITUT
9项，39.1%

BASHKIRSKIJ SELSKOKHOZYAJSTVENNYJ INSTITUT
14项，60.9%

图6-3-35　波浪发电领域发明人 Prokopov Oleg Ivanovich 专利的申请人构成

结合图6-3-37可以看出，Prokopov Oleg Ivanovich 的专利申请都非常早（1990年以前），其申请主要集中在苏联时期，均已超过20年的专利保护期限，可以对其专利技术进行大胆的借鉴和使用。

该23项专利申请的法律状态均为失效状态，对这23项专利申请进行技术分析，其专利技术构成如图6-3-36所示。

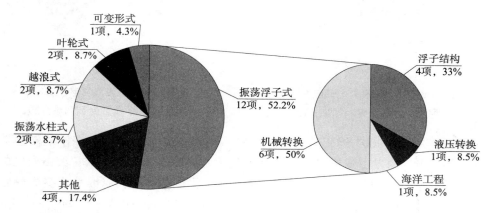

可变形式
1项，4.3%

叶轮式
2项，8.7%

越浪式
2项，8.7%

振荡水柱式
2项，8.7%

振荡浮子式
12项，52.2%

浮子结构
4项，33%

机械转换
6项，50%

液压转换
1项，8.5%

其他
4项，17.4%

海洋工程
1项，8.5%

图6-3-36　波浪发电领域发明人 Prokopov Oleg Ivanovich 专利技术构成

由图6-3-36可以看出，Prokopov Oleg Ivanovich 专利技术主要集中在振荡水柱式，共有12项，占比52.2%。进一步对振荡浮子式的12项专利做技术分析，在振荡浮子式技术分支下，主要包括对机械转换技术和浮子结构的改进。

对 Prokopov Oleg Ivanovich 各技术分支的申请趋势进行统计，如图6-3-37所示，可以看出，发明人 Prokopov Oleg Ivanovich 的申请时间主要集中在20世纪80年代，尤其是1984～1986年申请量尤为突显，在1988年之后就再也没有专利申请。

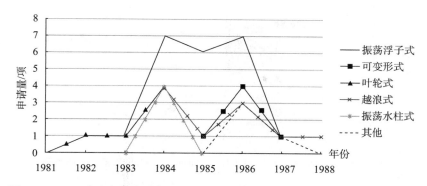

图 6 - 3 - 37　波浪发电领域发明人 Prokopov Oleg Ivanovich 专利技术申请趋势

Prokopov Oleg Ivanovich 的 23 项专利申请均没有进行同族布局。

6.3.2.3　Anmelder Gleich（阿曼达·格雷茨）

发明人 Anmelder Gleich（阿曼达·格雷茨）的专利申请共 21 项，其专利权归属于 17 个专利申请人，从其具体的专利构成来看，不同专利申请人的技术构成均集中在振荡浮子领域，推测该发明人的多项申请专利的权利进行了较多的变更，或共同申请人多而不同，具体情况如图 6 - 3 - 38 所示。

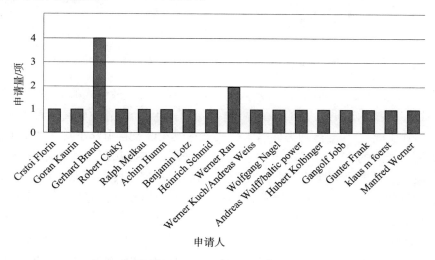

图 6 - 3 - 38　波浪发电领域发明人 Anmelder Gleich 专利的申请人构成

发明人 Anmelder Gleich 共申请了 21 项专利申请，其中有 4 项维持授权有效状态，而其他 17 项则均属于失效状态，如图 6 - 3 - 39 所示，其中多数是因为未交费用导致的失效。

对这 21 项专利申请进行技术分析，其专利技术构成如图 6 - 3 - 40 所示。

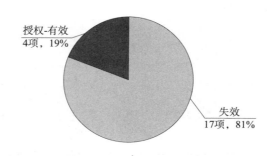

图 6 – 3 – 39　波浪发电领域发明人 Anmelder Gleich 专利法律状态

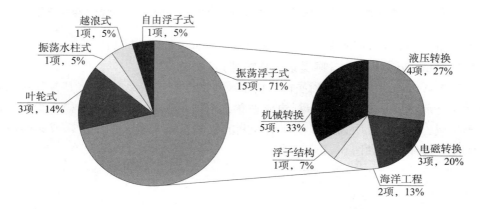

图 6 – 3 – 40　波浪发电领域发明人 Anmelder Gleich 专利技术构成

　　由图 6 – 3 – 40 可以看出，发明人 Anmelder Gleich 对多种形式的波浪发电设备都有研究，不过专利技术还是集中在振荡浮子式，共有 15 项，占比 71%，其次为叶轮式，有 3 项，占比 14%，其他分别为振荡水柱式、越浪式以及自由浮子式，各 1 项。

　　对振荡浮子式的 15 项专利做进一步的技术分析，在振荡浮子式技术分支下，涉及对机械、液压以及电磁转换技术进行改进的专利分别占 5 项、4 项和 3 项，涉及对海洋工程进行改进的有 2 项，还有 1 项是对浮子结构进行的改进，可知，发明人 Anmelder Gleich 对振荡浮子式的研究主要集中在能量转换技术。

　　对 Anmelder Gleich 各技术分支的申请趋势进行统计，如图 6 – 3 – 41 所示，可以看出，发明人 Anmelder Gleich 最初是在 2009 年针对叶轮式波浪发电装置进行了专利申请，后续也有对叶轮式波浪发电进行进一步的专利布局，不过从 2011 年开始，Anmelder Gleich 开始将研究战略转移，主要针对振荡浮子式波浪发电装置进行研究，并进行了大量的专利申请。

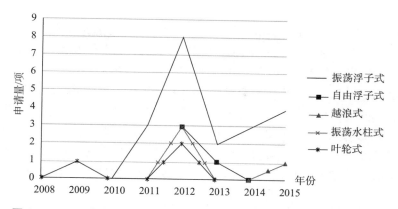

图 6 - 3 - 41　波浪发电领域发明人 Anmelder Gleich 专利技术申请趋势

Anmelder Gleich 的这 21 项专利申请中，均没有进行同族布局。

6.3.2.4　Arvo JÄRVINEN（艾薇·贾维尼）

表 6 - 3 - 11　发明人 Arvo JÄRVINEN 的研发团队

主发明人	研发团队成员	数量/项
Arvo JÄRVINEN（20）	Yrjö Tuokkola	9
	Rauno Koivusaari	7
	Markus Berg	3
	Matti Lainema	3
	Matti Vuorinen	3

从表 6 - 3 - 11 可以看出，Arvo JÄRVINEN（艾薇·贾维尼）是该研发团队的核心人员，其次是 Yrjö Tuokkola 和 Rauno Koivusaari。

如图 6 - 3 - 42 所示，发明人 Arvo JÄRVINEN 共申请了 20 项专利，其中有 4 项是处于在审有效状态，另外 16 项全部属于维持授权有效状态。也就是说，截至目前为止，该发明人的专利还没有被驳回和视撤的，而且还在连续不断的申请专利，一直游走在波浪发电领域的前沿，属于波浪发电领域的顶尖型人才。

对这 20 项专利申请进行技术分析，其专利技术构成如图 6 - 3 - 43 所示。

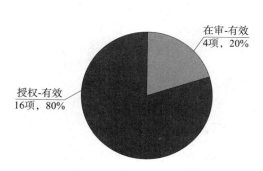

图 6 - 3 - 42　波浪发电领域发明人
Arvo JÄRVINEN 专利法律状态

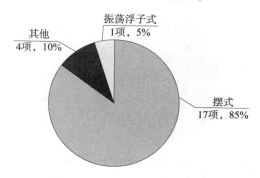

图 6 - 3 - 43　波浪发电领域发明人
Arvo JÄRVINEN 专利技术构成

由图 6 - 3 - 43 可以看出，Arvo JÄRVINEN 专利技术主要集中在摆式，共有 17 项，占比高达 85%，剩下的是其他和振荡浮子式，分别为 4 项和 1 项，占比 10% 和 5%，其中振荡浮子式的 1 项专利申请涉及的是液压转换技术的改进。

对 Arvo JÄRVINEN 各技术分支的申请趋势进行统计，如图 6 - 3 - 44 所示，可以看出，发明人 Arvo JÄRVINEN 从 2005 年开始对摆式波浪发电进行专利申请，并且一直延续到 2016 年，其间只有 2009 年和 2011 年两年没有进行专利申请，其他年份均有专利申请，且近 5 年来，专利申请量有增长的趋势，从 2014 年开始，发明人 Arvo JÄRVINEN 的专利技术开始有扩张的倾向，不再局限于摆式波浪发电，逐步延伸到振荡浮子式以及其他方式。

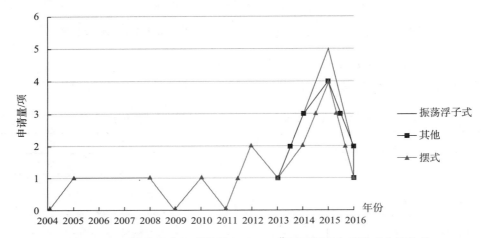

图 6 - 3 - 44　波浪发电领域发明人 Arvo JÄRVINEN 专利技术申请趋势

在这 20 项专利申请中，只有 2 项具有同族，其他均没有进行同族布局，该 20 项专利申请的同族占比如图 6 - 3 - 45 所示。

发明人 Arvo JÄRVINEN 的同族布局区域广阔，主要集中在欧洲和美国，其中欧洲专利局和美国各为 14 项，其次是澳大利亚，有 11 项，同时在日本也有一定量的申请，发明人 Arvo JÄRVINEN 的专利同族布局具体如图 6 - 3 - 46 所示：

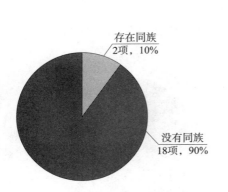

图 6 - 3 - 45　波浪发电领域发明人
Arvo JÄRVINEN 专利同族占比

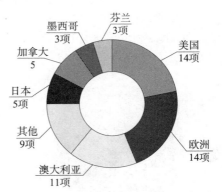

图 6 - 3 - 46　波浪发电领域发明人
Arvo JÄRVINEN 专利同族分布

6.3.2.5 Manabe Yasuhiro

从表6-3-12可以看出，Manabe Yasuhiro 是该研发团队的核心人员，其次是 Manabe Teruhisa。

表6-3-12 波浪发电领域发明人 Manabe Yasuhiro 的研发团队

主发明人	研发团队成员	数量/项
Manabe Yasuhiro（18）	Manabe Teruhisa	7
	輝久真鍋	1

如图6-3-47所示，发明人 Manabe Yasuhiro 的专利申请共18项，其专利权归属2个专利申请人，一个是 Taiyo Plant KK，占有9项，另外一个是 Manabe Yasuhiro 本人，也拥有9项。

由图6-3-48可知，发明人 Manabe Yasuhiro 共申请了18项专利，其中有9项是维持授权有效状态，而另外9项则是因为保护期限到期所导致的无效。也就是说，发明人Manabe Yasuhiro 申请的所有专利都是被授予专利权，可见，该发明人的研究是具有相当高的水准，而且专利维持意识特别强。

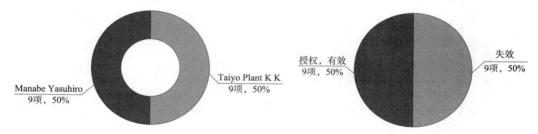

图6-3-47 波浪发电领域发明人
Manabe Yasuhiro 专利的申请人构成

图6-3-48 波浪发电领域发明人
Manabe Yasuhiro 专利法律状态

对这18项专利申请进行技术分析，其专利技术构成如图6-3-49所示。

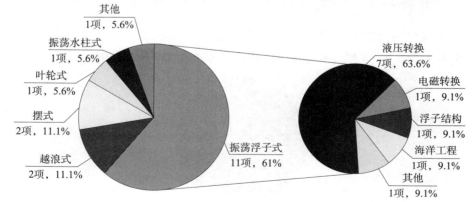

图6-3-49 波浪发电领域发明人 Manabe Yasuhiro 专利技术构成

由图6-3-49可以看出，Manabe Yasuhiro 专利技术主要集中在振荡浮子式，共有

11 项，占比 61%，其次是摆式和越浪式，分别为 2 项，占比 11.1%，还涉及有叶轮式 1 项，振荡水柱式 1 项，其他 1 项，可见，发明人 Manabe Yasuhiro 对各种形式的波浪发电设备均有一定的研究。

对振荡浮子式的 11 项专利做进一步的技术分析，在振荡浮子式技术分支下，涉及对液压转换技术进行改进的专利占了 7 项，占振荡浮子式总量的 63.6%，电磁转换、浮子结构、海洋工程以及其他也均有 1 件，可知，发明人 Manabe Yasuhiro 对振荡浮子式的研究主要集中在能量转换中利用液压转换。

对发明人 Manabe Yasuhiro 各技术分支的专利申请趋势进行统计，如图 6 - 3 - 50 所示，可以看出，发明人 Manabe Yasuhiro 专利申请的时间跨度较大，从 1978 年开始，一直延续到 2011 年，发明人 Manabe Yasuhiro 最初只研究振荡浮子式，并在早期就进行了一定量的专利申请，随着时间的推移，发明人 Manabe Yasuhiro 的研究范围越来越广，并逐步涉及其他形式的波浪发电的相关研究。

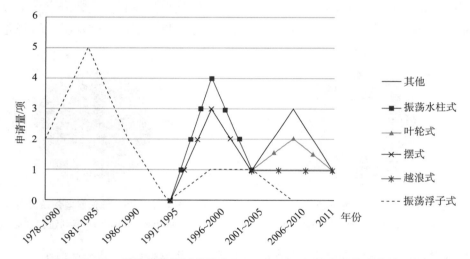

图 6 - 3 - 50　波浪发电领域发明人 Manabe Yasuhiro 专利技术申请趋势

在这 18 项专利申请中，有 5 项具有同族，且都是本国日本的同族，其他 13 项均没有进行同族布局，该 18 项专利申请的同族占比如图 6 - 3 - 51 所示。

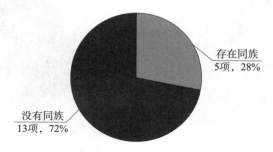

图 6 - 3 - 51　波浪发是领域发明人 Manabe Yasuhiro 专利同族占比

6.3.2.6　Kim Jong Keun（金勇根）

主发明人 Kim Jong Keun（金勇根）的专利申请共 22 项，均为申请状态，其专利权归属于 3 个专利申请人，如图 6 - 3 - 52 所示，分别是 Kim Jong Keun 占 21 项、Tae Kyung Ind 占 6 项、三星电子占 1 项，共同申请的比例不高。❶

如图 6 - 3 - 53 所示，发明人 Kim Jong Keun 申请的 22 项专利，其中有 3 项是处于在审有效状态，有 6 项处于失效状态，其中多为驳回和视撤所致，另外有 13 项是属于维持授权有效的状态。可见，Kim Jong Keun 对专利申请、维持专利有效的意识较高，需要对其专利申请情况加以关注。

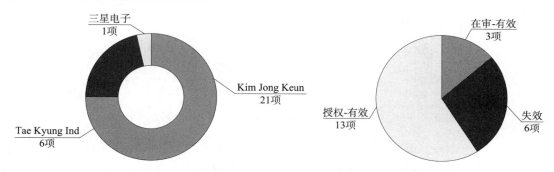

图 6 - 3 - 52　波浪发电领域发明人　　　　图 6 - 3 - 53　波浪发电领域发明人
Kim Jong Keun 专利的申请人构成　　　　　Kim Jong Keun 专利法律状态

对 22 项专利申请进行技术分析，其专利技术构成如图 6 - 3 - 54 所示。

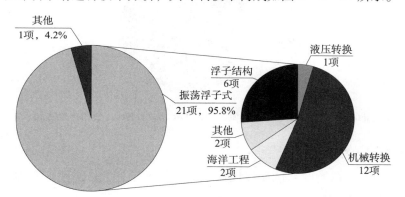

图 6 - 3 - 54　波浪发电领域发明人 Kim Jong Keun 专利技术构成

由图 6 - 3 - 54 可以看出，Kim Jong Keun 专利技术主要集中在振荡浮子式，共有 21 项，占比 95.4%，其他占 1 项。

进一步对振荡浮子式的 21 项专利技术分析，在振荡浮子式技术分支下，机械转换 12 项和浮子结构 6 项，可见申请人的研发主要关注波浪发电振荡浮子中机械转换和浮子结构的改进。

---

❶ 此 3 位申请人存在共同申请专利的情况，因此 3 位申请人所占申请之和大于专利申请总数。

对 Kim Jong Keun 各技术分支的申请趋势进行统计，如图 6 – 3 – 55 所示，可以看出，发明人 Kim Jong Keun 的申请时间集中在 2010～2014 年。

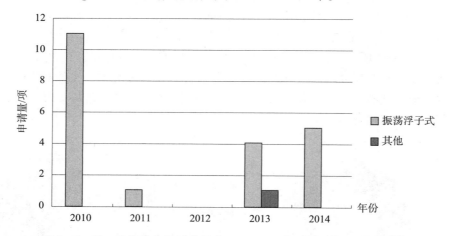

图 6 – 3 – 55　波浪发电领域发明人 **Kim Jong Keun** 专利技术申请趋势

在这 22 项专利申请中，只有 3 项具有同族，其他均没有进行同族布局，该 22 项专利申请的同族占比如图 6 – 3 – 56 所示。3 项专利申请的同族均在韩国申请。

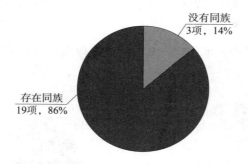

图 6 – 3 – 56　波浪发电领域发明人 **Kim Jong Keun** 专利同族占比

6.3.2.7　정민시（郑敏城）

发明人정민시（郑敏城）的研发团队有两人：정민시（郑敏城）和 Min Shy Jung。主发明人郑敏城的专利申请共 14 项，Min Shy Jung 的申请有 3 项。

主发明人郑敏城的专利申请专利权归属于 2 个专利申请人，分别是郑敏城占 11 项、주식회사 서준（徐俊）占 3 项。

在发明人郑敏城申请的 14 项专利中，因驳回失效的有 3 项，还有 1 项目前处于在审状态，另外 10 项全部为维持授权有效状态，如图 6 – 3 – 57 所示，发明人郑敏城在波浪发电领域还是具有一定技术实力。

对郑敏城的 14 项专利申请进行技术分析，其专利技术构成如图 6 – 3 – 58 所示。

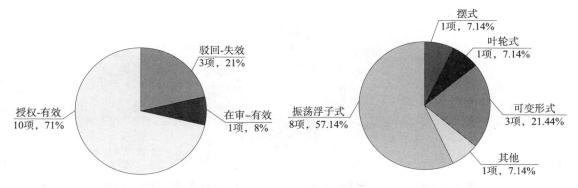

图 6 – 3 – 57　波浪发电领域发明人　　　　图 6 – 3 – 58　波浪发电领域发明人
　　　郑敏城专利法律状态　　　　　　　　　　郑敏城专利技术构成

由图 6 – 3 – 58 可以看出，郑敏城专利技术主要集中在振荡浮子式，共有 8 项，占比 57.14%，其次是可变形式为 3 项，占比 21.44%。其中 8 项振荡浮子式技术中均涉及机械转换，1 项同时涉及浮子结构。可见，发明人主要集中于振荡浮子的机械转换研究。

对郑敏城各技术分支的申请趋势进行统计，发明人郑敏城的申请时间集中在 2015 年。

6.3.2.8　Takeaki Miyazaki

从表 6 – 3 – 13 可以看出，Takeaki Miyazaki 是该研发团队的核心人员，其次是 Washio Yukihisa 和 Hotta Taira。

表 6 – 3 – 13　波浪发电领域发明人 Takeaki Miyazaki 的研发团队

主发明人	研发团队成员	数量/项
Takeaki Miyazaki（19）	Washio Yukihisa	6
	Hotta Taira	5
	Atsushi Nakamura	4
	Shuzo Okayama	4
	Takayuki Takeuchi	4
	Masamichi Iwasaki	4
	Kayano Hidenori	4
	Masuda Yoshio	2

如图 6 – 3 – 59 所示，主发明人 Takeaki Miyazaki 的专利申请共 19 项，其专利权归属于 8 个专利申请人，分别是石川岛播磨重工业占 7 项、其他占 5 项、富士电机占 4 项、TAKENAKA KOMUTEN 占 2 项、OCEAN ENERGY ENGINEERING 占 1 项，其他还包括 SE-CR DEFENCE BRIT、FUKUYO KEIICHI、KAIYO ENERGY ENGINEERING KK。

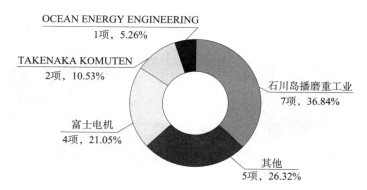

图 6 - 3 - 59　波浪发电领域发明人 Takeaki Miyazaki 专利的申请人构成

　　发明人 Takeaki Myyazaki 申请的 19 项专利，失效的专利共有 7 项，其中有 2 项是属于视撤失效，1 项是驳回失效，其他 4 项是因为超出保护期限导致的失效，剩余 12 项全部为维持授权有效状态，如图 6 - 3 - 60 所示。可见，发明人 Takeaki Myyazaki 一直是走在波浪发电领域的前沿，其研究具有较高的水准，且对专利的申请、布局意识高，为该领域内的资深人才。

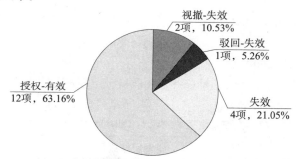

图 6 - 3 - 60　波浪发电领域发明人 Takeaki Miyazaki 专利法律状态

　　对 19 项专利申请进行技术分析，其专利技术构成如图 6 - 3 - 61 所示。

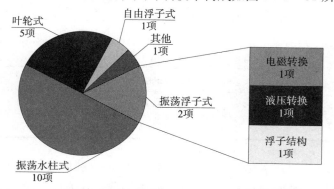

图 6 - 3 - 61　波浪发电领域发明人 Takeaki Miyazaki 专利技术构成

　　由图 6 - 3 - 61 可以看出，Takeaki Miyazaki 专利技术主要集中在振荡水柱式，共有 10 项，占比 52.6%，其次是叶轮式和振荡浮子式，分别为 5 项和 2 项，占比 26.3% 和

10.5%，其他有 1 项。

进一步对振荡浮子式的 2 项专利技术分析，在振荡浮子式技术分支下，其中 1 项包含了浮子结构和液压转换技术，另外一件涉及了电磁转换技术。

对 Takeaki Miyazaki 各技术分支的申请趋势进行统计，如图 6 - 3 - 62 所示，发明人 Takeaki Miyazaki 的申请时间跨度较大，从 1976 年就开始有进行专利申请，一直到 2015 年都有专利申请，其中 2001 ~ 2010 年无任何专利申请，且在 2000 以前的申请人主要为石川岛播磨重工业，专利技术主要集中在振荡水柱方面，而 2010 年后的申请人主要为富士电机，专利技术主要集中在叶轮式方面。

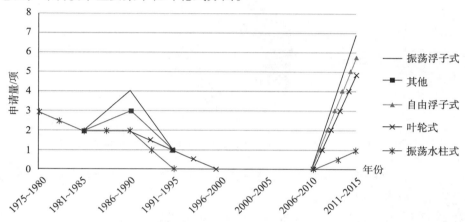

图 6 - 3 - 62　波浪发电领域发明人 Takeaki Miyazaki 专利技术申请趋势

在这 19 项专利申请中，只有 2 项具有同族，其他均没有进行同族布局，专利申请的同族占比如图 6 - 3 - 63 所示。

如图 6 - 3 - 64 所示，1 项专利申请只在美国进行同族布局，另外 1 项专利申请（JPS58165579）的同族布局区域广阔，主要集中在欧洲各国，其中挪威一国就申请了 3 项同族，其次为爱尔兰，有 2 项同族布局，美国、澳大利亚以及日本等主要市场国也都有同族布局。

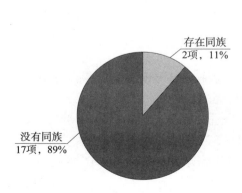

图 6 - 3 - 63　波浪发电领域发明人
Takeaki Miyazaki 专利同族占比

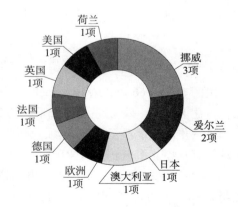

图 6 - 3 - 64　波浪发电领域
JPS58165579 同族分布情况

6.3.2.9 Dick William（迪克·威廉）

发明人 Dick William（迪克·威廉）的研发团队：Dick William 和 Villegas Carlos。其中 Dick William 申请专利 18 项，Villegas Carlos 申请专利 3 项。

主发明人 Dick William 的专利申请，其专利权归属于 3 个专利申请人，分别是 Wavebob 占 13 项、Dick William 占 7 项、Villegas Carlos 占 1 项，其专利权占比情况如图 6-3-65 所示。

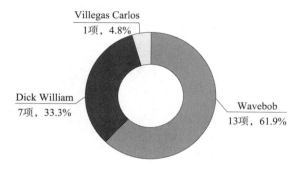

图 6-3-65　波浪发电领域发明人 Dick William 专利的申请人构成

Dick William 的专利申请目前全部授权有效，应当重点对其专利布局、专利技术情况进行关注，以有效规避侵权。

对 18 项专利申请进行技术分析，其专利技术构成如图 6-3-66 所示。

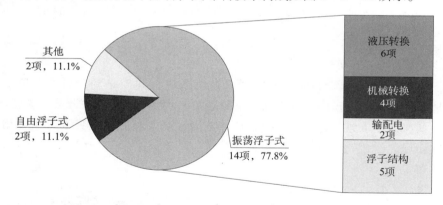

图 6-3-66　波浪发电领域发明人 Dick William 专利技术构成

由图 6-3-66 可以看出，Dick William 专利技术主要集中在振荡浮子式，共有 14 项，占比 77.8%，其次是自由浮子式为 2 项，占比 11.1%。

进一步对振荡浮子式的 14 项专利做技术分析，在振荡浮子式技术分支下，其中液压转换有 6 项、机械转换有 4 项、浮子结构有 5 项和输配电 2 项。

对 Dick William 各技术分支的申请趋势进行统计，如图 6-3-67 如示，可以看出，发明人 Dick William 的申请时间跨度较长，从 1998 年就开始有进行专利申请，一直到 2014 年。其中 2002～2005 年无任何专利申请。

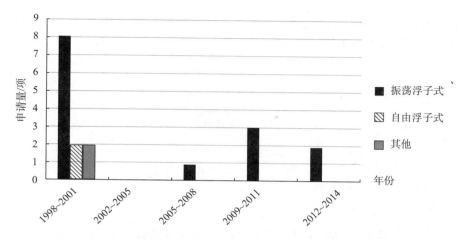

图 6 - 3 - 67 波浪发电领域发明人 Dick William 专利技术申请趋势

该 18 项专利申请均有同族，发明人 Dick William 的同族申请主要集中在欧洲和美国，其中美国和英国申请了 9 项，欧洲专利局申请 8 项，同时在澳大利亚、加拿大和德国等也有申请，具体如图 6 - 3 - 68 所示。

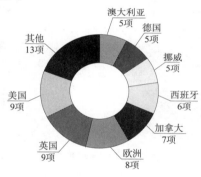

图 6 - 3 - 68 波浪发电领域发明人 Dick William 专利同族分布

6. 3. 2. 10 Erhard Otte

发明人 Erhard Otte 的专利申请共 11 项，其专利权归属于 3 个专利申请人，分别是 OTTE ERHARD DIPL - ING 用于 5 项、Erhard Otte 本人拥有 5 项、ELTEC WAVEPOWER 有 1 项，其专利权占比情况如图 6 - 3 - 69 所示：

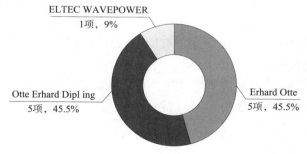

图 6 - 3 - 69 波浪发电领域发明人 Erhard Otte 专利的申请人构成

发明人 Erhard Otte 的 11 项专利，其中 1 项维持授权有效状态，1 项为驳回无效状态，另外 9 项均属于未交费用所导致的无效，如图 6-3-70 所示。

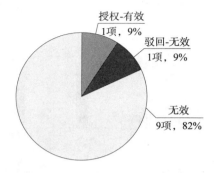

图 6-3-70　波浪发电领域发明人 Erhard Otte 专利法律状态

对这 11 项专利申请进行技术分析，其专利技术构成如图 6-3-71 所示。

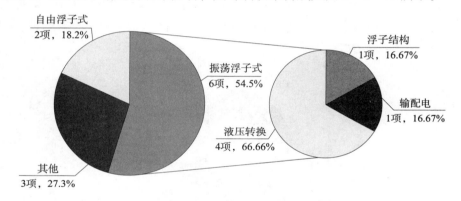

图 6-3-71　波浪发电领域发明人 Erhard Otte 专利技术构成

由图 6-3-71 可以看出，Erhard Otte 专利技术主要集中在振荡浮子式，共有 6 项，占比 54.5%，其次是其他和自由浮子式，分别为 3 项和 2 项，占比 27.3% 和 18.2%。

进一步对振荡浮子式的 6 项专利做技术分析，在振荡浮子式技术分支下，有 4 项是针对液压转换技术进行的改进，浮子结构和输配电各有 1 项。

对 Erhard Otte 各技术分支的申请趋势进行统计，如图 6-3-72 所示，可以看出 1999～2007 年，除了 2004 年没有专利申请以外，其他每年均有专利申请，申请量也不大，每年 1 项或 2 项，只有 2005 年申请了 3 项有关振荡浮子式的专利。

在这 11 项专利申请中，只有 3 项具有同族，其他均没有进行同族布局，该 11 项专利申请的同族占比如图 6-3-73 所示。

发明人 Erhard Otte 的同族布局主要集中在英国，有 2 件，其次分别为美国和日本，各为 1 件，其专利同族布局如图 6-3-74 所示。

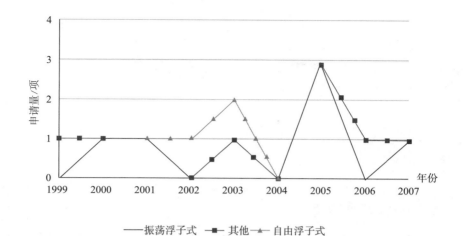

图 6 – 3 – 72　波浪发电领域发明人 Erhard Otte 专利技术申请趋势

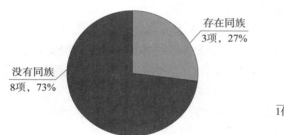

图 6 – 3 – 73　波浪发电领域发明人
Erhard Otte 专利同族占比

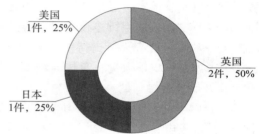

图 6 – 3 – 74　波浪发电领域发明人
Erhard Otte 专利同族分布

6.4　小　　结

　　就我国而言，首先，我国在波浪发电领域起步非常晚，2000 年以后才零星的出现专利申请，发明人大量申请的出现主要是在 2010 年以后，因此，大多数发明专利均处于有效状态，实用新型专利则多数属于放弃失效状态；其次，国内发明人主要集中在高校院所，专利权人比较单一，多数专利权人也为高校院所，研发团队多数是以学校老师及其学生组成，专利技术成果转化率低；最后，国内发明人通常在波浪发电领域多个技术分支均有专利申请，技术涉及面比较广，但向国外申请同族的非常少，专利同族申请意识不够。

　　就国外而言，首先，国外在波浪发电研究起步很早，2000 年以前专利申请也有不少，但有不少发明专利均处于失效状态，而在 2010 年以后申请量有所下降；其次，国外发明人主要集中在欧洲、日本和韩国，专利权人也相对比较多元，专利权人中企业占比更高，而且多数发明人的专利申请归属于多个专利权人，说明国外发明人的流动性比较强；最后，国外发明人专利技术成果转化较国内好，出现了不少相关的专利产品，国外发明人向国外申请同族的也比较多。

第7章 结论与建议

7.1 结 论

7.1.1 国内外专利申请格局

（1）全球波浪发电专利申请总体呈增长趋势，但近年来进入调整期。2008 年以前，全球波浪发电专利申请基本保持稳步增长趋势；但之后受金融危机影响，国外经济衰退，对于波浪发电这一尚未产生明显经济效益的行业，部分企业因资金支持不足被迫减少研发投入甚至暂停技术研发，国外专利申请人数量及申请量均急剧下降；而国内经济发展与政策资金支持促使国内波浪发电领域创新主体研发积极性持续高涨，近年来国内专利申请数量一直快速增长；综合国内外情况来看，全球专利申请总体于2013 年开始进入调整期。

（2）欧美地区的区域竞争力最强，中国与之相比存在明显差距。欧美地区波浪能丰富，波浪发电技术起步早，研发积极性高，专利申请量较大，研发实力强，技术领先，对外布局意识强；而中国波浪发电领域起步晚，研发积极性高，专利申请量也较大，但技术实力相对较弱，重点专利较少，专利布局意识淡薄。总的来看，欧洲的区域竞争力最强，美国次之，相比而言中国差距较大。

对于我国创新主体来说，在注重积极研发、积极国内申请的同时，也应当注重技术实力的提升和国外布局意识的加强；其中对外布局应当优先考虑积极开展美国和日本两个波浪能较为丰富的国家布局；欧洲虽然波浪能丰富，但是技术实力也相当强，布局压力较大，各国在欧洲布局相对较少，因而中国创新主体进入欧洲布局应当权衡各方面利弊。

（3）波浪发电领域专利申请人集中度不高，尚未形成明显垄断。在波浪发电技术领域，专利申请人集中度较低，也就是说，专利申请人比较分散，并未出现少数巨头企业掌握大量核心专利而形成专利壁垒的现象。国内创新主体或相关企业可加紧研发创新或市场进入，积极开展专利布局。

（4）中国申请人的专利申请量占有明显优势，国外申请人的专利申请质量较高；且国外专利申请人中企业居多，国内申请人以科研院所为主。专利申请量全球排名前20 位的申请人中，中国申请人占 15 个，但专利被引用数全球排名和专利同族数全球排名前 10 位的申请人（重要申请人）均没有中国申请人。国外重要申请人多为企业，主要有星浪能源、海洋动力技术、西贝斯特、MACLISTER、罗伯特·博世等，其技术更倾向于产业应用。中国重要申请人多为科研院所，主要有浙江海洋大学、浙江大学、河海大学、中国科学院广州能源研究所等，其技术研发侧重于试验研究，产业应用相对较少。

（5）中国沿海省份研发积极性高，专利申请量较大。江苏、浙江、山东和广东等沿海省份地理优势明显，研发积极性较高，专利申请量较大，上述四省份专利申请量占国内专利申请量将近50%，其中江苏省专利申请量与有效发明专利数量均排名第一，而浙江、广东发明专利申请的授权率相对较高。

（6）波浪发电技术尚未大规模商业化，专利纠纷少，专利运营不够活跃。截至目前，尚未检索到欧美国波浪在发电领域的诉讼案例，仅检索到少量专利发生转移、许可与质押。中国波浪发电领域专利转移数量不大，但自2007年以来稳步快速增长，以个人向企业、企业向企业转移为主。

7.1.2 重点技术分析

7.1.2.1 振荡浮子式

（1）振荡浮子式为波浪发电领域最重要的形式，是全球研究热点，其研究方向正从单一化走向多元化。进一步地，关于振荡浮子式波浪发电技术各个技术分支的研究，从早期的主要集中研究能量转换慢慢转入能量转换、浮子结构、海洋工程的多方面研究，从一定程度上反映出整个振荡浮子式波浪发电技术的研究从单一化走向多元化；目前整个振荡浮子式波浪发电技术主要还是处于研究试验开发阶段，针对输配电的研究相对较少。

（2）美国、英国和瑞典是重要的研发国，掌握着振荡浮子式波浪发电的核心技术。其中美国企业海洋动力技术在该领域占据绝对领先地位；国内应重视对该领域的重要技术研发，加强对核心技术的积累和保护，并寻求国际合作、技术与人才引进，扶持国内有潜力的企业，逐步从研发阶段转入产业应用。

（3）为解决安全性、效率、成本、适应性、稳定性等关键技术问题，全球已研发出一系列技术手段。其中：

关于安全性问题，可以从波况高于极限波况时的安全性保护以及超过额定波况但是低于极限波况时对应的安全性保护（即过载保护）这两个方向入手，其中针对波况高于极限波况时的安全性保护，可致力于浮子抬起或沉入的方式，或者平台结构的研究进而对整个装置实施有效的安全保护；针对过载时的安全保护，可致力于断开、限位、降载等途径的研究，从而保证能量转换机构的安全运行。

关于装置的能量转换效率问题，可主要从两个方面入手，一方面为优化装置的固有属性：对平台结构、浮子结构进行优化，精简波浪转换环节、降低能耗；另一方面为对波浪能转换进行精细化控制：基于波浪的状况采用控制系统对波浪装置的吸收及转换过程进行实时有效的精细化控制。

关于装置的成本问题，则主要是通过简化海洋工程中的平台结构及选择合适的平台材料来实现，也可从"浮子的结构的优化、浮子材料、能量转换装置的简化、避免远距离输电"等方面进行成本控制。

关于装置的适应性问题，通过改变浮子（重量、形状、尺寸、增加阻尼元件等）特性是提高波浪发电装置适应性（对不同波况）的主要方式。

关于装置的稳定输出问题，则主要是通过对能量转换环节以及电力输出环节的优化控制来实现。

国内创新主体可在参考借鉴上述技术手段的基础上寻求技术创新与突破。

7.1.2.2 振荡水柱式

（1）日本、欧洲是全球振荡水柱式波浪发电方向最大的两个原创地区，其次是中国；全球以欧洲为目标市场的振荡水柱式专利申请量最多，其次是日本、美国；全球振荡水柱式波浪发电方向主要申请人有三菱、中国科学院、TOHOKU ELECTRIC POWER（日本东北电力）、日立、松下、天津大学等。

（2）全球振荡水柱式波浪发电主要是围绕腔室结构展开，其次是涡轮结构。其中，关于腔室结构的研究主要围绕多腔室阵列结构、靠岸安装形式、整流处理方式等方向开展；关于涡轮结构的研究主要围绕威尔斯涡轮、无阀式冲击式涡轮、变桨叶片涡轮和双转子涡轮等形式展开。

7.1.3 重要申请人分析

（1）西贝斯特、海洋动力技术、星浪能源的专利布局及时而广泛。国外重要企业注重"兵马未动，粮草先行"的专利布局策略，其中西贝斯特公司成立于2001年，2002年便开始申请专利；海洋动力技术公司1994年开始经营业务，1995年就开始申请专利；更值得一提的是，星浪能源伴随着专利的购买而成立。而且西贝斯特、海洋动力技术、星浪能源均在全球已形成或潜在的波浪发电市场区域开展广泛布局，例如西贝斯特在欧洲、美国、澳大利亚、巴西、加拿大、中国、日本、印度、墨西哥、新西兰等国家或地区均有专利布局。西贝斯特、海洋动力技术、星浪能源的有效专利布局策略值得国内企业学习借鉴。

（2）受经济环境影响，西贝斯特、海洋动力技术、星浪能源等三个外国申请人在2013年后基本暂停技术研发和专利申请；其中，海洋动力技术公司近年持续亏损，被迫减少研发投入。

（3）目前西贝斯特和星浪能源的产品均未进入中国市场，但西贝斯特和星浪能源均在中国存在一定数量的专利布局，其中西贝斯特在中国的13件发明专利申请均通过实质审查而授权，目前11件维持有效，2件因未缴年费而终止失效。中国相关企业应注意规避。

（4）中国科学院广州能源研究所从1985年便开始专利布局，其研究的"鹰式"系列产品取得了一定的成功，并于2012年提交PCT申请，且分别在中国、美国、澳大利亚、英国获得授权保护。建议中国科学院广州能源研究所在技术研发的同时可以提高专利申请文件撰写水平，提高专利保护力度。

7.1.4 技术人才分析

（1）国内发明人主要集中在高校院所，主要有王涛、彭伟、余海涛、王世明、陈正寿、李德堂、史宏达、朱爱民、李大鸣、游亚戈等。国内发明人以教师及其学生为主，技术人员流动性小，每位技术人才所对应的申请人较为单一。

（2）国外发明人主要集中在欧洲、日本和韩国，以企业科研人员为主，主要有 Nik Scharmann、Rokopiv Oleg Ivanovich、Anmelder Gleich、Arvo JÄRVINEN、Manabe Yasuhiro、Kim Jong Keun、정민시、Takeaki Miyazaki、Dick William、Erhard Otte 等。对于大部分技术人才来说，每位技术人才对应了多个申请人（专利权人），说明国外发明人的流动性较大。

7.2　建　　议

（1）把握有利时机，引进海外技术

欧美等地区波浪发电技术起步早，技术发展相对成熟，涌现出一批具有一定技术实力及影响力的企业，如星浪能源、海洋动力技术、西贝斯特等。但近年来，受金融危机影响，经济衰退，对于波浪发电这一尚未产生明显经济效益的行业，资金支持明显不足，部分企业被迫减少研发投入，如上述提到的星浪能源、海洋动力技术，直接导致国外申请人数量与专利申请数量急剧下降。

得益于国内经济发展与政策资金的支持，国内波浪发电领域创新主体研发积极性持续高涨，近年来国内专利申请数量快速增长。但由于国内波浪发电技术起步晚，与国外技术水平存在明显差距。

国内可把握有利时机，加大政策支持与资金投入，引进海外技术，针对掌握重点技术但资金不足的技术实力企业进行技术收购，甚至直接开展企业收并购。

（2）加强技术的借鉴、消化和再创新

国内申请人在申请数量上占有明显优势，但技术实力与欧美地区存在较大差距。纵观国外实力企业，如星浪能源、海洋动力技术都拥有一批核心专利。

国内创新主体可深入分析国外技术发展路线以及重点专利技术，寻找灵感，拓展研发思路；基于技术发展路线，准确制定研发方向，开发核心专利技术；基于重点专利技术，提高研发起点，找准技术切入点，围绕实力企业、竞争对手的核心专利积极开展外围技术研究，并持续关注除上述三个企业之外的罗伯特·博世、里奎德机器人技术公司、麦卡利斯特等重点企业的技术发展动态。

此外，国内创新主体应注重压电材料等新技术发展动向，关注交叉学科发展，推动波浪发电领域技术发展。

（3）充分利用人才资源

任何一个行业的发展都离不开技术人才。目前，国外，尤其是欧美日等国家或地区的波浪发电技术起步早、技术实力雄厚，相关技术人才的技术功底扎实、经验丰富。国内相关企业单位或机构可进行相关技术人才引进，特别是国外重点研发团队的高技术人才的研发能力、经历等信息针对性的开展合作、交流或引进。

（4）加强行业交流与合作

近年来随着汽油、煤炭等传统能源日趋紧张，中国能源依赖进口的程度持续上升，参与波浪能研究利用的创新主体越来越多，截至2015年，申请人数量超过250个，申请量近600件；而且国内专利申请中，超过三分之一的归属科研院所，仅6.97%为合作申请；总体上创新主体多、研发创新分散、脱离产业应用现象严重。

因此，国内各研发主体应加强行业交流与合作，创建产业联盟，信息共享，以避免重复研究与资源浪费；同时加强产学研合作，集合各方优势进行联合攻关，互相促进，实现资源的最优化配置。

（5）注重专利布局，增强诉讼抵抗力

虽然目前国内波浪发电领域尚未发现专利诉讼纠纷，但根据以往专利诉讼经验，一旦产业化相对成熟，各方纠纷可能随之产生，特别是波浪发电行业是一个与能源密切相关的行业。因而，国内创新主体应未雨绸缪，在重视提高技术实力的同时适当开展专利布局，特别是现阶段尚未形成明显垄断的情况下更应该积极把握时机开展国外专利布局，例如，美国、日本和欧洲等波浪能源资源丰富的国家，增强未来面对诉讼的抵抗力，为今后开拓国际市场奠定基础。

图 索 引

表 索 引